集成电路科学与工程前沿

"十四五"时期国家重点出版物出版专项规划项目

Empyrean模拟集成电路设计与工程

胡远奇 王昭昊 ◎ 著

Analog Integrated Circuit Design and Engineering in Empyrean

人民邮电出版社
北　京

图书在版编目（CIP）数据

Empyrean模拟集成电路设计与工程 / 胡远奇，王昭
昊著. -- 北京：人民邮电出版社，2024.7
　（集成电路科学与工程前沿）
　ISBN 978-7-115-63619-5

Ⅰ．①E… Ⅱ．①胡… ②王… Ⅲ．①模拟集成电路—
电路设计 Ⅳ．①TN431.102

中国国家版本馆CIP数据核字(2024)第020680号

内 容 提 要

本书着重介绍模拟集成电路的核心特性和设计方法，理论部分简要介绍模拟集成电路涉及的公式和
原理，通过仿真案例为教学打下基础，确保读者能够"知其然，知其所以然"。本书以"先模仿复现、
后创新设计"的思路设置了不同难度的仿真练习，并详细介绍操作流程，使读者可以自主完成相应的仿
真实验，从而掌握集成电路设计思路，逐步培养全局规划能力和工程思维方式，为后续深入学习高阶模
拟集成电路课程奠定坚实的基础。

本书适合电子信息和集成电路相关专业本科生和研究生阅读，也可为模拟集成电路技术发烧友提供
有益参考。

◆ 著　　　　　胡远奇　王昭昊

　责任编辑　邓昱洲

　责任印制　马振武

◆ 人民邮电出版社出版发行　　北京市丰台区成寿寺路 11 号

　邮编　100164　电子邮件　315@ptpress.com.cn

　网址　https://www.ptpress.com.cn

　北京捷迅佳彩印刷有限公司印刷

◆ 开本：787×1092　1/16

　印张：14.75　　　　　　　　　2024 年 7 月第 1 版

　字数：344 千字　　　　　　　2024 年 9 月北京第 2 次印刷

定价：89.80 元

读者服务热线：(010)81055410　印装质量热线：(010)81055316
反盗版热线：(010)81055315
广告经营许可证：京东市监广登字 20170147 号

前　言

本书的撰写源自笔者在讲授模拟集成电路课程的过程中发现的一个普遍现象：刚接触模拟集成电路的学生们在面对抽象的电路理论时，无法真正理解其中的原理，在面对实际电路问题时所能想到的解决方案多是套用几个模型公式，而非分析电路本身。笔者在翻阅诸多经典教材后发现，这些教材大多注重理论分析，课后习题也普遍以电路的公式求解为主，这固然对构建知识体系有利，但是难以培养学生的工程思维和实践能力（当然这与传统纸质图书的局限性有较大关系）。模拟集成电路学习难度较高，很多概念极具抽象性，甚至与直觉相悖，仅靠理论讲授无法使学生直观地理解这些概念。因此，笔者认为理论课堂之外的实验练习是模拟集成电路教学体系中不可或缺的部分。而随着计算机仿真技术以及 EDA（电子设计自动化）工具的普及，学生们可以很容易地通过仿真软件去模拟真实的电路运行情况，这与理论教学相辅相成。

在正式撰写之前，笔者就对本书有了清晰的定位：采用"以点带面"的方法，通过 20 多个经典仿真案例，着重讲解模拟集成电路的分析和设计方法。本书的理论部分不追求对模拟集成电路原理的全面阐述，市面上已经有足够多的图书可以提供这些知识和内容；与此相对，本书的理论部分主要为读者学习仿真案例打下基础，确保读者能够"知其然，知其所以然"。本书针对集成电路仿真软件入门门槛较高、参数设置烦琐等问题，以"先模仿复现、后创新设计"的思路设置了不同难度的仿真练习与课后练习，并在前几章的实验中详细分解操作流程，使读者可以自主完成相应的仿真实验，从而理解设计中的权衡思路，逐步培养读者的全局规划能力和工程思维方式，为后续深入学习高等模拟集成电路类课程奠定坚实的基础。

我们可以设想在课堂环境中使用本书的几种可能方案：第 1 章到第 6 章为模拟集成电路的基础内容，可以面向所有电子信息和集成电路相关专业的学生（尤其是用本书中的 CMOS 代替现有的晶体管讲解电路知识）；第 7 章到第 9 章为模拟集成电路的进阶内容，减少了对公式的介绍，更注重介绍对电路行为的理解和对仿真工具的应用；第 10 章、第 11 章是模拟集成电路的高阶内容，主要分析电路内部的非理想特性，面向致力于长期从事模拟集成电路设计工作的读者。本书的内容知识跨度较大，建议分两个学期教学，以便获得更好的教学效果。

本书由胡远奇和王昭昊共同创作。王晨、梁菁、刘国骜、马金戈、穆济宇、马利娟、刘旭、王镜沂、徐潇洋、郭宪增参与了仿真案例的设计和验证工作。在本书的编写过程中，北京航空航天大学赵巍胜教授给予了大力支持与帮助，在此表示衷心的感谢。

由于作者水平有限，书中难免还存在一些缺点和不足之处，殷切希望广大读者批评指正。

著者

2024 年 1 月于北京航空航天大学

本书讲授模拟集成电路的原理和设计思路，介绍了大量实践案例，但由于仿真软件显示设置等的限制，书中提供的软件截图可能无法展示出实验电路或结果的每一个细节。为了方便读者对照学习，本书提供所有仿真实验截图的数字资源，读者可以扫描上方二维码，在线查看，或使用 PC 浏览器访问 https://box.lenovo.com/l/mu2Qzx 下载资源。

目　　录

第1章 绪论

自 20 世纪 50 年代末集成电路诞生以来，人类的科技水平发生了天翻地覆的变化，其中集成电路的发展直接推动了人类的第三次科技革命，并成为第四次科技革命的根技术。一般而言，根据类型、功能的不同，集成电路可以分为模拟集成电路、数字集成电路和数/模混合集成电路三大类。顾名思义，模拟集成电路以模拟信号为信息载体和处理对象，本章将简要介绍模拟集成电路的发展现状和前景，以及学习本书需要注意的事项，希望能让读者有一个全面的认识，以便更好地学习后续知识。

1.1 经典的模拟集成电路

模拟集成电路主要是指以金属-氧化物-半导体场效应晶体管（Metal-Oxide-Semiconductor Field Effect Transistor，MOSFET）、双极晶体管（Bipolar Junction Transistor，BJT）等为有源元件，搭配电阻器、电容器等无源元件，在单一晶片上集成制备的电路系统，其通常用来处理连续时间、连续幅值的模拟信号。

相较于功能日益强大的数字电路与系统，模拟电路的功能通常较为单一，而且越来越多的模拟电路功能都可以在数字域中实现，因此许多专家都曾预言过模拟电路的衰退甚至消失。但是，这种对模拟电路的悲观预测并没有应验，与此相反的是模拟电路中模拟集成电路的市场规模在 2020 年之后几年内连续出现了较大增长，创下了历史新高，如图 1-1 所示。

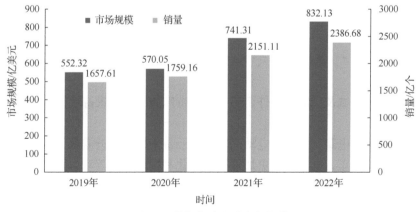

图 1-1　模拟集成电路市场规模

那么是什么因素促使模拟集成电路在发展了几十年后仍旧能够保持这样的活力？其根本原因在于我们所处的世界是一个现实存在的"模拟"世界，人们接收、处理、传递的声音、光线、温度等信号都以模拟信号的形式存在。无论数字集成电路发展到何种程度，模拟电路作为物理世界与数字电路之间的桥梁将始终存在。

传统的模拟集成电路可以根据具体的应用场景分为通用型模拟集成电路和专用型模拟集成电路两大类。通用型模拟集成电路又可进一步分为电源管理类模拟集成电路和信号链类模拟集成电路。

顾名思义，电源管理类模拟集成电路主要在电子设备系统中负责电能的检测、变换、分配及其他电能管理工作，是电子设备系统正常工作的基础保障。同时，由于其广泛的应用场景，这类产品占据通用型模拟集成电路市场近 6 成份额。

信号链类模拟集成电路主要包括数据转换类集成电路、数据接口类集成电路及放大器等。数据转换类集成电路中模数转换器（Analog-to-Digital Converter，ADC）以连续的时间间隔测量输入信号的强度，并将其以一定的精度转换为数字流；数模转换器（Digital-to-Analog Converter，DAC）则与之相反，将数字流重新转换成模拟信号。数据接口类集成电路根据标准的通信协议和信号线参数，负责驱动接口上的电压或电流，这类电路目前较典型的应用场景为高速串行/解串器（SERializer/DESerializer，SERDES）。放大器的主要作用是在尽可能不影响信号形状的前提下放大信号，从而提升整体信噪比。

图 1-2 展示了以声音信号为例的信号链：首先模拟机械波信号（声音信号）通过传感器被转换成模拟信号；随后模拟信号在 ADC 中经过滤波、放大等预处理后最终被转换为由 0 和 1 组成的数字信号；数字信号经过 DAC 后呈现出我们想要的效果，如不同频率的均衡或降噪等；处理后的数字信号经过 DAC 后重新变成模拟信号，并最终通过激励器转换为人耳能听到的模拟机械波信号。

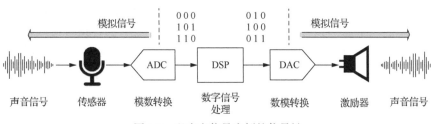

图 1-2   以声音信号为例的信号链

1.2   模拟集成电路的主要推动力

除传统的应用领域及相应市场外，还有几个特殊的应用场景持续推动模拟集成电路迅猛发展。

车规级模拟集成电路：受益于电动汽车发展所带来的产业链需求，汽车电子行业迅猛发展。相较于传统汽车，电动汽车更加重视电动化和智能化，其动力系统、自动驾驶系统和车载娱乐系统等系统中，涉及多种电压域并且需要进行多次电能转换。例如电动汽车电池组电压通常超过 400 V，电池组管理系统除了具有传感处理功能外，还需要额外的隔离防护。驾乘空间的智能化场景也增加了对不同传感电路的需求。在此领域中，消费级模拟集成电路正向着工业级和车规级模拟集成电路跃迁。

5G 通信：随着我国加速推进 5G 网络的建设，5G 通信三大场景定义万物互联时代也逐步拉开帷幕。全球物联网设备活跃连接数预计将在 2025 年增至 246 亿个，物联网市场前景广阔。在物联网兴起和实现"电子+"的过程中，模拟集成电路是不可或缺的部分，目前也向着高端化和多样化发展。

面向人工智能应用的模拟计算：随着摩尔定律逐渐走向极限，现有数字计算将不得不面对算力和功耗的取舍。除此之外，现有人工智能算法中大量的乘加计算和数据读取操作使传统计算架构面临越来越多的挑战。在此背景下，基于类脑架构的模拟集成电路再次被业界关注。这类电路通过阵列式的模拟信号乘加，代替了原有的数字计算单元，能够在数量级上降低计算所需功耗，催生了对模拟集成电路的大量需求。

1.3 CMOS 技术与工艺

模拟集成电路的实现工艺有诸多选择：最早的时候大量模拟集成电路都是基于 BJT 设计的；现在的大功率和射频模拟集成电路大多基于砷化镓（GaAs）或氮化镓（GaN）等化合物半导体材料制成。本书基于互补金属氧化物半导体（Complementary Metal-Oxide-Semiconductor，CMOS）工艺介绍模拟集成电路的设计方法。

在采用 CMOS 工艺的诸多原因中，较为重要的一点是 CMOS 工艺在缩小器件尺寸方面展现出了无与伦比的优势。CMOS 工艺的特征尺寸在过去 60 年中基本依循着摩尔定律持续缩小，未来将达到物理极限。工艺尺寸的缩小伴随着制备成本的降低及数字集成电路性能的不断攀升，从而在早期促使 CMOS 工艺主导了数字集成电路的发展。在市场要求不断提高集成度并降低成本的驱动力作用下，越来越多的模拟电路被要求与数字电路集成在同一芯片上。因此，当前绝大多数的模拟集成电路设计工作都基于 CMOS 工艺展开。

当然 CMOS 工艺相比 BJT 工艺，其器件的速度（响应速度、开关速度）较慢，单位功耗下跨导值较低，同时也有更大的噪声，因此在某些特殊应用中仍然会使用 BJT 器件或其他半导体材料来设计模拟集成电路，但其中的核心设计技巧与工程思想不会改变，本书所介绍的设计思路仍然适用。

相较于数字集成电路性能对工艺制程的极度依赖，模拟集成电路的主流设计工艺并没有跟随先进工艺制程进入 22 nm、14 nm，甚至更低的制程。其主要原因是模拟集成电路所追求的高信噪比、高精度、高稳定性等特性并不会随着工艺的进步而提升。与此相反，过短的沟道长度会降低晶体管的本征增益，反而给模拟集成电路设计带来更多挑战。除此之外，我们也将在后续的学习中发现，电路的噪声表现通常直接受制于功耗，与工艺的选择相关性较弱。因此，本书以特征尺寸为 0.18 μm 的 CMOS 工艺为平台，介绍、分析模拟集成电路设计中的折中思想。

1.4 设计技巧与工程思想

模拟集成电路在集成电路科学与工程的学科体系中是衔接上层数字复杂系统和底层物理器件模型的关键环节，如图 1-3 所示。因此，学习模拟集成电路既需要从半导体器件物理、器件建模等数理原理出发，理解晶体管的工作模式与状态；又需要将一系列半导体器件看作黑盒子模型，通过端口电压、电流的行为设计组合功能电路。

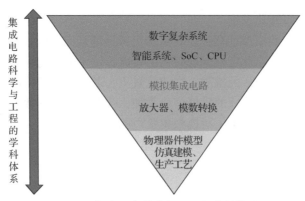

图 1-3　集成电路科学与工程的学科体系

一名优秀的模拟集成电路工程师，必须对半导体器件知识有深入的理解，知晓半导体器件与经典模型的区别是完成优秀模拟集成电路设计的关键。同时，了解半导体器件的高阶寄生效应及其影响可以帮助工程师在设计电路的过程中合理地进行简化和估算。然而，模拟集成电路中存在诸多抽象性概念，例如小信号的跨导、不同端口的等效输入阻抗等。这些概念与直觉相悖，虽然通过理论分析可以较好地理解其中发生的现象，但是想要灵活运用上述概念就变得较为困难。

同时，随着现代集成电路工艺的发展，实际的半导体器件功能行为与经典理论模型功能行为的差距越来越大，模拟集成电路的设计与最终优化定型几乎完全依赖仿真软件。因此，本书以"先模仿复现、后创新设计"的思路安排、设置了不同难度的课后仿真练习与作业，以配合理论授课内容。

除了基础的理论分析，本书还将引入单位电流跨导 g_m / I_D 这一参数，通过更加接近工程的方法来设计模拟集成电路。此方法类似于计算机体系中的查找表和微波系统中的史密斯圆图，它利用预先仿真得到的数据，通过简单的对比计算得出设计需要的初步参数。这类设计方法在现代模拟集成电路的设计优化中得到了越来越多的应用，读者也将在第 7 章之后的高阶设计技巧中学习其使用方式。

1.5　电路仿真工具：华大九天 Empyrean

华大九天是一家提供模拟电路设计全流程电子设计自动化（Electronic Design Automation，EDA）工具系统的企业。华大九天模拟电路设计全流程 EDA 工具系统包括原理图编辑工具、版图编辑工具、电路仿真工具、物理验证工具、寄生参数提取工具和可靠性分析工具等，为用户提供了从电路到版图、从设计到验证的一站式完整解决方案。

原理图和版图编辑工具（Empyrean Aether）为用户搭建了一个高效、便捷的模拟电路设计平台，它支持用户根据不同电路类型的设计需求和不同工艺的物理规则设计原理图和版图，如电路器件符号生成、器件参数编辑和物理图形编辑等操作。同时，为便于用户对原理图和版图进行追踪管理、分析优化，在传统的编辑环境基础上增加了设计数据库管理模块、版本管理模块、仿真环境模块和外部接口模块等。此外，Empyrean Aether 和电路仿真工具（Empyrean ALPS）、物理验证工具（Empyrean Argus）、寄生参数提取工具（Empyrean

RCExplorer）及可靠性分析工具（Empyrean Polas）等无缝集成，为用户提供了完整、平滑、高效的一站式设计流程，显著提高模拟电路的设计效率。

电路仿真是指通过数学方法来模拟电路工作行为的工程方法，是分析电路功能和性能指标的重要技术手段。随着工艺的发展和设计复杂度的增加，电路规模越来越大，仿真时间越来越长，这些都已成为电路设计的瓶颈。首先是仿真时间太长，许多设计要运行几天甚至几周的时间；其次是仿真容量巨大，已经超出了传统仿真工具的处理能力；再加上工艺角数目越来越多，无法得到全面、准确的验证，大大增加了设计风险。

市场上现有的后仿真工具难以满足业内的需求。首先是计算速度难以达到要求，一些后仿真电路需要几周甚至几个月才能得到仿真结果；其次是精度难以达到要求，后仿真工具可能为了提升性能而采用比较激进的简化技术，导致仿真结果的精度很差；最后是用户使用不方便，需要根据电路的类型设置不同的参数才能得到较好的速度和较高的精度。

Empyrean ALPS 是华大九天推出的一款高速度、高精度、大容量的并行晶体管级电路仿真工具。首先，Empyrean ALPS 的结果完全符合 SPICE 精度要求，不使用任何模型简化技术，可求解全电路方程，仿真结果得到 Silicon 实测证明。其次，Empyrean ALPS 采用独特的内存管理方法，支持数千万个器件的电路仿真和数模混合信号仿真，在保证仿真精度的同时显著地扩大了 SPICE 仿真容量。此外，Empyrean ALPS 具备创新的智能矩阵求解算法和高效的并行技术，该技术根据电路中不同模块的矩阵特点，从数十种算法中自动选择最优的矩阵求解算法，显著提升了矩阵求解效率，解决了先进工艺版图后仿真耗时过长的难题，仿真速度相比同类电路仿真工具显著提升。

第 2 章　MOSFET 物理特性

模拟集成电路主要处理的是时间和幅值均连续的模拟信号，因此其性能极易受到半导体器件物理效应的影响。为了设计一款性能优良的模拟集成电路，研发人员必须透彻地了解半导体器件知识，必须能够适当利用器件的物理效应来调控电路的性能。而且，随着集成电路工艺尺寸持续缩小，器件的物理效应在电路工作过程中所发挥的作用越来越重要。本章的内容将表明：MOSFET 的物理效应能够直接影响信号处理的效果，是决定模拟集成电路性能的关键因素。

本章将简要介绍 MOSFET 的基本伏安特性、二级效应和小信号模型等理论知识，并介绍 MOSFET 的几种常见连接方式。同时，通过仿真实验使读者对 MOSFET 的基本伏安特性形成较为全面的认识，并且了解 MOSFET 的二级效应和小信号模型。

2.1　MOSFET 的基本伏安特性

基本伏安特性是对半导体器件电学行为的概括性描述，因此是首要的研究对象。本节首先介绍 MOSFET 的基本伏安特性方程，然后通过仿真实验深化读者对方程的理解。

2.1.1　原理简介

本小节对 MOSFET 的基本伏安特性进行简单的总结性介绍。以 N 型 MOSFET（NMOS 晶体管）为例，为简化分析，先不考虑沟道长度调制效应、体效应和亚阈值导电性的影响，则 NMOS 晶体管的漏极电流（I_{DS}）主要受栅源电压（V_{GS}）和漏源电压（V_{DS}）的调控，根据 V_{GS} 和 V_{DS} 的取值，NMOS 晶体管的基本伏安特性可分为如下 3 种情况。

截止区，$V_{GS} < V_{THn}$，

$$I_{DS} = 0 \tag{2-1}$$

线性区，$V_{GS} > V_{THn}$，$V_{DS} < V_{GS} - V_{THn}$，

$$I_{DS} = \mu_n C_{OX} \frac{W}{L} \left[(V_{GS} - V_{THn}) V_{DS} - \frac{1}{2} V_{DS}^2 \right] \tag{2-2}$$

饱和区，$V_{GS} > V_{THn}$，$V_{DS} > V_{GS} - V_{THn}$，

$$I_{DS} = \frac{1}{2} \mu_n C_{OX} \frac{W}{L} (V_{GS} - V_{THn})^2 \tag{2-3}$$

式中，μ_n 是电子迁移率，C_{OX} 是单位面积的栅氧化层电容，W/L 是宽长比，V_{THn} 是 NMOS 晶体管的阈值电压。由式（2-2）和式（2-3）可知，线性区与饱和区的分界线是 $V_{DS} = V_{GS} - V_{THn}$，$V_{GS} - V_{THn}$ 被称为过驱动电压（Overdrive Voltage）。同理可推导得出 P 型 MOSFET（PMOS 晶体管）的基本伏安特性如下。

截止区，$V_{SG} < \left| V_{THp} \right|$，

$$I_{SD} = 0 \tag{2-4}$$

线性区，$V_{SG} > \left| V_{THp} \right|$，$V_{SD} < V_{SG} - \left| V_{THp} \right|$，

$$I_{SD} = \mu_p C_{OX} \frac{W}{L} \left[\left(V_{SG} - \left| V_{THp} \right| \right) V_{SD} - \frac{1}{2} V_{SD}^2 \right] \tag{2-5}$$

饱和区，$V_{SG} > \left| V_{THp} \right|$，$V_{SD} > V_{SG} - \left| V_{THp} \right|$，

$$I_{SD} = \frac{1}{2} \mu_p C_{OX} \frac{W}{L} \left(V_{SG} - \left| V_{THp} \right| \right)^2 \tag{2-6}$$

式中，μ_p 是空穴迁移率，$\left| V_{THp} \right|$ 是 PMOS 晶体管的阈值电压（此处用绝对值来规避 PMOS 晶体管阈值电压极性的争议）。根据对比可知，PMOS 晶体管与 NMOS 晶体管的基本伏安特性在原理上一致，但它们的电压、电流在工作过程中的极性相反。

然后，依次考虑沟道长度调制效应、体效应和亚阈值导电性对 MOSFET 基本伏安特性的影响。具体表现如下。

沟道长度调制效应主要影响 MOSFET 在饱和区的伏安特性。

NMOS 晶体管：

$$I_{DS} = \frac{1}{2} \mu_n C_{OX} \frac{W}{L} \left(V_{GS} - V_{THn} \right)^2 \left(1 + \lambda_n V_{DS} \right) \tag{2-7}$$

PMOS 晶体管：

$$I_{SD} = \frac{1}{2} \mu_p C_{OX} \frac{W}{L} \left(V_{SG} - \left| V_{THp} \right| \right)^2 \left(1 + \lambda_p V_{SD} \right) \tag{2-8}$$

式中，λ_n 和 λ_p 分别是 NMOS 晶体管和 PMOS 晶体管的沟道长度调制系数。

体效应主要影响 MOSFET 的阈值电压。

NMOS 晶体管：$V_{SB} > 0$，则 $V_{THn} > V_{THn0}$。

PMOS 晶体管：$V_{BS} > 0$，则 $\left| V_{THp} \right| > \left| V_{THp0} \right|$。

V_{SB} 为从源极到衬底的电压降；V_{BS} 为衬偏电压，即从衬底到源极的电压降；V_{THn0} 是当 $V_{SB} = 0$ 时的 NMOS 晶体管阈值电压；$\left| V_{THp0} \right|$ 是当 $V_{BS} = 0$ 时的 PMOS 晶体管阈值电压。

若考虑亚阈值导电性，则 $V_{GS} < V_{THn}$ 或 $V_{SG} < \left| V_{THp} \right|$ 时的电流并非绝对为零，而是与 V_{GS} 或 V_{SG} 呈指数关系。亚阈值导电性并非本章重点，在此不详述。

后文将通过仿真实验深化读者对上述方程的理解。

2.1.2 仿真实验：MOSFET 的伏安特性曲线

1. 实验目标

① 掌握仿真软件 Empyrean Aether 的常用基本操作。

② 理解 MOSFET 的基本伏安特性。

③ 掌握 Empyrean Aether 中 DC 仿真工具 DC Analysis 的使用方法。

2. 实验步骤

（1）搭建测试台

首先，新建库（Library）。在 Design Manager 窗口中单击 File→New Library，弹出图 2-1 所示的 New Library 对话框，并在 Name 一栏中将 Library 命名为 DEMO（读者可自行定义具体名称），在工艺（Technology）部分选中 Attach To Library，并选择 018um_PDK（具体名称取决于实际装载的工艺文件），这意味着该库中的元件和电路工艺数据来源于 018um_PDK。

然后，新建单元/视图（Cell/View）。在 Design Manager 窗口中单击 File→New Cell/View，弹出图 2-2 所示的 New Cell/View 对话框，在刚才新建的库 DEMO 中创建一个单元（Cell），并在 Cell Name 处进行命名，视图类型（View Type）选择 Schematic，表示电路原理图，View Name 则采用默认名称 schematic，单击 OK，就完成了单元/视图的新建。

综上可见，Empyrean Aether 的文件分级结构从上到下依次为库（Library）、单元（Cell）和视图（View），同一个单元名称下可以有多种类型的视图，例如，一款集成电路包含电路原理图和版图，二者的 View Type 分别是 Schematic 和 Layout。此外，在库和单元之间还可以设置一级种类（Category），用于进一步分类。图 2-2 中 Add to Category 的作用是将单元划归到具体的一级种类，属于可选操作。

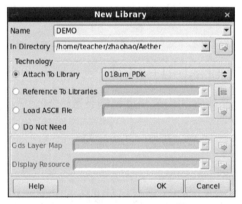

图 2-1　New Library 对话框

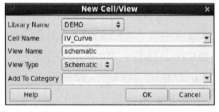

图 2-2　New Cell/View 对话框

最后，搭建电路原理图。在 Design Manager 窗口中选择刚才新建单元的 Schematic 并双击打开，此时进入电路原理图编辑界面。为了仿真 MOSFET 的伏安特性曲线，需放置元件、电源和信号地。此处以 NMOS 晶体管为例，步骤如下所述。

添加元件（MOSFET）：按快捷键"i"，出现 Create Instance 对话框，Library Name 选择 018um_PDK，Cell Name 选择 n18，View Name 选择 symbol，注意所选的 Library Name 和 Cell Name 的名称取决于实际装载的工艺文件。按照图 2-3 设置沟道长度（Length）和沟道总宽度（Total Width）的值，此处符号"u"表示微米，单击 Apply，再单击 Cancel 将元件放置在 Schematic 窗口中即可。

按照同样的方法，添加 basic 库中的 GND 作为信号地，添加 analog 库中的 vdc 作为电源（本实验需要两个电源，添加两次），如图 2-4 所示。

图 2-3　NMOS 晶体管的仿真参数设置

（a）信号地的添加　　　　　　　　　　　（b）电源的添加

图 2-4　信号地和电源的添加

　　在电路原理图窗口按快捷键 "w"，即可利用引线将放置的 MOSFET、电源和信号地相互连接，最终形成的电路原理图如图 2-5 所示。其中，MOSFET 的栅极引线和漏极引线分别被标注为 VGS 和 VDS，可通过快捷键 "l" 实现。电压源 V0 和 V1 的电压值分别是 MOSFET 的栅源电压 V_{GS} 和漏源电压 V_{DS}。为了设置电压值，选中电压源 V0，按快捷键 "q"，即可打开电压源 V0 的属性对话框，设置 DC 参数值为 1.8（默认单位为伏特）。按照相同的操作方式，设置电压源 V1 的 DC 参数值为 0.2。需要注意的是，根据添加元件的顺序，电压源的编号可能有所不同，应当根据实际情况设置。

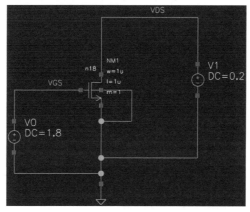

图 2-5　用于仿真 MOSFET 伏安特性曲线的电路

快捷键能够为电路设计提供便利，表 2-1 总结了编辑电路原理图时常用的快捷键。

表 2-1　编辑电路原理图时常用的快捷键

快捷键	说明
q	查看和编辑元件的属性
m	移动元件的摆放位置
f	将 Schematic 中的电路图调整为适应窗口大小
c	复制
w	小写，连接细线
W	大写，连接粗线
u	撤销上一步操作
l	在连线上添加标注（Label）

在对电路进行初步检查之后，单击页面左上角 Check And Save 按钮对电路连接关系等进行全面检查并保存电路（注意每次修改电路后都要单击该按钮），如图 2-6 所示。若有错误（Error）或警告（Warning）信息弹出，需根据弹出对话框的报告信息来进行排查。

（2）仿真环境配置

在电路原理图窗口的菜单栏中选择 Tools→MDE，打开 MDE 窗口，如图 2-7 所示。

图 2-6　通过 Check And Save 按钮检查并保存电路原理图　　　图 2-7　打开 MDE 窗口

在 MDE 窗口左上部分 Model Setup 的空白处右击打开快捷菜单，选择 Add Model Library，在弹出的对话框中选择/opt/PDK/demo180/models/model.lib 文件（指的是电路中元件所使用的模型库文件，具体路径和文件名称取决于实际情况）。设置完成后的界面如图 2-8 所示。对于之后的所有仿真，设置模型库文件都是必要的步骤，且方法与此处完全相同，后文不赘述。

图 2-8　设置完成后的界面

在 MDE 窗口的主菜单选择 Analysis→Add Analysis 会弹出对话框，其中列出了常用的几种电路仿真模式。本小节实验的核心目标是观察 MOSFET 的基本伏安特性，因此选择 DC 仿真，即 DC Analysis。在这种模式下，仿真器只考虑直流静态信号，以此计算电路的工作点。

DC 仿真的一个重要功能是观察输出结果随变量的变化趋势，为此，需要对变量进行扫描。首先观察栅源电压 V_{GS} 对电路的影响，在 DC Analysis 界面将扫描变量（Sweep Variable）选择为 Source，单击按钮 Select From Schematic，进入电路原理图窗口，单击电压源 V0（见图 2-5）。将扫描范围（Sweep Range）设置为 0 至 1.8（默认单位为伏特），将点数（Number Of Points）设置为 100。这一步操作表示：在仿真过程中令 V0 从 0 V 至 1.8 V 等间隔取 100 个值，分别计算电路在 V0 等于这 100 个值时的输出结果。需要注意的是，由于现在对 V0 的值进行了 DC 扫描分析，原电路图中设置的 V0 值（即 1.8 V）不起作用。换言之，扫描操作将屏蔽原电路中的设置值。

　　然后，为了观察不同的 V_{DS} 下的输入伏安特性曲线，需要再对 V_{DS} 进行扫描，设置方法如下：勾选 DC Analysis 界面中的 More Options，在扫描变量中选择 Source，单击 Select From Schematic，进入电路原理图窗口，单击电压源 V1（见图 2-5）。按图 2-9 设置参数，依次单击 Apply 和 OK。这一步操作表示在仿真过程中令 V1 从 0.2 V 至 1.8 V 取值，取值步长（Step Size）为 0.4 V，分别计算电路在 V1 为这些值时的输出结果。

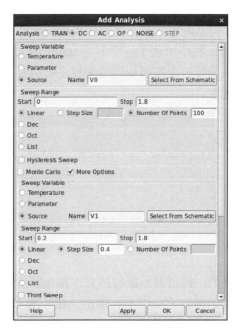

图 2-9　设置 DC 仿真参数

　　综上可知，本次仿真从两个维度（V0 和 V1，即 V_{GS} 和 V_{DS}）进行变量扫描，得到的仿真结果将是多条曲线，每一条曲线的横坐标是第一个维度（V_{GS}），不同曲线之间通过第二个维度（V_{DS}）区分。具体仿真结果将在后文展示。

　　现在将待观察的信号添加到输出栏（Outputs）中，在 MDE 窗口右击 Outputs 中的空白区域，打开快捷菜单，既可单独选择待展示的输出信号，也可以保存全部的电压和电流。此处选择 Add Signal，进入电路原理图窗口，单击连线即输出该连线上的电压，单击元件的某个端子即输出流入该端子的电流。在本次实验中，单击 MOSFET 的漏极端子，意味着输出漏极电流，即 I_{DS}。

　　设置完成后，MDE 窗口显示如图 2-10 所示，将其中仿真温度 Temperature（图中左下角）的值设为室温 27℃，后文如无特殊说明，均采用此默认值。

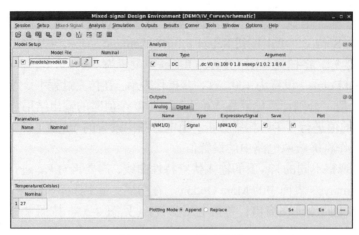

图 2-10   MDE 窗口显示

设置完成并确认无误后，可选择菜单 Session→Save State，弹出图 2-11 所示的 Save State 对话框，单击 OK 即可保存仿真配置状态。此时如果回到软件主窗口（Design Manager 窗口），可以看到此 Cell 的 View 栏中出现了一个名为 state1 的文件，该文件保存了上文所述的仿真配置情况。以后如果需要再次按照相同的配置进行仿真，可打开保存的 state1 文件直接进行仿真，不必重新配置。

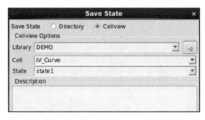

图 2-11   Save State 对话框

（3）仿真结果

完成仿真环境的设置之后，即可开始运行仿真。在运行仿真之前，需要先将电路原理图转换为仿真工具可以识别的网表（Netlist），单击 MDE 窗口菜单 Simulation→Netlist→Create 生成网表，成功生成网表之后，单击 Run 按钮运行仿真。也可以直接单击 Simulation→Netlist And Run，生成网表后自动进行仿真。仿真结束后，自动弹出 iWave 窗口并展示仿真结果。若仿真未成功进行，则需要在弹出的 ZTerm 窗口中检查是否有 Error 信息，如有，则需要修正。本次仿真结果如图 2-12 所示，此图展示了在不同的漏源电压 V_{DS} 下，漏极电流 I_{DS} 随栅源电压 V_{GS} 变化的伏安特性曲线，其中纵轴表示漏极电流 I_{DS}，横轴表示栅源电压 V_{GS}，每条曲线对应一个特定的 V_{DS} 值，标示于左栏。

图 2-12 中由上到下的曲线所对应的漏源电压 V_{DS} 依次为 1.8 V、1.4 V、1.0 V、0.6 V 和 0.2 V。

由图 2-12 可见，当 V_{GS} 达到一定值（即阈值电压）之后，MOSFET 开始导通，此后 I_{DS} 随 V_{GS} 的增大而增大。同时可见，当 V_{GS} 较大时，在不同的漏源电压 V_{DS} 下，I_{DS} 的曲线存在差距，即相同的 V_{GS} 下，V_{DS} 越高，I_{DS} 越大，与 2.1.1 小节所述的伏安特性方程趋势一致。此处读者可以思考：在图 2-12 所示的曲线中，MOSFET 的线性区和饱和区分别大致对应哪一段区间？

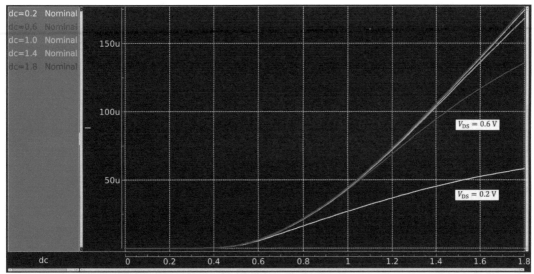

注：图中只标注出需要关注的结果的曲线，其余仿真结果均按此方式处理。

图 2-12　仿真结果

　　然后仿真 I_{DS} 随 V_{DS} 变化的伏安特性曲线。仿照前述步骤，打开 DC Analysis 窗口，按照图 2-13 对 DC 仿真参数进行修改，主要改动是将 V0 和 V1 的角色互换。

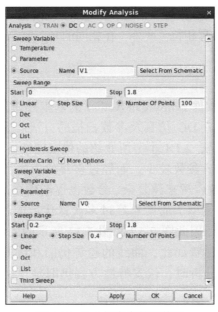

图 2-13　DC 仿真参数的修改

　　生成网表并运行仿真，可以得到图 2-14 所示的仿真结果，此图展示了在不同的栅源电压 V_{GS} 下，漏极电流 I_{DS} 随漏源电压 V_{DS} 变化的伏安特性曲线，其中纵轴表示漏极电流 I_{DS}，横轴表示漏源电压 V_{DS}，每条曲线对应一个特定的 V_{GS} 值，标示于左栏。

　　图 2-14 中由上到下的曲线所对应的栅源电压 V_{GS} 依次为 1.8 V、1.4 V、1.0 V、0.6 V 和 0.2 V。

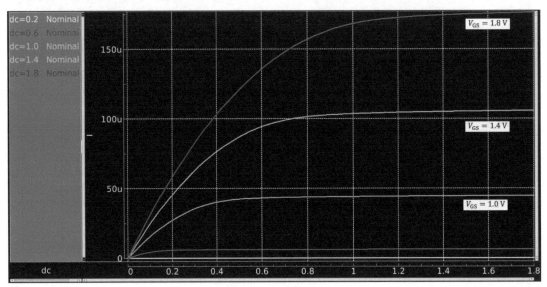

图 2-14　仿真结果

由图 2-14 可见，当 V_{DS} 足够大时，MOSFET 的漏极电流 I_{DS} 开始趋于稳定，意味着 MOSFET 进入饱和区。同时也可以看出，饱和区边界的 V_{DS} 值随着 V_{GS} 的增大而增大，而根据 2.1.1 小节中的伏安特性方程可知，饱和区边界的 V_{DS} 值等于过驱动电压($V_{GS} - V_{THn}$)，因此仿真结果与伏安特性方程相符。此外，在相同的 V_{DS} 下，V_{GS} 越高，MOSFET 的 I_{DS} 越大，也与伏安特性方程相符。

3. 实验总结

本次实验介绍了仿真软件 Empyrean Aether 的基本操作，通过仿真验证了 MOSFET 的伏安特性曲线，并讲解了 DC 仿真及参数扫描的方法。实验所得的曲线与伏安特性方程相符。但需要注意的是，2.1.1 小节所介绍的伏安特性方程来源于早期的 Shichman-Hodges 模型，其原理简单，参数较少，而经过多年的发展，MOSFET 的模型已历经多次迭代修正，需要考虑的效应越来越复杂，参数也逐渐增多。当代的 MOSFET 模型（包括本次仿真实验所使用的模型）通常是经过多次迭代后的版本，与早期的 Shichman-Hodges 模型存在较大区别，因此图 2-12 和图 2-14 所示的曲线并不能与 2.1.1 小节中的伏安特性方程完全吻合。尽管如此，曲线的趋势仍旧和伏安特性方程保持高度一致，因此，在手动计算或推导分析时，伏安特性方程仍旧是一种有效的理论工具。

2.1.3　仿真实验：MOSFET 的二级效应

1. 实验目标

① 掌握自定义变量的扫描仿真方法。

② 理解 MOSFET 的沟道长度调制效应对输出特性曲线的影响。

③ 理解 MOSFET 的体效应对伏安特性曲线的影响。

④ 理解 MOSFET 的亚阈值导电性对漏极电流的影响。

2. 实验步骤

（1）沟道长度调制效应的仿真

搭建图 2-15（a）所示电路，式（2-7）中的沟道长度调制系数 λ_n 与沟道长度 L 相关（ $\lambda_n \propto 1/L$ ），因此需要观察不同沟道长度下的伏安特性。为此，需要采用一种新的扫描仿真方法：将 MOSFET 中的参数 Length 设置为自定义变量，例如将其设为 L，则只需直接在属性对话框里的 Length 文本框中输入 "L"，如图 2-15（b）所示。确认无误后，单击 Check And Save 检查并保存电路。

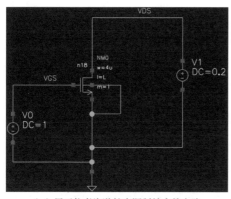

（a）用于仿真沟道长度调制效应的电路　　　　　（b）电路中 MOSFET 的参数设置

图 2-15　用于仿真沟道长度调制效应的电路及其 MOSFET 参数设置

启动 MDE，在 MDE 窗口中的 Parameters 栏空白处右击，选择 Copy From Cellview，则刚才在电路中设置的自定义变量 L 会出现在 Parameters 栏中，如图 2-16 所示，在 Nominal 列下输入一个值，此处将其设置为 1u，表示 1 μm。

选择 DC 仿真，按照图 2-17 设置 DC 仿真参数，注意 More Options 中的扫描变量为 Parameter（而在 2.1.2 小节的仿真实验中是 Source），并在 Name 的下拉列表中选择自定义变量 L，设置扫描范围和步长。图 2-17 中的这种设置方式表示在仿真过程中令电压源 V1（即漏源电压 V_{DS} ）从 0 V 到 1.8 V 取 100 个值，同时令自定义变量 L 从 0.5 μm 至 3.5 μm 取值，取值间隔为 1 μm，计算电路在这几组取值情况下的输出结果。仍旧需要注意：由于对自定义变量 L 进行了扫描分析，图 2-16 中设置的 L 值不起作用。

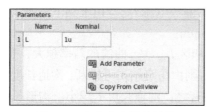

图 2-16　自定义变量的赋值　　　　　　　　　图 2-17　DC 仿真参数设置

　　然后，在 Outputs 中添加 MOSFET 的漏极电流作为输出。设置完成后的 MDE 窗口如图 2-18 所示。

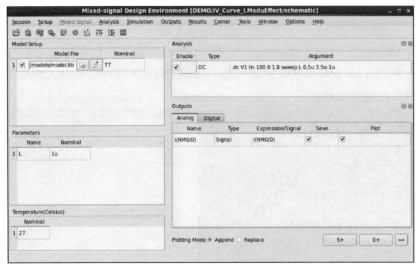

图 2-18　设置完成后的 MDE 窗口

　　生成网表并运行仿真后，得到的仿真结果如图 2-19 所示。此图展示了在不同的沟道长度 L 下，漏极电流 I_{DS} 随漏源电压 V_{DS} 变化的伏安特性曲线，其中每条曲线对应一个特定的 L 值，标示于左栏。

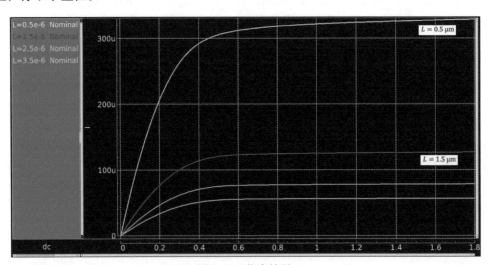

图 2-19　仿真结果

　　图 2-19 横轴表示漏源电压 V_{DS}，纵轴表示漏极电流 I_{DS}。由上到下的曲线所对应的沟道长度 L 依次为 0.5 μm、1.5 μm、2.5 μm、3.5 μm。

　　由仿真结果可见，沟道长度 L 越小，则饱和区 I_{DS}-V_{DS} 曲线的斜率越大，根据式（2-7）可知，此处的曲线斜率 $\partial I_D / \partial V_{DS}$ 与 λ_n 成正比，则由仿真结果可推断，沟道长度 L 越小，λ_n 越大，与理论分析结果一致（$\lambda_n \propto 1/L$）。换言之，沟道长度 L 越小，沟道长度调制效应越强，饱和区的曲线上翘趋势越明显。

（2）体效应仿真

搭建图 2-20 所示的电路，将其中 MOSFET 的宽度和长度都设置为 1 μm。需要注意的是，此处搭建的电路将衬底接到一个电压源（即图 2-20 中的 V2），以便对衬底电位进行设置。而在上文的几例仿真电路中，衬底与源极接在一起，不存在体效应（衬偏电压 $V_{BS}=0$）。

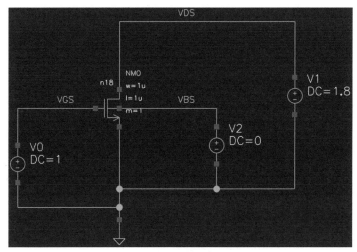

图 2-20　用于仿真体效应的电路

选择 DC 仿真，按照图 2-21 设置 DC 仿真参数，选择电压源 V0（即栅源电压 V_{GS}）作为扫描对象，并将扫描范围设置为 0 V 至 1.8 V，点数为 100。然后勾选 More Options，选择 Source，单击 Select From Schematic，选择电压源 V2（衬偏电压 V_{BS}），设置其扫描范围为 -1.2 V 至 0 V，步长为 0.3 V。

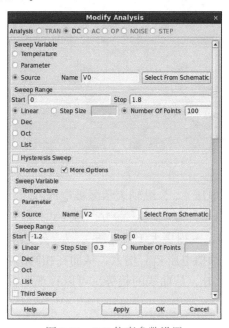

图 2-21　DC 仿真参数设置

然后将漏极电流添加到 Outputs，作为输出，配置完成的 MDE 窗口如图 2-22 所示。

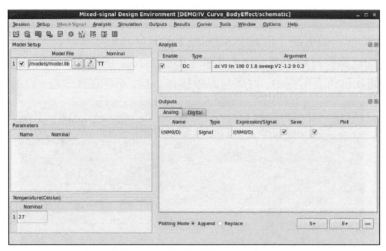

图 2-22　配置完成的 MDE 窗口

确认无误后，生成网表并运行仿真，得到图 2-23 所示的仿真结果。此图展示了在不同的衬偏电压 V_{BS} 下，漏极电流 I_{DS} 随栅源电压 V_{GS} 变化的伏安特性曲线，其中每条曲线对应一个特定的衬偏电压 V_{BS} 值，标示于左栏。

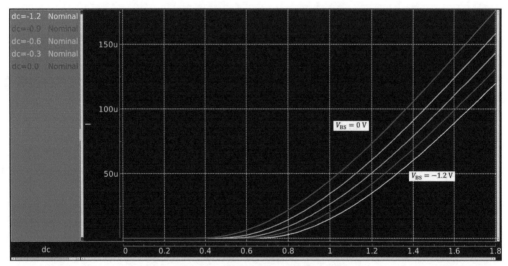

图 2-23　仿真结果

图 2-23 横轴表示栅源电压 V_{GS}，纵轴表示漏极电流 I_{DS}。由上到下的曲线所对应的衬偏电压 V_{BS} 依次为 0 V、-0.3 V、-0.6 V、-0.9 V、-1.2 V。

由图 2-23 可见，随着 V_{BS} 变得更大（负电压），I_{DS} 会变得更小。结合 2.1.1 小节可知，当 V_{BS} 取更大的负电压时，阈值电压 V_{THn} 增大，从而在相同的 V_{GS} 下，I_{DS} 会更小，因此仿真结果与理论模型相符。此外，从曲线的趋势也可以直观地看出 V_{THn} 的值随着 V_{BS} 的增大（负电压）而向右移动。

然后，按照图 2-24 修改 DC 仿真参数，扫描漏源电压 V_{DS}，并观察在不同衬偏电压 V_{BS} 下的漏极电流 I_{DS} 变化，得出仿真结果如图 2-25 所示，可见 V_{BS} 对 I_{DS} 的影响趋势仍旧与 2.1.1 小节中的理论描述相符。

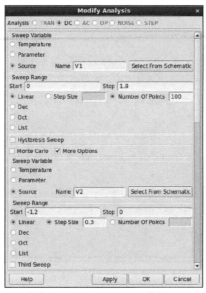

图 2-24　DC 仿真参数的修改

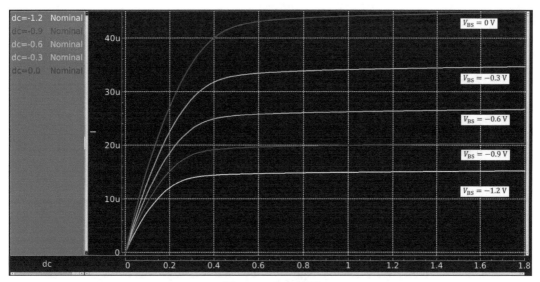

图 2-25　仿真结果

图 2-25 所示为不同衬偏电压 V_{BS} 下，漏极电流 I_{DS} 随漏源电压 V_{DS} 的变化曲线。其中横轴表示漏源电压 V_{DS}，纵轴表示漏极电流 I_{DS}。由上到下的曲线所对应的衬偏电压 V_{BS} 依次为 0 V、–0.3 V、–0.6 V、–0.9 V、–1.2 V。

（3）亚阈值导电性仿真

搭建图 2-26 所示的电路。按照图 2-27 设置 DC 仿真参数，对电压源 V0（即栅源电压 V_{GS}）进行扫描分析，然后将 MOSFET 的漏极电流添加到 Outputs 作为输出。

生成网表并运行仿真，得到图 2-28 所示的仿真结果。横轴表示栅源电压 V_{GS}，纵轴表示漏极电流 I_{DS}。该图中的曲线与图 2-12 中的各条曲线并无显著区别，无法直观地展示 MOSFET 在亚阈值区的电流变化。因此，需要对纵坐标进行处理。

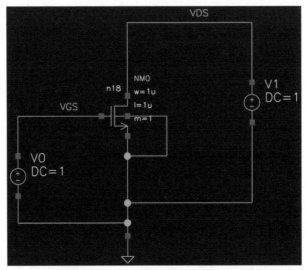

图 2-26 用于仿真亚阈值导电性的电路

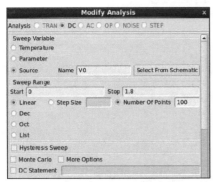

（a）DC 仿真参数设置

（b）MDE 窗口信息

图 2-27 亚阈值导电性的仿真参数设置

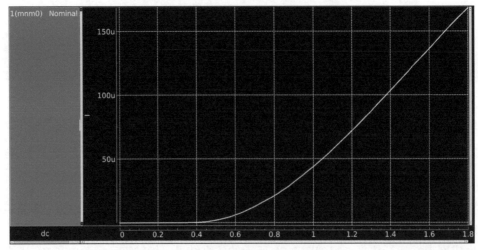

图 2-28 亚阈值导电性的仿真结果

在纵坐标处右击，弹出图 2-29 所示菜单，选择 Log10 Scale，表示纵坐标选用对数坐标轴，则曲线的细微变化能够更直观地显示出来，此时的亚阈值导电性仿真结果如图 2-30

所示。由图可见，在栅源电压 V_{GS} 达到阈值电压之前，曲线接近直线，表明该区间内 I_{DS} 与 V_{GS} 呈现指数依赖关系，这是亚阈值导电性的典型特征。

图 2-29　更改纵坐标轴的显示方式

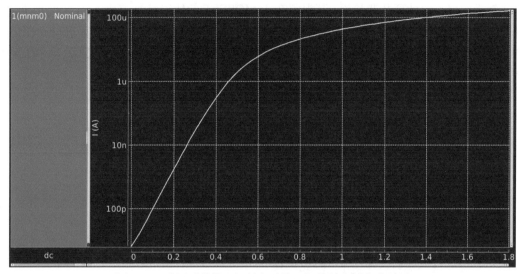

图 2-30　改用对数纵坐标轴之后的亚阈值导电性仿真结果

3. 实验总结

以上实验展示了 MOSFET 的二级效应对伏安特性曲线的影响，仿真结果与理论预测的趋势基本一致。本小节实验有助于读者对 MOSFET 的二级效应形成更加直观的认识，并进一步深化了对 2.1.1 小节所述伏安特性方程的理解。

2.2　MOSFET 的小信号模型

MOSFET 的伏安特性曲线展现了显著的非线性特征，因此计算较为复杂，不利于集成电路设计人员进行快速、直观的分析。幸运的是，模拟集成电路经常需要处理小信号，可以证明，MOSFET 对小信号的响应呈现线性特征，由此，研究人员建立了 MOSFET 的小信号模型，为模拟集成电路设计提供了强有力的理论工具。

2.2.1　小信号模型的理论依据

小信号通常指叠加在直流信号之上的变化量，因此可以将小信号记为 ΔV，其中希腊字母 Δ 表示变化量，而将直流信号记为 V_0。模拟集成电路中的元件对 ΔV 产生响应，从而实现丰富的功能。然而，ΔV 所引起的响应难以通过直接计算得出，以 NMOS 晶体管为例，若不考虑截止区，根据 2.1.1 小节可知，NMOS 晶体管的漏极电流 I_{DS} 受 V_{GS}、V_{DS}、V_{BS} 的调控（其中 V_{BS} 通过调控 V_{THn} 来调控 I_{DS}），可记为函数 $I_{DS0} = f(V_{GS0}, V_{DS0}, V_{BS0})$，此处下标加 "0" 表示直流信号。现在假设电路工作于这样的场景：已知直流信号 V_{GS0}、V_{DS0}、V_{BS0}、I_{DS0}，在此基础上，输入一个小信号栅源电压 ΔV_{GS}，需要计算输出的小信号电流 ΔI_{DS}。根据伏安特性方程可得

$$I_{DS0} = f(V_{GS0}, V_{DS0}, V_{BS0}) \tag{2-9}$$

$$I_{DS0} + \Delta I_{DS} = f(V_{GS0} + \Delta V_{GS}, V_{DS0}, V_{BS0}) \tag{2-10}$$

然而，ΔI_{DS} 的计算并非易事，其根源在于 MOSFET 的伏安特性方程 $f(V_{GS0}, V_{DS0}, V_{BS0})$ 并非简单的线性方程，计算过程较为复杂。因此，人们尝试对伏安特性方程进行线性化近似，所依据的数学思想是级数展开，就是将 MOSFET 的伏安特性方程［式（2-7）］在直流信号工作点 $(V_{GS0}, V_{DS0}, V_{BS0})$ 处展开为 ΔV_{GS} 的幂级数，从而可得

$$
\begin{aligned}
I_{DS0} + \Delta I_{DS} = {}& f(V_{GS0}, V_{DS0}, V_{BS0}) \\
& + \frac{1}{1!} \left[\left. \frac{\partial f}{\partial V_{GS}} \right|_{(V_{GS0}, V_{DS0}, V_{BS0})} \right] \Delta V_{GS} \\
& + \frac{1}{2!} \left[\left. \frac{\partial^2 f}{\partial V_{GS}^2} \right|_{(V_{GS0}, V_{DS0}, V_{BS0})} \right] (\Delta V_{GS})^2 + \cdots
\end{aligned}
\tag{2-11}
$$

小信号 ΔV_{GS} 的值很小，因此忽略式（2-11）中 $(\Delta V_{GS})^2$ 所代表的二次项以及更高次项，又已知 $I_{DS0} = f(V_{GS0}, V_{DS0}, V_{BS0})$，因此可得

$$\Delta I_{DS} = \left[\left. \frac{\partial f}{\partial V_{GS}} \right|_{(V_{GS0}, V_{DS0}, V_{BS0})} \right] \Delta V_{GS} \tag{2-12}$$

式（2-12）表明，经过近似处理后，小信号输出电流 ΔI_{DS} 与小信号输入电压 ΔV_{GS} 呈线性关系，线性比例系数取决于直流信号工作点 $(V_{GS0}, V_{DS0}, V_{BS0})$。因此，将非线性的伏安特性方程通过近似转换为线性的小信号模型，这意味着：在进行小信号分析时，线性电路的叠加原理、戴维南定理和诺顿定理等方法均适用，将极大简化电路的分析过程。

进一步，式（2-12）中的比例系数可通过推导得出，由于模拟集成电路中的 MOSFET 大多工作在饱和区，以饱和区的 NMOS 晶体管为例，可推导得出

$$
\begin{aligned}
\left. \frac{\partial f}{\partial V_{GS}} \right|_{(V_{GS0}, V_{DS0}, V_{BS0})} &= \mu_n C_{OX} \frac{W}{L} (V_{GS0} - V_{THn0})(1 + \lambda_n V_{DS0}) \\
&= \sqrt{2\mu_n C_{OX} \frac{W}{L} I_{DS0}(1 + \lambda_n V_{DS0})} = \frac{2I_{DS0}}{V_{GS0} - V_{THn0}}
\end{aligned}
\tag{2-13}
$$

函数 f 的值即电流 I_{DS}，因此该比例系数具有电导的量纲，被定义为跨导，符号为 g_m，跨导的值反映了 MOSFET 将栅源电压转换为漏极电流的能力。为简洁起见，省略公式中下标的 "0"，则有

$$g_{\mathrm{m}} = \frac{\partial I_{\mathrm{DS}}}{\partial V_{\mathrm{GS}}} = \mu_{\mathrm{n}} C_{\mathrm{OX}} \frac{W}{L} \left(V_{\mathrm{GS}} - V_{\mathrm{THn}} \right) \left(1 + \lambda_{\mathrm{n}} V_{\mathrm{DS}} \right)$$
$$= \sqrt{2\mu_{\mathrm{n}} C_{\mathrm{OX}} \frac{W}{L} I_{\mathrm{DS}} \left(1 + \lambda_{\mathrm{n}} V_{\mathrm{DS}} \right)} = \frac{2 I_{\mathrm{DS}}}{V_{\mathrm{GS}} - V_{\mathrm{THn}}} \tag{2-14}$$

虽然下标的 "0" 被省略，但读者应该理解公式中的变量代表直流信号量，即直流工作点。

遵循上述思路，还可以得出小信号电流 ΔI_{DS} 随小信号漏源电压 ΔV_{DS} 及小信号衬偏电压 ΔV_{BS} 的变化关系均为线性方程。根据这两个线性方程定义两个小信号参数，分别具有电阻和电导的量纲，称为输出电阻 r_{O} 和体效应跨导 g_{mb}：

$$r_{\mathrm{O}} = \left(\frac{\partial I_{\mathrm{DS}}}{\partial V_{\mathrm{DS}}} \right)^{-1} \approx \frac{1}{\lambda_{\mathrm{n}} I_{\mathrm{DS}}} \tag{2-15}$$

$$g_{\mathrm{mb}} = \frac{\partial I_{\mathrm{DS}}}{\partial V_{\mathrm{BS}}} = \frac{\partial I_{\mathrm{DS}}}{\partial V_{\mathrm{THn}}} \frac{\partial V_{\mathrm{THn}}}{\partial V_{\mathrm{BS}}} = \eta g_{\mathrm{m}} \tag{2-16}$$

此处不详细展开讨论 η 的表达式。由式（2-15）和式（2-16）可见，输出电阻和体效应跨导的来源分别是沟道长度调制效应和体效应。如果忽略这两种效应，则输出电阻应为无穷大，体效应跨导应为零。

综上可知，跨导、输出电阻和体效应跨导分别反映了小信号漏极电流受栅源电压、漏源电压和衬偏电压的调控情况。在实际电路中，这 3 种电压均可发生变化，因此，总的小信号漏极电流应写为

$$\Delta I_{\mathrm{DS}} = g_{\mathrm{m}} \Delta V_{\mathrm{GS}} + \frac{\Delta V_{\mathrm{DS}}}{r_{\mathrm{O}}} + g_{\mathrm{mb}} \Delta V_{\mathrm{BS}} \tag{2-17}$$

该式即饱和区 MOSFET 的小信号模型。可见电流 ΔI_{DS} 由 3 条支路的电流 $g_{\mathrm{m}} \Delta V_{\mathrm{GS}}$、$\Delta V_{\mathrm{DS}} / r_{\mathrm{O}}$ 和 $g_{\mathrm{mb}} \Delta V_{\mathrm{BS}}$ 汇总而成，因此按照基尔霍夫电流定律（Kirchhoff's Current Law）得出等效电路，如图 2-31 所示，图中省略了符号 "Δ"，但读者应该理解此图中的电学量均为小信号。由图 2-31 可见，小信号等效电路中的元件包括受控源和电阻，均为线性元件，与小信号模型的线性特征相符。

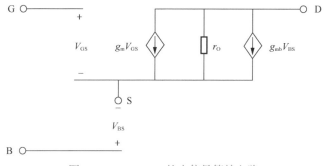

图 2-31　MOSFET 的小信号等效电路

以上小信号等效电路由 NMOS 晶体管推导得出，但经过简单证明即可得知：PMOS 晶体管和 NMOS 晶体管具有相同的小信号等效电路。证明过程简述如下：由 PMOS 晶体

管的饱和区伏安特性方程［式（2-8）］可知，若输入一个小信号电压增量 ΔV_{SG}，则输出一个小信号电流增量 ΔI_{SD}，将 ΔV_{SG} 和 ΔI_{SD} 的极性同时取反，则语义不变，若输入一个小信号电压增量 ΔV_{GS}，则输出一个小信号电流增量 ΔI_{DS}，与图 2-31 中 $g_m V_{GS}$ 支路的物理含义一致。同理还可以证明另外两条支路对于 PMOS 晶体管和 NMOS 晶体管也完全等效。PMOS 晶体管的小信号参数 g_m、r_O、g_{mb} 也可以通过伏安特性方程推导得出。

2.2.2　仿真实验：MOSFET 的小信号参数测试

1. 实验目标

① 掌握 Empyrean Aether 中 AC 仿真工具 AC Analysis 的使用方法。
② 掌握 Empyrean Aether 中 TRAN 仿真工具 TRAN Analysis 的使用方法。
③ 掌握 Empyrean Aether 中工作点仿真工具 OP Analysis 的使用方法。
④ 掌握 MOSFET 小信号模型参数的测试方法。
⑤ 理解 MOSFET 小信号模型的含义。

2. 实验步骤

（1）跨导的仿真

搭建图 2-32 所示的电路，按照图 2-33 设置 DC 仿真参数，对电压源 V0（即栅源电压 V_{GS}）进行扫描分析。

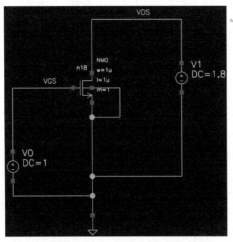

图 2-32　用于仿真跨导的电路

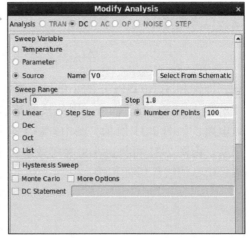

图 2-33　DC 仿真参数设置

待输出的物理量是漏极电流和跨导值，首先在 MDE 窗口的 Outputs 空白处右击并选择 Add Signal，然后在电路原理图中单击 MOSFET 漏极，从而将 MOSFET 的漏极电流添加到输出栏 Outputs 中。但跨导是小信号模型参数，涉及微分运算［式（2-14）］，需要使用计算器工具进行处理，在 Outputs 空白处右击并选择 Add Expression，在弹出的 Output Setting 中单击 New Expression，选择 Expression Table 中 Wave 标签下的 deriv，即微分函数，此时表达式 deriv() 会出现在上方的 Expression 一栏中。单击 Expression 一栏中的 Signal 按钮，然后在电路原理图中单击 MOSFET 的漏极，则 MOSFET 漏极电流的表达式被添加到了 Expression 中，表明对漏极电流求微分，如图 2-34 所示，单击 Add，即可将表达式添加到输出栏 Outputs 中。设置完成的 MDE 窗口如图 2-35 所示，确认无误后，单击左上角的 Netlist And Run 按钮进行仿真。

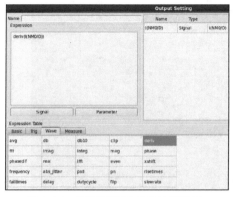

图 2-34　利用计算器工具计算跨导

图 2-35　设置完成的 MDE 窗口

仿真结果如图 2-36 所示，其中上方曲线表示漏极电流 I_{DS}，下方曲线表示跨导 g_m，横轴表示栅源电压 V_{GS}。由图 2-36 可见，在 MOSFET 开启后，随着 V_{GS} 增大，g_m 先逐渐上升，最后趋于平坦，与黄色曲线的斜率一致。读者可以自行分析跨导的上升区和平坦区分别对应 MOSFET 的哪一个工作区域。

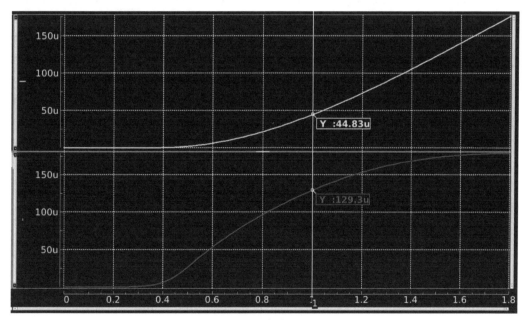

图 2-36　仿真结果

按快捷键"x"可以添加 x 轴游标，将游标移至栅源电压 $V_{GS} = 1\,\text{V}$ 处，可以看到 MOSFET 的跨导 $g_m = 129.3\,\mu\text{S}$，记下这个值，后文将再次提到此值。

现在，在栅源电压 $V_{GS} = 1\,\text{V}$ 的基础上新增一个正弦小信号，观察漏极电流的变化量。添加电压源 vsin（在 analog 库中），并按照图 2-37 设置相关参数，参数的含义将在后文介绍。修改后的电路如图 2-38 所示。

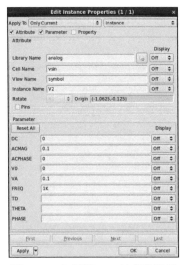
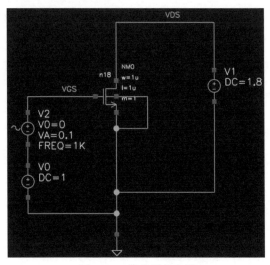

图 2-37　电压源 vsin 的参数设置　　　　图 2-38　修改后的电路

　　然后，介绍两种新的仿真分析方法，分别使用了 AC Analysis 和 TRAN Analysis 两种工具。AC 仿真用于分析电路在频域的性能，最终输出曲线的横轴表示交流信号的频率，曲线反映了输出量随频率的变化。按照图 2-39 设置 AC 仿真参数，此图表示仿真频率的范围是 1 Hz 到 1 MHz（注意"兆"用"Meg"表示，简写为 M，以区分表示"毫"的"m"）。在 AC 仿真中，仿真器首先计算电路的直流信号工作点，然后以交流信号源的"ACMAG"（AC Magnitude）参数值（见图 2-37）作为交流信号的幅值，以交流信号源的"ACPHASE"参数值（见图 2-37）作为交流信号的初始相位，计算在不同频率下的输出。注意在 AC 仿真模式下，交流信号源的"VA""PHASE""FREQ"等参数不起作用。

　　TRAN 仿真用于分析电路在时域的性能，最终输出曲线的横轴表示时间，反映输出量随时间的变化。在 TRAN 仿真中，交流信号源的"VA""PHASE""FREQ"参数（见图 2-37）分别表示信号的幅值、初始相位和频率，其中"PHASE"的默认值是 0 度，而"ACMAG""ACPHASE"参数不起作用。按照图 2-40 设置 TRAN 仿真参数，此图表示仿真时间从 0 到 5 ms 取值，时间步长是 5 μs。最后，将 MOSFET 栅源电压和漏极电流添加到输出栏，设置完成的 MDE 窗口如图 2-41 所示。

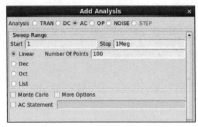
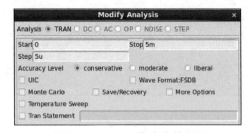

图 2-39　AC 仿真参数设置　　　　图 2-40　TRAN 仿真参数设置

　　生成网表并运行仿真，AC 仿真结果和 TRAN 仿真结果分别如图 2-42 和图 2-43 所示。首先分析 AC 仿真结果，共有 4 栏，由上到下依次是栅源电压 V_{GS} 的幅值与相位、漏极电流 I_{DS} 的幅值与相位，横轴表示频率。由图可见，与低频相比，高频条件下的漏极电流幅值与相位均发生变化，这与 MOSFET 的电容效应相关，将在第 6 章讲解。

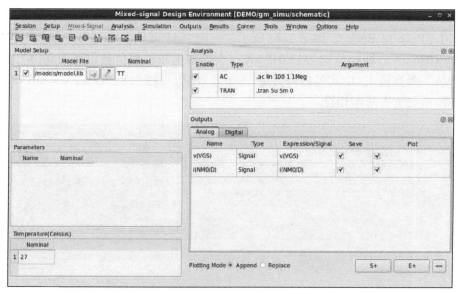

图 2-41　设置完成的 MDE 窗口

现在将 AC 仿真结果与图 2-36 所示的 DC 仿真结果进行对比，由图 2-36 可知，该 MOSFET 在 $V_{GS}=1\,V$ 时的跨导 g_m 为 129.3 μS。而在本小节的 AC 仿真中，所设置的交流信号幅值 $\Delta V_{GS}=0.1\,V$（图 2-37 中的 "ACMAG" 参数值），则可以利用小信号模型推算出 MOSFET 漏极电流的交流信号幅值应为 $g_m\Delta V_{GS}=129.3\,\mu S\times 0.1\,V=12.93\,\mu A$，这与图 2-42 所示的 AC 仿真结果（13.06 μA）基本相符（在低频情况下，不考虑高频情况）。

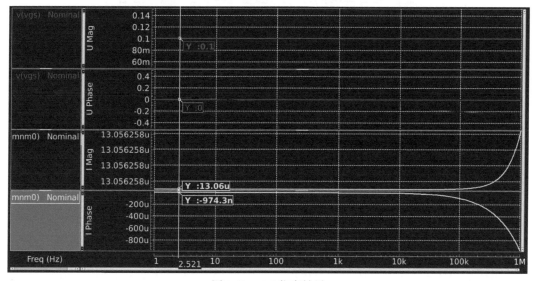

图 2-42　AC 仿真结果

然后观察图 2-43 所示的 TRAN 仿真结果，其中上方和下方分别是栅源电压 V_{GS} 和漏极电流 I_{DS} 的波形，横轴表示时间。为了获取具体的数值信息，在菜单栏中单击 FPD→Measure Tool Box，或使用组合键 "Shift" ＋ "M" 可以打开 Measure Tool Box 窗口。然后设置 Target 为 Current Panel，并在 Measurements 中勾选 Min Y/Max Y，将滚动条拉到最后，即可看到仿真器计算出了每条曲线的最小值（Min Y）、最大值（Max Y）及峰峰值（Peak to Peak），如图 2-44 所示。由图 2-44 可见，MOSFET 漏极电流的峰峰值约为 26.036 μA ，即幅值约为 13.018 μA ，而栅源电压的幅值被设置为 0.1 V （图 2-37 中的 "VA" 参数值），由此可得跨导 $g_m = \Delta I_{DS} / \Delta V_{GS} = 13.018\,\mu A / 0.1\,V = 130.18\,\mu S$ ，与图 2-36 所示的结果基本相符。

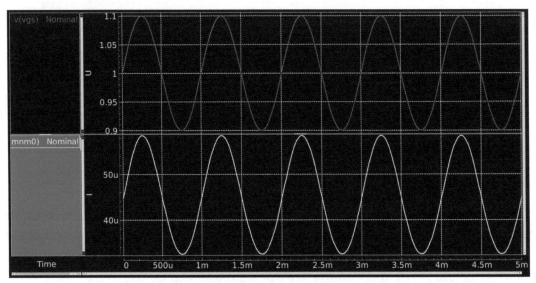

图 2-43　TRAN 仿真结果

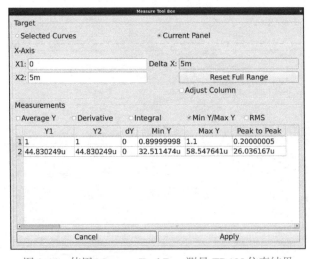

图 2-44　使用 Measure Tool Box 测量 TRAN 仿真结果

　　需要强调的是，跨导应该用"变化量"之比来计算，在本小节的示例中，用的是交流信号的幅值之比，这体现了小信号模型的含义。而不应该用瞬时值之比来计算，也就是说，不能将图 2-43 中的两条曲线直接相除来计算跨导，因为这两条曲线都包含直流信号成分，并非纯正的小信号变化量。

　　（2）输出电阻的仿真

　　搭建图 2-45 所示的电路。需要注意的是，此处 MOSFET 的宽度和长度分别被设置为自定义变量 2*L 和 L，表示 MOSFET 的宽长比被固定为 2，但允许宽度值和长度值根据具体情况变化，便于在后续仿真中进行扫描分析。

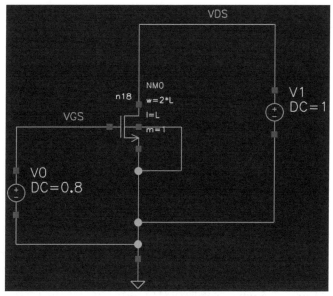

图 2-45　用于仿真输出电阻的电路

在 MDE 窗口的 Parameters 一栏空白处右击并选择 Copy From Cellview，参数 L 会被添加到 Parameters 一栏，设置其默认值为 1u（1 μm）。

按照图 2-46 设置 DC 仿真，对电压源 V1（即漏源电压 V_{DS}）和沟道长度 L 进行扫描。然后在 Outputs 中添加 MOSFET 的漏极电流 i(NM0/D)，并添加输出电阻的表达式 "1/deriv(i(NM0/D))"，即 I_{DS}-V_{DS} 曲线斜率的倒数，设置完成的 MDE 窗口如图 2-47 所示。

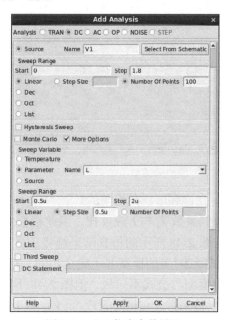

图 2-46　DC 仿真参数设置

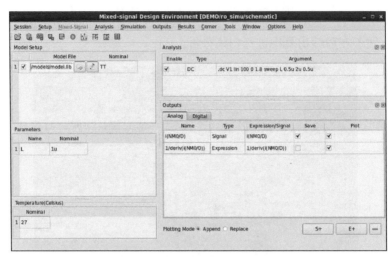

图 2-47　设置完成的 MDE 窗口

生成网表并运行仿真, 仿真结果如图 2-48 所示。其中上方表示在不同的沟道长度 L 下的 I_{DS}-V_{DS} 曲线, 由上到下的曲线所对应的沟道长度 L 依次为 2 μm、1.5 μm、1 μm、0.5 μm。下方表示在不同的沟道长度 L 下的 r_O-V_{DS} 曲线, 由上到下的曲线所对应的沟道长度 L 依次为 2 μm、1.5 μm、1 μm、0.5 μm。每条曲线对应一个 L 值, 标示于左栏。

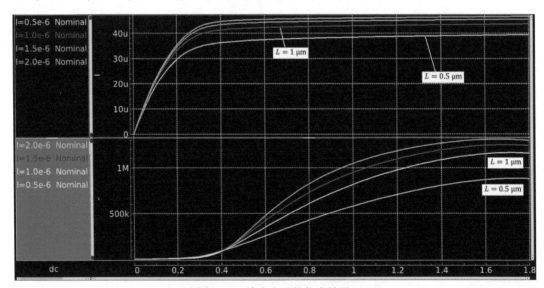

图 2-48　输出电阻的仿真结果

由图 2-48 的上方可见, 在饱和区, 在相同的 V_{DS}、V_{GS} 和 W/L 下, 漏极电流会随着 L 的变化而改变。沟道长度调制系数 λ_n 与 L 成反比, 因此根据式 (2-7) 推算, 漏极电流应该随着 L 的增大而减小, 与图 2-48 所示的仿真结果趋势相反。主要原因在于, 仿真实验所使用的 MOSFET 模型与式 (2-7) 的模型并不完全相同, 这一点已在 2.1.2 小节的实验总结部分给出了解释。尽管模型与公式不一致, 但图 2-48 下方所示的仿真结果仍然可以利用式 (2-15) 予以解释, 具体来讲, 在相同的 V_{DS}、V_{GS} 和 W/L 下, 当 L 增大时, 图 2-48 的上图表明漏极电流 I_{DS} 随之增大, 图 2-48 的下图表明 r_O 随之增大, 同时根据理论已知

λ_n 随 L 的增大而减小，这 3 种变化趋势能够与式（2-15）相吻合。由此可见：长沟道元件通常能够提高 MOSFET 的输出电阻。在实际的电路设计中，提高 r_O 有助于提高电路的增益。

（3）体效应跨导的仿真

搭建图 2-49 所示的电路，在衬底处连接一个电压源 V2，按照图 2-50 配置 DC 仿真参数，扫描电压源 V2 的电压值（即衬偏电压 V_{BS}），用微分函数 deriv 对漏极电流 i(NM0/D)求导，从而得出 I_{DS}-V_{BS} 曲线的斜率，即体效应跨导 g_{mb} 的表达式。设置完成的 MDE 窗口如图 2-51 所示。确认无误后，生成网表并运行仿真。

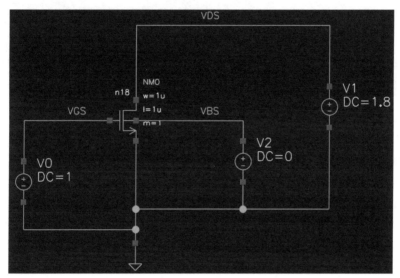

图 2-49　用于仿真体效应跨导的电路

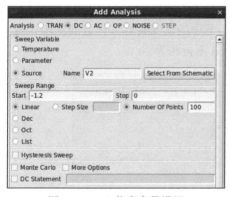

图 2-50　DC 仿真参数设置

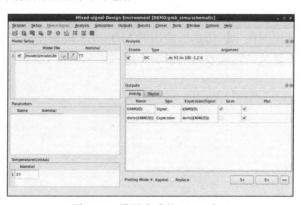

图 2-51　设置完成的 MDE 窗口

仿真结果如图 2-52 所示，其中上方表示漏极电流 I_{DS} 随衬偏电压 V_{BS} 变化的曲线，下方表示体效应跨导 g_{mb} 随衬偏电压 V_{BS} 变化的曲线。由图 2-52 可见，当 V_{BS} 越大（负电压），g_{mb} 越小，该趋势与体效应的机理相符，具体细节可参阅半导体器件相关文献。

（4）直接显示 MOSFET 小信号模型参数的方法

前文仿真实验利用计算器工具来获得 MOSFET 的相关参数，但在实际的电路设计过程中，这种计算方式未免有些烦琐。实际上，软件还提供了更为简单直观的方法。

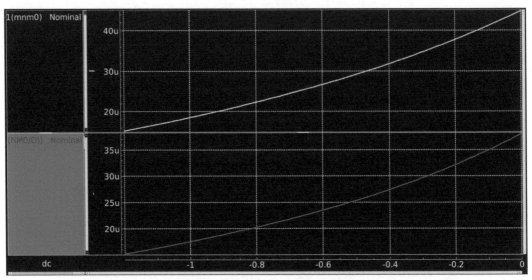

图 2-52　体效应跨导的仿真结果

　　依然以图 2-49 所示的电路为例介绍一种新的仿真分析方法——工作点分析（OP Analysis），如图 2-53 所示，选择 OP，Time Point 保持为空白即可。生成网表并运行仿真，待仿真结束后，在 MDE 窗口的菜单栏中选择 Results→Annotate→DC Operating Point→Select From Schematic。然后在电路原理图中单击 MOSFET，会弹出 Simulation Results 界面，如图 2-54 所示，该界面展示了 MOSFET 的工作状态全貌，包括工作区 region、漏极电流 id、阈值电压 vth、饱和漏源电压 vdsat、过驱动电压 vod、跨导 gm、输出电导 gds（即输出电阻 r_O 的倒数）、体效应跨导 gmb 等。值得注意的是，此处饱和漏源电压 vdsat 是饱和区和线性区的分界线，即当 $V_{DS} >$ vdsat 时，MOSFET 工作于饱和区。在 2.1.1 小节的描述中，饱和区和线性区的分界线是过驱动电压 vod，然而，由图 2-54 可见，vdsat 与 vod 并不相等，其原因在于，仿真所使用的 MOSFET 模型比 2.1.1 小节中的伏安特性方程更加复杂，受到更复杂的物理效应的影响，这些影响使得 vdsat 与 vod 不再相等。

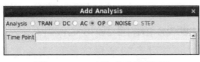

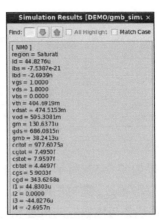

图 2-53　OP 仿真参数设置　　　　图 2-54　Simulation Results 界面

　　对比图 2-36、图 2-52 在 $V_{GS} = 1\,\mathrm{V}$、$V_{BS} = 0\,\mathrm{V}$ 情况下的小信号模型参数，可以发现通过计算器所得的 g_m、g_{mb} 值与图 2-54 的 Stimulation Results 界面中显示的值基本一致。

3. 实验总结

以上实验从多个角度剖析了 MOSFET 小信号模型参数的物理含义，并介绍了 3 种常用的仿真分析工具。通过上述实验，读者应该理解小信号模型的本质是在电路的直流工作点附近做线性化近似，所处理的对象是工作点附近的变化量，应该善于从变化量的角度分析小信号行为特性。

2.3　MOSFET 的几种常见连接方式

在模拟集成电路中，MOSFET 有几种常见的连接方式，如果熟练掌握这几种常见连接方式的小信号等效电阻，则将极大简化电路的分析与计算过程。本节将通过仿真实验对 MOSFET 的几种常见连接方式进行研究与验证。

2.3.1　MOSFET 的二极管连接方式

考虑图 2-55（a）所示的电路，其中 v_x 是叠加在直流信号 V_{DC} 上的交流小信号。由图可见，MOSFET 的栅极与漏极相连，若不考虑衬底，则此时 MOSFET 可被视为两端子元件，两个端子间的电压既是栅源电压 V_{GS}，又是漏源电压 V_{DS}，根据 MOSFET 的伏安特性可知，当 V_{GS}（即 V_{DS}）大于阈值电压时，MOSFET 开启，且工作在饱和区；反之，当 V_{GS}（即 V_{DS}）小于阈值电压时，MOSFET 截止，这与二极管的单向导电性类似，因此图 2-55（a）所示连接方式又被称为 MOSFET 的二极管连接方式，采用此连接方式的 MOSFET 称为二极管连接型 MOSFET，其小信号等效电路如图 2-55（b）所示。

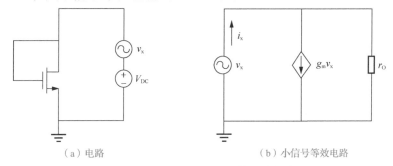

（a）电路　　　　　　　　　　　　　（b）小信号等效电路

图 2-55　MOSFET 的二极管连接方式

由小信号等效电路可得

$$i_x = g_m v_x + \frac{v_x}{r_O} \tag{2-18}$$

则可推得其小信号等效电阻 r_{eq} 为

$$r_{eq} = \frac{v_x}{i_x} = \frac{r_O}{1 + g_m r_O} = \frac{1}{g_m} \| r_O \tag{2-19}$$

若忽略沟道长度调制效应，则

$$r_{eq} \approx \frac{1}{g_m} \tag{2-20}$$

由此可见，二极管连接型 MOSFET 的小信号等效电阻较小。

2.3.2　MOSFET 的电流源连接方式

考虑图 2-56（a）所示的电路，在 MOSFET 的栅极施加固定的偏置电压 V_{BIAS}，源极接地，则该 MOSFET 的栅源电压 V_{GS} 固定不变，仅有漏极电压会发生变化。此时若 MOSFET 工作于饱和区，则根据式（2-7）可知，漏极电流 I_{DS} 几乎不变（因为沟道长度调制系数 λ_n 通常很小），如果忽略沟道长度调制效应，则漏极电流 I_{DS} 保持不变，即该 MOSFET 成为一个理想电流源。因此，图 2-56（a）所示连接方式又被称为 MOSFET 的电流源连接方式，采用此连接方式的 MOSFET 称为电流源连接型 MOSFET，其小信号等效电路如图 2-56（b）所示。

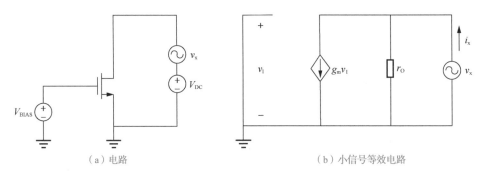

（a）电路　　　　　　　　　　　　　　（b）小信号等效电路

图 2-56　MOSFET 的电流源连接方式

由小信号等效电路可知，$v_1 = 0$，易得小信号等效电阻为

$$r_{eq} = r_O \tag{2-21}$$

由此可见，电流源连接型 MOSFET 的小信号等效电阻较大，如果忽略沟道长度调制效应，电流源连接型 MOSFET 的小信号等效电阻为无穷大，符合理想电流源的特征。

以上两种连接方式均以 NMOS 晶体管为例，若改用 PMOS 晶体管实现，则应遵循相同的连接方式，即对于二极管连接型的 PMOS 晶体管，仍旧将其漏极与栅极相连；对于电流源连接型的 PMOS 晶体管，仍旧将其栅极接固定偏置，但源极应接电路中的最高电位（通常是电源）。由于 NMOS 晶体管与 PMOS 晶体管的小信号等效电路相同（见 2.2.1 小节），相同连接方式下二者的小信号等效电阻也相同。读者可自行验证 PMOS 晶体管的这两种连接方式。

除了以上两种连接方式之外，MOSFET 还有两种更为复杂的常见连接方式，将在本章的课后练习中介绍。

2.3.3　仿真实验：二极管连接型 MOSFET 和电流源连接型 MOSFET

1. 实验目标

① 掌握二极管连接型 MOSFET 和电流源连接型 MOSFET 的原理。

② 计算两种连接方式的 MOSFET 的小信号等效电阻。

③ 加深对小信号概念的理解。

2. 实验步骤

（1）二极管连接型 MOSFET 的仿真

搭建图 2-57（a）所示电路。将电压源 V0 的直流电压参数（DC）设置为 1 V，交流信号源 V1 按照图 2-57（b）设置参数，其他参数值全部留白即可。

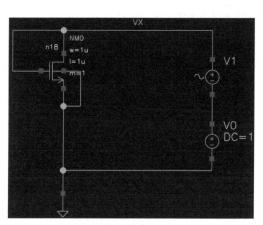
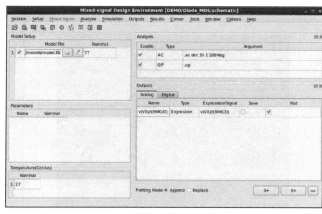

（a）电路　　　　　　　　　　　　　　　　（b）vsin 的参数设置

图 2-57　用于仿真二极管连接型 MOSFET 的电路及相关参数配置

在 MDE 窗口中按照图 2-58（a）设置 AC 仿真参数，同时添加 OP 仿真，为了计算小信号等效电阻，将表达式 v(VX)/i(NM0/D) 添加到 Outputs 中（注意：在 AC 仿真时，这个除式被赋予交流小信号的含义，因此可用于计算小信号等效电阻）。设置完成的 MDE 窗口如图 2-58（b）所示，确认无误后生成网表并运行仿真。

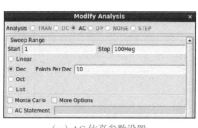

（a）AC 仿真参数设置　　　　　　　　　　　　（b）设置完成的 MDE 窗口

图 2-58　二极管连接型 MOSFET 的仿真参数设置

AC 仿真结果如图 2-59（a）所示，此外，通过 MDE 窗口的菜单栏 Results→Annotate→DC Operating Point→Select From Schematic 可以调出图 2-59（b）所示的 OP 仿真结果。

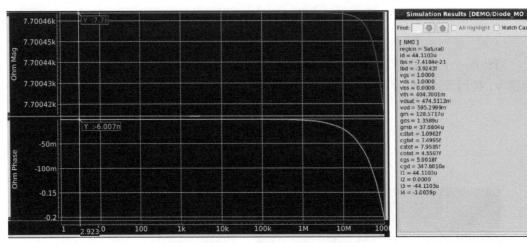

（a）AC 仿真结果　　　　　　　　　　　　　　（b）OP 仿真结果

图 2-59　二极管连接型 MOSFET 的仿真结果

根据 AC 仿真结果可知，在低频条件下，该电路的交流小信号等效电阻 $r_{eq} \approx 7.7 \text{ k}\Omega$（不考虑由电容导致的高频特性）。而由式（2-19）有

$$r_{eq} = \frac{r_O}{1 + g_m r_O} = \frac{1/g_{ds}}{1 + g_m/g_{ds}} = \frac{1}{g_m + g_{ds}} \qquad (2\text{-}22)$$

将图 2-59（b）中的 g_m 和 g_{ds} 代入式（2-22）可得 $r_{eq} \approx 7.7 \text{ k}\Omega$，符合 AC 仿真结果。

（2）电流源连接型 MOSFET 的仿真

搭建图 2-60（a）所示电路。将电压源 V0 和 V1 的直流电压参数（DC）均设置为 1 V，交流信号源 V2 按照图 2-60（b）设置参数，其他参数值全部留白即可。

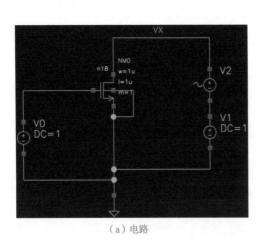

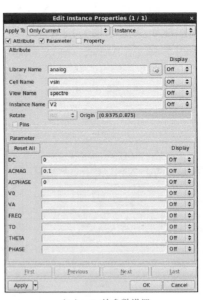

（a）电路　　　　　　　　　　　　　　（b）vsin 的参数设置

图 2-60　用于仿真电流源连接型 MOSFET 的电路及相关参数设置

仿真参数的配置方法与图 2-58 所示相同，仿真结果如图 2-61 所示。

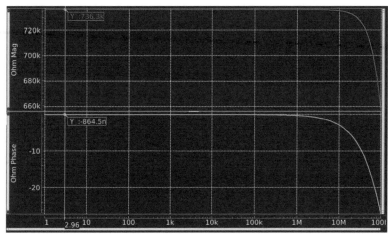
（a）AC 仿真结果

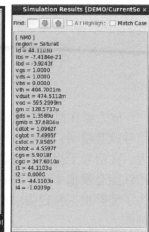
（b）OP 仿真结果

图 2-61　电流源连接型 MOSFET 的仿真结果

根据 AC 仿真结果，在低频条件下，该电路的小信号等效电阻 $r_{eq} \approx 736.3\ \text{k}\Omega$（不考虑电容导致的高频特性）。由式（2-21）和图 2-61（b）得 $r_{eq} = r_O = 1/g_{ds} \approx 735.9\ \text{k}\Omega$，与 AC 仿真结果基本相符。

2.4　课后练习

1. 本章的所有仿真实验都以 NMOS 晶体管为例，请尝试使用 PMOS 晶体管重新完成本章的仿真实验（提示：注意 PMOS 晶体管各端子的信号极性）。

2. 本章 2.3 节中已经对 MOSFET 的两种常见连接方式进行了研究和仿真，除此之外，还有图 2-62 所示的两种常见的复杂连接方式，请证明图 2-62 中的两种连接方式的小信号等效电阻分别为 $r_O + \left[1 + (g_m + g_{mb})r_O\right]R$ 和 $(r_O + R)/\left[1 + (g_m + g_{mb})r_O\right]$，并通过仿真进行验证。

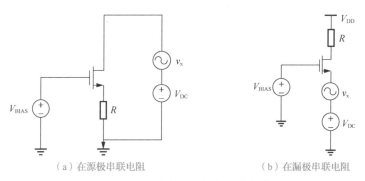

（a）在源极串联电阻　　　　　　　　　（b）在漏极串联电阻

图 2-62　两种常见的复杂连接方式

第 3 章　CMOS 单级放大器

放大器在模拟集成电路中具有广泛的应用。通常，集成电路从现实世界接收的模拟信号极其微弱，不足以直接驱动后级的电路模块，因此需要用放大器对原始信号进行放大。在信号干扰较为显著的场景中，放大器还需兼顾降噪、滤波等功能。因此，放大器的性能对模拟集成电路的功能具有决定性的影响。单级放大器则是所有放大器的基础，为了能够根据特定需求设计合理的放大器，设计者应当对单级放大器具有清晰而深入的理解。

本章将对共源放大器、源跟随器、共栅放大器和共源共栅放大器 4 种 CMOS 单级放大器的低频特性进行简要讲解，并通过仿真实验展示增益、输入/输出电阻、线性度等指标的含义。

3.1　共源放大器

共源放大器具有较为可观的放大倍数和极高的输入电阻，应用极为广泛。此外，共源放大器的工作模式直接反映了 MOSFET 的放大原理，因此极其适合作为入门案例供读者学习。本节首先介绍共源放大器及其衍生电路的工作原理，然后通过仿真实验展示共源放大器的静态工作点、增益、线性度等特性。

3.1.1　以电阻为负载的共源放大器

根据跨导的定义，MOSFET 可以将在栅极、源极之间变化的小信号电压转变为在漏极上变化的小信号电流，如果在漏极串接一个电阻，如图 3-1（a）所示，当漏极的小信号电流经过此电阻时，将在电阻上产生小信号压降，由于 V_{DD} 是固定电位，电阻上的小信号压降就反映为 V_{out} 端的小信号电压值。由此可见，若参数选取得当，则图 3-1（a）所示电路能够将在栅、源之间变化的小信号电压值（即 V_{in} 的小信号电压成分）"放大"为在 V_{out} 端变化的小信号电压值，这便是一个简单的放大器。由于输入信号接在栅极，输出信号接在漏极，而源极被输入和输出信号回路共用，这种类型的放大器又被称为共源放大器，图 3-1（a）所示电路可被称为以电阻为负载的共源放大器。

由第 2 章内容可知，跨导值取决于 MOSFET 的直流工作点，因此，为了分析图 3-1（a）所示电路的放大效果，需要推导其直流特性，由此得出的输入-输出特性曲线如图 3-1（b）所示（注意此处的 V_{in} 和 V_{out} 均为直流电压信号）。该曲线的推导过程如下。

① 当输入直流电压 V_{in} 为 0 时，MOSFET 处于截止状态，漏极电流 I_D 为 0，输出直流电压 $V_{out} = V_{DD}$。

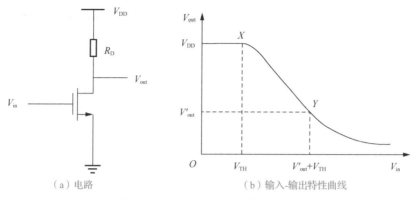

（a）电路　　　　　　　　（b）输入-输出特性曲线

图 3-1　以电阻为负载的共源放大器

② 直到 V_{in} 增大至阈值电压 V_{TH}，MOSFET 开始导通（此处忽略亚阈值特性，假设 $V_{in} = V_{TH}$ 时 MOSFET 突然导通），漏极电流 I_D 流经电阻 R_D 产生压降，输出电压 V_{out} 开始减小。当 MOSFET 刚好导通时，即图 3-1（b）中的 X 点，$V_{GS} - V_{TH} = V_{in} - V_{TH} = 0$，而 $V_{DS} = V_{out} > 0$，因此 $V_{DS} > V_{GS} - V_{TH}$，MOSFET 处于饱和区，若忽略沟道长度调制效应，则

$$V_{out} = V_{DD} - R_D \cdot I_D = V_{DD} - R_D \cdot \frac{1}{2} \mu_n C_{OX} \frac{W}{L} \left(V_{in} - V_{TH}\right)^2 \tag{3-1}$$

③ 当 V_{in} 继续增大时，由式（3-1）可知，V_{out} 继续减小，MOSFET 仍旧处于饱和区，直到 $V_{in} = V_{out} + V_{TH}$，即图 3-1（b）中的 Y 点（图中用 V'_{out} 来区分纵坐标轴的名称 V_{out}），此时若继续增大 V_{in} 会导致 $V_{DS} = V_{out} < V_{in} - V_{TH} = V_{GS} - V_{TH}$，MOSFET 由饱和区转入线性区，则

$$\begin{aligned} V_{out} &= V_{DD} - R_D \cdot I_D \\ &= V_{DD} - R_D \cdot \frac{1}{2} \mu_n C_{OX} \frac{W}{L} \left[2\left(V_{in} - V_{TH}\right) V_{out} - V_{out}^2 \right] \end{aligned} \tag{3-2}$$

④ 若继续增大 V_{in}，由式（3-2）可知，V_{out} 继续减小，直到 $V_{out} \ll 2\left(V_{in} - V_{TH}\right)$，MOSFET 进入"深线性区"，此时式（3-2）可近似为

$$V_{out} = V_{DD} - R_D \cdot \mu_n C_{OX} \frac{W}{L} \left(V_{in} - V_{TH}\right) V_{out} \tag{3-3}$$

由式（3-3）可见，深线性区的 MOSFET 可被视为一个电阻，阻值 R_{on} 为

$$R_{on} = \frac{1}{\mu_n C_{OX} \dfrac{W}{L} \left(V_{in} - V_{TH}\right)} = \frac{1}{\mu_n C_{OX} \dfrac{W}{L} \left(V_{GS} - V_{TH}\right)} \tag{3-4}$$

图 3-1（b）所示曲线是分析共源放大器的有力工具。放大器的电压增益 A_v 可以用输出小信号电压与输入小信号电压的幅值之比（或峰峰值之比）来衡量，若将小信号的幅值视为足够小，则图 3-1（b）所示曲线的斜率就是增益，即

$$A_v = \lim_{\Delta V_{in} \to 0} \frac{\Delta V_{out}}{\Delta V_{in}} = \frac{\partial V_{out}}{\partial V_{in}} \tag{3-5}$$

因此，为了获得较高的增益，应使放大器工作于曲线较陡的区间，即图 3-1（b）中的 X 点和 Y 点之间的区域，此时 MOSFET 工作于饱和区，跨导较大。此外，值得注意的是，饱和区对应的曲线斜率为负值，这意味着放大器的输出小信号与输入小信号的相位相反，如图 3-2 所示，当 V_{in} 从波峰变化到波谷时，V_{out} 由波谷变化到波峰，这一现象也可以从以下两个角度直观分析得出。

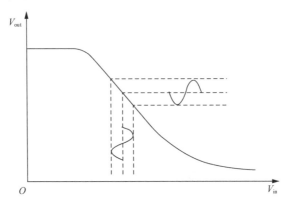

图 3-2　根据输入-输出特性曲线判断小信号的相位关系

用 TRAN Analysis 工具进行分析可知，如图 3-3 所示，输入电压 V_{in} 和漏极电流 I_D 均为电路中的直流信号量，当在输入电压上产生一个小信号量 $+\Delta V_{in}$ 时，漏极电流上也会产生一个小信号量 $+\Delta I_D$，从而在电阻上产生一个小信号电压降 $+\Delta I_D R_D$，V_{DD} 为直流电源电压值，故 V_{out} 端输出的总电压值为 $V_{DD} - \left(I_D + \Delta I_D\right) R_D = V_{DD} - I_D R_D - \Delta I_D R_D$，若滤除直流信号量 $\left(V_{DD} - I_D R_D\right)$，则余下的小信号量为 $-\Delta I_D R_D$，与输入的小信号量 $+\Delta V_{in}$ 反相。

从小信号等效电路的角度来看，图 3-3 所示放大器的小信号等效电路如图 3-4 所示，此处仍旧忽略沟道长度调制效应。根据小信号模型的含义可知，图 3-4 中的电学量均应为小信号量，即图 3-3 中带"Δ"的电学量。而图 3-3 中的直流信号量均应被作为"交流地"处理，例如，图 3-3 中的 V_{DD} 是直流信号量，稳定不变，可以理解为其承载的小信号量 $\Delta V_{DD} = 0$，对应图 3-4 中的"交流地"。由小信号等效电路可见，小信号电流 ΔI_D 从"交流地"流出，经过电阻 R_D 产生小信号压降，因此输出小信号电压 ΔV_{out} 与输入小信号电压 ΔV_{in} 反相。

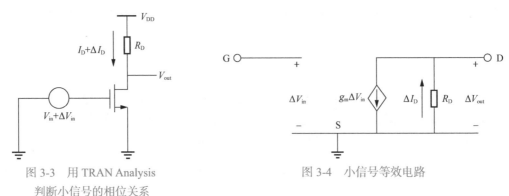

图 3-3　用 TRAN Analysis
　　　　判断小信号的相位关系

图 3-4　小信号等效电路

根据上文确定的原则，图 3-1（a）所示放大器的 MOSFET 应工作于饱和区，则由式（3-1）和式（3-5）可得增益为

$$A_{\mathrm{v}} = \frac{\partial V_{\mathrm{out}}}{\partial V_{\mathrm{in}}} = -R_{\mathrm{D}} \mu_{\mathrm{n}} C_{\mathrm{OX}} \frac{W}{L} \left(V_{\mathrm{in}} - V_{\mathrm{TH}}\right) = -g_{\mathrm{m}} R_{\mathrm{D}} \qquad （3-6）$$

该增益值也可以通过求解图 3-4 所示的小信号等效电路而得出，两种方法完全等效，因为这两种方法的数学基础都是小信号模型。

虽然放大器中的 MOSFET 大多工作于饱和区，但 MOSFET 的截止区和线性区在集成电路中也有重要的用途。由图 3-1（b）可见，在截止区，当输入信号 V_{in} 为极低电平时，输出信号 V_{out} 为最高电平。在线性区，当输入信号 V_{in} 取极高电平时，输出信号 V_{out} 为极低电平。若将高低电平分别视为逻辑 1 和 0，则截止区和线性区使该电路实现数字集成电路中的反相器功能。在实际的数字集成电路中，MOSFET 确实大多工作于截止区和线性区，因为截止区的 MOSFET 几乎被视为断路，而线性区的 MOSFET 可被视为电阻，所以数字集成电路中的 MOSFET 具有数字开关功能。

由此可见，对于确定的电路结构，若 MOSFET 所处的工作区不同，则电路功能会有显著差异，3.1.2 小节介绍的推挽放大器是一个典型的例子。

3.1.2　推挽放大器

图 3-5（a）展示了推挽放大器的电路结构，与数字反相器的电路结构完全一致，换言之，该电路在模拟集成电路中被用作推挽放大器，而在数字集成电路中被用作数字反相器。仿照 3.1.1 小节中的推导过程，也可以得出该电路的输入-输出特性曲线，如图 3-5（b）所示，其趋势类似于图 3-1（b）中的曲线。从本质来讲，数字反相器利用的是曲线首尾两段相对平坦的区域，若输入信号进入此区域，MOSFET 工作于截止区或线性区，输出信号会产生失真（波形出现"削平"或"触底"），数字反相器正是利用这种失真产生 0 和 1 逻辑标志。然而，放大器利用的是曲线中间较为陡峭的区域，这段区域的斜率反映了放大器的增益 [见式（3-5）]，若输入信号进入此区域，MOSFET 工作于饱和区。与图 3-1（b）相比，图 3-5（b）所示曲线斜率的绝对值通常更大，因为两个 MOSFET 同时由输入信号驱动，相当于二者的放大效果叠加，具体来讲：由于小信号模型是线性的，适用叠加原理，图 3-5（a）中的小信号等效电路可以被分解为图 3-5（c）中的形式，即由两个共源放大器叠加而成，叠加后的增益为 $-\left(g_{\mathrm{mN}} + g_{\mathrm{mP}}\right)\left(r_{\mathrm{ON}} \| r_{\mathrm{OP}}\right)$，此处下标 N 和 P 分别代表 NMOS 晶体管和 PMOS 晶体管，可见两个晶体管的跨导均被"调动"起来 [可与式（3-6）对比]，增益的绝对值可以很大。

由此可见，若将图 3-5（a）所示的电路用作放大器，则两个 MOSFET 均提供了放大能力，且由于二者的栅源电压之和固定（ $V_{\mathrm{GSN}} + V_{\mathrm{SGP}} = V_{\mathrm{DD}}$ ），二者的跨导存在"此消彼长"的效果，该放大器被称为推挽放大器。值得注意的是，推挽放大器虽然有较高的增益，但同时也导致输入信号工作范围变窄，这可以从图 3-5（b）所示曲线的陡峭特点看出。然而，这个特点使该电路非常适合用作数字反相器，因为优良的数字反相器恰好需要陡峭的过渡区，以保证输出具有较高的精度和速度。

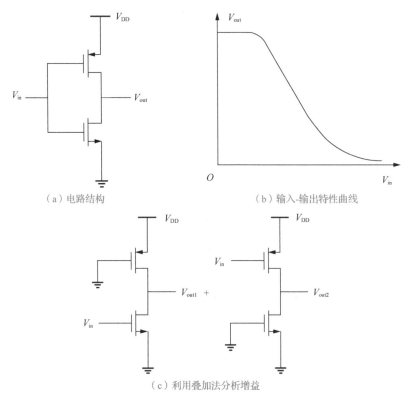

（a）电路结构　　　　　　　　　　（b）输入-输出特性曲线

（c）利用叠加法分析增益

注：两个电路应被转化为小信号等效电路，其中 MOSFET 栅极处的接地指的是小信号接地。

图 3-5　推挽放大器

3.1.3　带源极负反馈的共源放大器

放大器的增益通常不是固定的常数，而是随着输入信号的变化而变化，这可以由图 3-2 分析得出：当 MOSFET 工作于饱和区，输入-输出特性曲线并非严格的直线［见式（3-1）］，即斜率处处不相等，由于斜率代表增益，增益在输入信号的变化范围内也处处不相等。换言之，输入信号并非被等比例线性放大，而是存在非线性的成分，导致输出信号不可避免地发生失真，其根源在于 MOSFET 伏安特性方程本身的非线性。在极端情况下，输入信号摆幅过大以至于使 MOSFET 进入了截止区或线性区，则此时非线性程度极其严重，输出信号将发生严重失真。

在很多放大器中，输入信号的变化范围极小，此时图 3-2 所示曲线在如此小范围内的斜率变化可以忽略，近似认为增益在如此小的信号范围内为常数，这与小信号模型的理论出发点一致，即用直流工作点处的跨导值代表整个小信号变化范围内的跨导值。然而，很多高精度电路要求增益尽可能达到线性，此时需要采用专门的方法来减轻非线性程度，本小节介绍的源极负反馈就是其中一种简单的方法。

带源极负反馈的共源放大器结构如图 3-6（a）所示，工作原理可由图 3-6（b）予以解释。为简化起见，忽略沟道长度调制效应和体效应，当 V_{in} 增加时，V_{GS} 有增大趋势，I_D 增加，R_S 上的压降同样增加，源极电压增加，减缓了 V_{GS} 增大的趋势，也减缓了 I_D 增加的趋势，由于 I_D 的变化量与电阻 R_D 相乘就等于输出电压 V_{out} 的变化量，V_{out} 的变化趋势也减缓。换言之，R_S 的引入使 V_{out} 的变化更加平滑，输入-输出特性曲线的非线性程度减轻。这种减缓变化趋势的方法被称为负反馈，也是"源极负反馈"一词的由来。

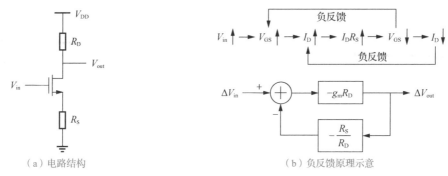

（a）电路结构　　　　　　　　　　　（b）负反馈原理示意

图 3-6　带源极负反馈的共源放大器

利用小信号等效电路，忽略沟道长度调制效应和体效应，可以推出图 3-6 所示电路的增益为

$$A_{\mathrm{v}} = \frac{V_{\mathrm{out}}}{V_{\mathrm{in}}} = -\frac{g_{\mathrm{m}} R_{\mathrm{D}}}{1 + g_{\mathrm{m}} R_{\mathrm{s}}} \tag{3-7}$$

其绝对值小于普通共源放大器的增益绝对值［式（3-6）］，这表明，改善线性度的代价是牺牲增益，这一点从前文的分析也可得知：既然 V_{out} 的变化趋势减缓，也就意味着放大效果减弱。

3.1.4　仿真实验：共源放大器

1. 实验目标

① 复习 DC 仿真和 TRAN 仿真分析方法。

② 理解共源放大器的工作原理。

③ 观察共源放大器的失真和非线性，并理解其含义。

2. 实验步骤：以电阻为负载的共源放大器仿真

（1）搭建测试台

搭建图 3-7 所示的共源放大器电路，将其中负载电阻 R0 的阻值设置为 10 kΩ，晶体管的宽长比设置为 1 μm / 180 nm，输入端和输出端分别被命名为 IN 和 OUT。

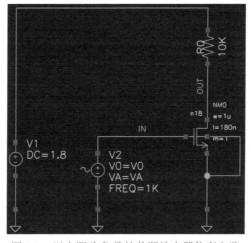

图 3-7　以电阻为负载的共源放大器仿真电路

（2）DC 仿真

按照图 3-8 对输入信号源 V2 进行设置，其中直流偏置量被设置为自定义变量 V0，交流小信号的幅值被设置为自定义变量 VA。选择 DC 仿真分析工具（Analysis→Add Analysis→DC Analysis），按照图 3-9 设置扫描范围和扫描步长，具体方法见第 2 章。

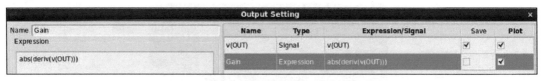

图 3-8　输入信号源参数设置　　　　　　　图 3-9　DC 仿真参数设置

然后，设置 DC 仿真的输出量，除了输出端 OUT 的电压信号之外，还要观察增益随输入信号的变化关系，因此还需设置一个增益表达式作为输出量。右击 Outputs 栏的空白处，选择 Add Expression，输入增益的表达式，如图 3-10 所示，用函数 deriv 对 OUT 端电压进行微分，共源放大器的增益为负值，因此用函数 abs 对微分结果取绝对值，化负值为正值，将此表达式命名为 Gain，单击窗口右下角 Add 确认添加。

Output Setting						✕
Name Gain	**Name**	**Type**	**Expression/Signal**		**Save**	**Plot**
Expression	v(OUT)	Signal	v(OUT)		✓	✓
abs(deriv(v(OUT)))	Gain	Expression	abs(deriv(v(OUT)))		☐	✓

图 3-10　增益表达式的设置

运行仿真，观察并分析 DC 仿真的结果。首先观察输入-输出特性曲线，即 OUT 端的电压随输入电压 V0（即输入直流电压值）的变化趋势，如图 3-11 的上方所示，横轴表示输入直流电压值，可见其与图 3-1（b）中的理论分析结果基本一致。然后观察增益随输入电压 V0 的变化曲线，即表达式 Gain 的结果，如图 3-11 的下方所示，可以看出，增益大约在输入电压为 0.8 V 时达到最大，约为 3.5，此时的输出电压约为 0.9 V，这两个值将与后续 TRAN 仿真结果进行对比。值得注意的是，增益值不是常数，随着输入电压 V0 的变化而变化，即取决于直流工作点，与 3.1.3 小节中的描述一致。

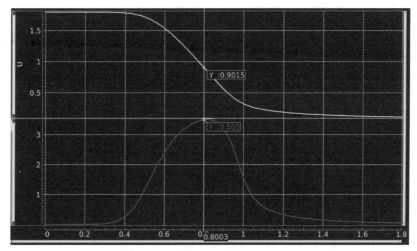

图 3-11　DC 仿真结果

（3）TRAN 仿真

根据 DC 仿真的结果，将共源放大器的增益调
至最大，即将输入直流电压 V0 的值设为 0.8 V，
输入小信号的幅值 VA 设为 10 mV，小信号频率设
为 1 kHz。选择 TRAN 仿真分析工具（Analysis→
Add Analysis→TRAN Analysis），按照图 3-12 设置

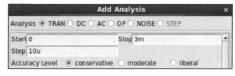

图 3-12　TRAN 仿真参数设置

仿真时间和步长，具体操作方法见第 2 章，后文不赘述。在 TRAN 仿真中，主要关注输入
端 IN 和输出端 OUT 的电压信号波形，将二者加入 Outputs 栏。

TRAN 仿真的结果如图 3-13 所示，其中上方表示输入信号波形，下方表示输出信号波
形。单击 FPD→Measure Tool Box，勾选 Min Y/Max Y，可以标出波形的峰峰值（见图 3-14
中的 Peak to Peak）。由图 3-13 可见，输出信号与输入信号反相，且输出信号的直流电平约
为 0.9 V，增益（波形的峰峰值之比）约为 70.155 mV/20 mV≈3.508，与前文 DC 仿真所展
示的结果高度一致。

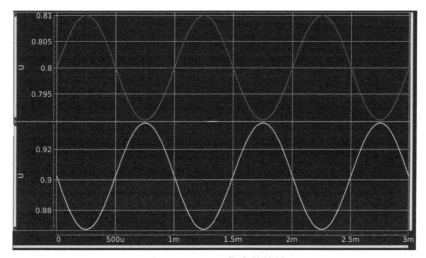

图 3-13　TRAN 仿真的结果

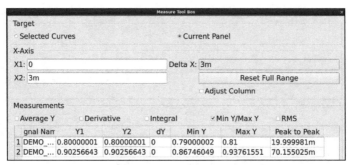

图 3-14　输入和输出波形的数值测量结果

　　然后，保持输入信号的直流工作点不变，对交流小信号幅值进行扫描分析。如图 3-15 所示，在 TRAN Analysis 的界面勾选 More Options 选项，在下方 Sweep Variable 栏内选中 Parameter，在 Name 处选择 VA，表明对输入交流小信号的幅值 VA 进行扫描，此处对 0.1、0.2 和 0.8 这 3 个离散值进行扫描，因此选择 List 方式予以罗列，如图 3-15 所示。

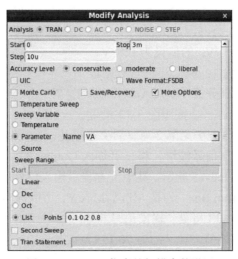

图 3-15　TRAN 仿真的扫描参数设置

　　TRAN 仿真结果随输入交流小信号幅值的变化如图 3-16 所示，其中上方表示输入信号波形，下方表示输出信号波形。由图可见，随着输入交流小信号幅值的增大，输出信号逐渐产生非线性和失真。当输入交流小信号幅值为 0.8 V 时（即幅值最大的那条曲线），非线性程度极其严重，以至于输出波形出现极其明显的失真，此时当输出信号在波谷时，MOSFET 已进入线性区，输出信号在波峰时，MOSFET 已进入截止区（由图 3-16 可见此波峰的电压值约为电源电压 1.8 V），此时输出波形呈现明显的"触底"和"削平"现象，更适合表示二进制信息，即此时的电路更适合用作数字反相器，与 3.1.1 小节中的描述一致。

　　3.　实验步骤：推挽放大器的仿真

　　（1）搭建测试台

　　搭建图 3-17 所示的推挽放大器仿真电路，将 NMOS 晶体管和 PMOS 晶体管的宽长比分别设置为 1 μm/180 nm 和 2 μm/180 nm，输入信号源 V2 的参数设置方式与图 3-8 中相同，输入端和输出端分别被命名为 IN 和 OUT。

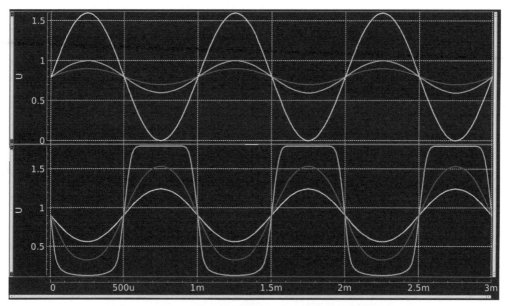

图 3-16　TRAN 仿真结果随输入交流小信号幅值的变化

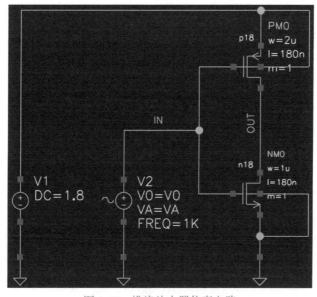

图 3-17　推挽放大器仿真电路

（2）DC 仿真

对输入直流电压值 V0 进行扫描，设置两个输出量：输出电压和增益。具体步骤与图 3-9、图 3-10 中类似，不赘述。DC 仿真结果如图 3-18 所示，其中上方表示输入-输出特性曲线，下方表示增益的绝对值随输入直流电压 V0 的变化关系曲线，横轴表示输入直流电压值。由图可见，输入-输出特性曲线的过渡区更加陡峭，体现了较高的增益值。然而，同时也能看出，该电路可供放大工作的输入信号范围很窄，即增益曲线的尖峰范围很窄，在该范围之外，曲线基本平坦，表明电路的增益几乎为零，不具备放大效果，实际上，此时电路更适合被用作数字反相器，与 3.1.2 小节中的理论分析一致。

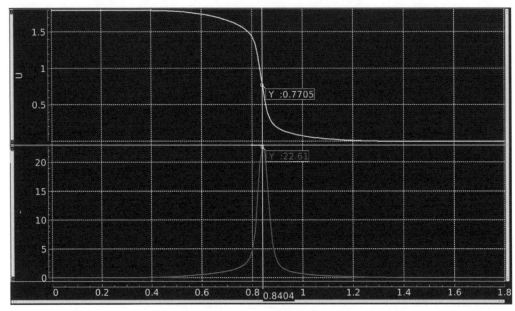

图 3-18　DC 仿真结果

（3）TRAN 仿真

根据 DC 仿真结果确定合适的静态工作点，由图 3-18 可知，当增益最大时，对应的横轴点约为 0.84 V，因此设置输入直流电压值 V0=0.84 V。同时对输入小信号的幅值 VA 进行扫描，将 VA 的扫描值设置为 0.01V、0.1V、0.2V，操作方法与图 3-15 中类似。

运行 TRAN 仿真，其结果如图 3-19 所示，其中上方表示输入信号波形，下方表示输出信号波形。可以与图 3-16 进行对比，得出关于增益、非线性和失真的结论，读者可自行分析验证。

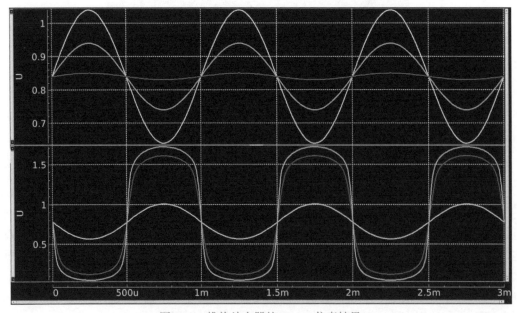

图 3-19　推挽放大器的 TRAN 仿真结果

4. 实验步骤：带源极负反馈的共源放大器仿真

（1）搭建测试台

搭建图 3-20 所示的电路，将其中负载电阻 R0 的阻值设置为 10 kΩ，R1 的阻值设为自定义变量 RS，MOSFET 的宽长比设置为 1 μm/180 nm，输入信号源 V2 的参数设置方式与图 3-8 中相同，输入端和输出端分别被命名为 IN 和 OUT。

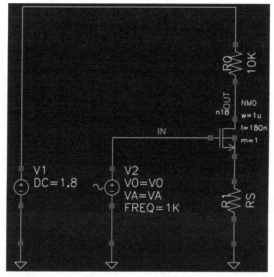

图 3-20　带源极负反馈的共源放大器仿真电路

（2）DC 仿真

对输入直流电压值 V0 和负反馈电阻值 RS 同时进行扫描，按照图 3-21 进行设置。与前两个实验案例类似，仍旧将输出量设置为输出电压和增益的绝对值。

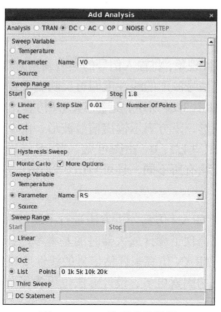

图 3-21　DC 仿真参数设置

图 3-22 所示为不同源极负反馈电阻 RS 下的 DC 仿真结果。上方表示输入-输出特性曲线，由上到下的曲线所对应的 RS 值分别为 20 kΩ、10 kΩ、5 kΩ、1 kΩ、0；下方表示增益的绝对值随输入直流电压的变化关系曲线，由上到下的曲线所对应的 RS 值分别为 0、1 kΩ、5 kΩ、10 kΩ、20 kΩ。可以看出，随着 RS 的增大，输入-输出特性曲线的过渡区变化趋势减缓，增益曲线的平坦区域变宽，即线性度得到改善，但同时，增益的绝对值变小，与 3.1.3 小节中的理论分析结果一致。需要注意的是，RS 的变化也导致了电路可供放大工作的输入信号范围发生变化，将影响直流工作点的调节。

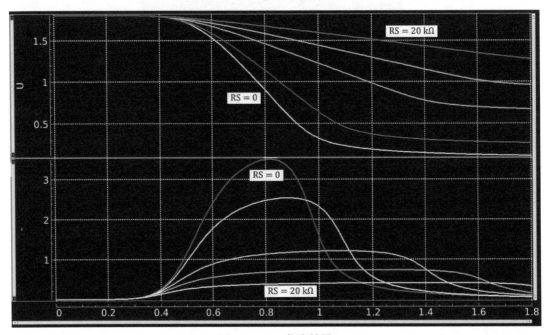

图 3-22　DC 仿真结果

（3）TRAN 仿真

为了更直观地观察非线性现象，将输入信号的类型调整为斜坡信号，设置方法如图 3-23 所示。在这种情况下，输出信号波形的线性度即可反映出增益的线性度。对负反馈电阻值 RS 进行扫描，其参数设置如图 3-24 所示，运行 TRAN 仿真，其结果如图 3-25 所示，其中上方表示输入的斜坡信号波形，下方表示输出信号波形，由上到下的曲线所对应的 RS 值分别为 20 kΩ、10 kΩ、5 kΩ、1 kΩ、0。由图可见，当 RS 被设置为不同的值时，电路的放大工作范围、增益和线性度均有所不同，且可与图 3-22 相互验证。

5. 实验总结

上述实验对 DC 仿真和 TRAN 仿真分析方法进行了复习巩固，并展示了几种分析增益的方法。同时，上述实验也体现了设计放大器时的基本考虑：首先进行 DC 仿真，确定合理的直流工作点，然后通过 TRAN 仿真来评估信号的线性度和失真情况。但需要强调的是，实际的放大器设计所需考虑的因素更多，设计方法也更为复杂，而且设计过程通常需要经过多次迭代、调试和优化。

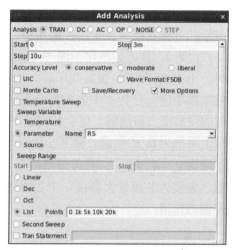

图 3-23　斜坡信号的设置　　　　　　　　图 3-24　TRAN 仿真参数设置

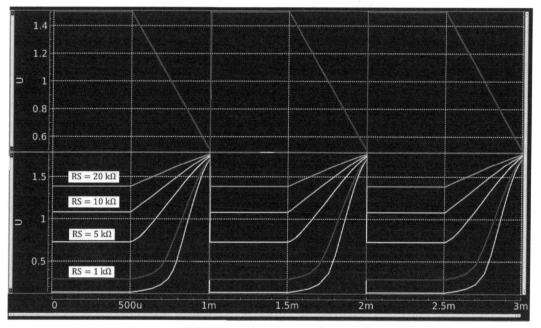

图 3-25　不同源极负反馈电阻 RS 下的 TRAN 仿真结果

3.2　源跟随器

　　源跟随器的增益接近 1，且具有极高的输入电阻和较低的输出电阻，极其适合被用作电压缓冲器。本节首先介绍源跟随器的基础理论，然后通过仿真实验展示源跟随器的特性及其带载能力。

3.2.1 源跟随器的基础理论

由 3.1.1 小节可知，若忽略沟道长度调制效应，则普通共源放大器的增益绝对值为 $g_m R_D$，因此，在输入信号和 MOSFET 尺寸不变的情况下，为了获得尽可能高的电压增益，需要提高 R_D 的值。然而，从小信号的角度来看，共源放大器将输入电压信号放大为输出电压信号，可将其视为一个压控电压源，根据戴维南定理可知，R_D 就是该电压源的输出电阻（或内阻），其等效电路如图 3-26（a）所示。若 R_D 过大，则当该电压源驱动下一级负载时，由于 R_D 和下一级负载串联，电压源的信号（注意：指小信号成分，因为在小信号等效电路中进行分析）中的大部分压降会被 R_D 吸收，只有小部分被提供给负载，即该放大器的带载能力被削弱，也会使增益下降。可以证明，如果在图 3-1（a）所示电路的输出端接上阻值为 R_L 的负载，则其小信号等效电路如图 3-26（b）所示，可知电路的增益绝对值下降为 $g_m (R_D \parallel R_L)$，且负载阻值 R_L 越低，增益的损失越严重。为了能够驱动低阻值的负载，需要为共源放大器接一个"缓冲器"，减小增益的损失，而源跟随器可以起到电压缓冲器的作用。

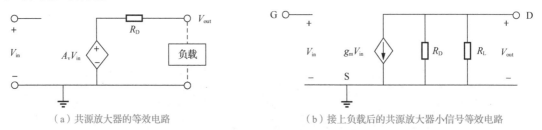

（a）共源放大器的等效电路　　　　　（b）接上负载后的共源放大器小信号等效电路

图 3-26　共源放大器的带载能力分析

图 3-27 展示了源跟随器的电路结构，其在栅极接收输入信号，在源极输出信号，由一个电阻 R_S 产生压降，因此从连接方式来看，漏极被输入回路和输出回路共用，故源跟随器也可被称为"共漏放大器"，但该名称并不常用。若电源电压 V_{DD} 是整个电路的最高电位，则 MOSFET 的漏极始终处于夹断状态，因此，只要 MOSFET 的源极被开启，则 MOSFET 就将工作于饱和区，忽略沟道长度调制效应和体效应，可得输入-输出特性方程为

$$V_{out} = R_S \cdot I_D = R_S \cdot \frac{1}{2} \mu_n C_{OX} \frac{W}{L} (V_{in} - V_{out} - V_{TH})^2 \tag{3-8}$$

对上式进行微分，可得增益为

$$A_v = \frac{\partial V_{out}}{\partial V_{in}} = \frac{g_m R_S}{1 + g_m R_s} \tag{3-9}$$

该表达式也可由小信号等效电路推导得出。若 $g_m R_S$ 足够大，则增益接近 1，即源极输出信号 V_{out} "跟随"栅极输入信号 V_{in} 的变化，故得名源跟随器。

源跟随器的 3 个特点使其适合作为电压缓冲器使用：首先，其输入端在 MOSFET 的栅极，因此低频输入电阻极大，很容易接收上一级电路输出的电压信号；其次，增益接近 1，适合对信号进行中转；最后，其输出电阻较低，为 $(1/g_m) \parallel R_S$，能够提供足够的带载能力。需要强调的是，此处讨论的是源跟随器对小信号的处理能力，所以，输入电阻和输出电阻均指由小信号等效电路推导出的物理量，因此其表达式可能包含小信号参数（例如 g_m）。在本书中，输入电阻和输出电阻均是小信号模型下的物理量，除非另有说明。

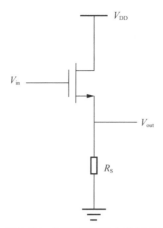

图 3-27　源跟随器的电路结构

3.2.2　仿真实验：源跟随器

1. 实验目标

① 观察并分析负载对放大器的影响。

② 理解源跟随器的缓冲效果。

2. 实验步骤

（1）搭建测试台

搭建图 3-28 所示电路：左侧是一个普通的共源放大器，输入端和输出端分别是 IN 和 OUT1；右侧是一个共源放大器和一个源跟随器的级联电路，输入端和输出端分别为 IN 和 OUT2。将所有 MOSFET 的宽长比均设置为 2 μm / 180 nm，共源放大器的串接电阻 R1、R3 和源跟随器的源极电阻 R4 均设置为 50 kΩ，输入信号的直流电平设置为 0.52 V，交流小信号幅值设置为 1 mV。为了观察这两个电路的带载能力，将负载电阻 R2 和 R5 的阻值均设置为自定义变量 RL，便于进行扫描分析。

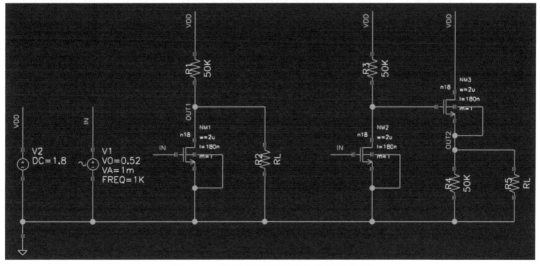

图 3-28　用于观察带载能力的仿真电路

（2）TRAN 仿真

对负载电阻值 RL 进行扫描，其参数设置如图 3-29 所示。待观察的物理量为输出端
OUT1 和 OUT2 的电压波形。

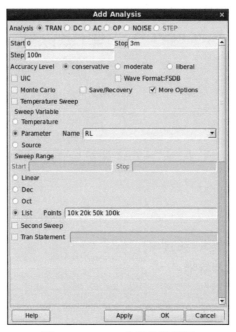

图 3-29　TRAN 仿真参数设置

TRAN 仿真结果如图 3-30 所示，其中图 3-30（a）所示是普通共源放大器 OUT1 端的
输出波形，图 3-30（b）所示是利用测试工具（FPD→Measure Tool Box）对波形进行测量
的结果，第一行至第四行所对应的 RL 值依次为 10 kΩ、20 kΩ、50 kΩ、100 kΩ，具体
测量方法如 3.1.4 小节所述。由图 3-30 可见，当负载电阻值 RL 过小时，输出波形的峰峰
值显著下降，即增益显著下降，表明该电路难以驱动阻值较小的负载。而图 3-30（c）和
图 3-30（d）所示是"共源放大器+源跟随器"级联电路 OUT2 端的输出结果和对应的数值
测量结果，图 3-30（d）中第一行至第四行所对应的 RL 值依次为 10 kΩ、20 kΩ、50 kΩ、
100 kΩ。由图可见，输出波形的峰峰值普遍大于图 3-30（a）和图 3-30（b）中的结果，且
峰峰值随负载电阻值 RL 的变化较小，即增益未见显著下降，表明电路的带载能力得到显
著改善，也证明了源跟随器优良的缓冲效果。

值得强调的是，图 3-28 所示的电路结构简单，但设计过程涉及多种因素的权衡折中。
以图 3-28 中右侧的级联电路为例，对于第一级共源放大器而言，为了获得较高的增益，需
要增大 R3 的阻值，但这同时会降低 NM2 晶体管漏极的电压值，从而增大了下一级源跟随
器的驱动难度，因为源跟随器的输入端（即 NM3 晶体管的栅极，也是 NM2 晶体管的漏极）
电压是栅源电压 V_{GS} 和 R4 上的压降之和，而 V_{GS} 必须大于 MOSFET 的阈值电压 V_{TH}，这要
求 NM3 晶体管的栅极（也是 NM2 晶体管的漏极）的电压不能过低，与前述"降低 NM2
晶体管漏极的电压值"这一结果相悖，读者可以尝试自行设计此电路，体会其中的权衡折
中思想。

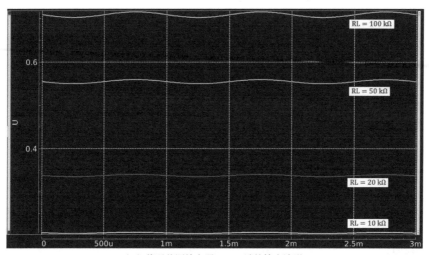

（a）普通共源放大器 OUT1 端的输出波形

Measurements						
□Average Y		□Derivative	□Integral	☑Min Y/Max Y		□RMS
ȷnal Nar	Y1	Y2	dY	Min Y	Max Y	Peak to Peak
1 DEM...	0.20587341	0.20587341	0	0.20443781	0.20729615	2.8583407m
2 DEM...	0.3374162	0.3374162	0	0.33478066	0.3400282	5.2475333m
3 DEM...	0.55510122	0.55510122	0	0.55026275	0.55990046	9.6377134m
4 DEM...	0.7095418	0.7095418	0	0.70300281	0.71603256	13.029754m

（b）OUT1 端输出波形的数值测量结果

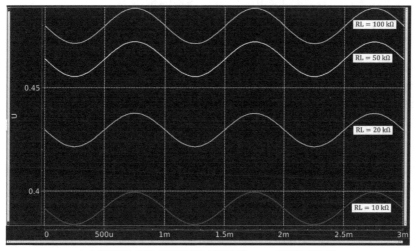

（c）"共源放大器+源跟随器"级联电路 OUT2 端的输出波形

Measurements						
□Average Y		□Derivative	□Integral	☑Min Y/Max Y		□RMS
ȷnal Nar	Y1	Y2	dY	Min Y	Max Y	Peak to Peak
1 DEM...	0.39172009	0.39172003	-59.604645n	0.38398254	0.3994258	15.443265m
2 DEM...	0.42956749	0.42956749	0	0.42143974	0.43766025	16.22051m
3 DEM...	0.46380407	0.46380407	0	0.55540026	0.47217011	16.769856m
4 DEM...	0.47982731	0.47982731	0	0.47131845	0.48829722	16.97877m

（d）OUT2 端输出波形的数值测量结果

图 3-30　TRAN 仿真结果

3. 实验总结

上述实验展示了源跟随器的带载能力，从中读者应该能够理解负载对放大器的影响。很多实际的放大器都对带载能力有明确的要求，因此在设计时应注意将带载能力作为一个关键指标予以关注。需要强调的是，源跟随器虽然具有较强的带载能力，但也存在固有的缺点，例如前文所述的驱动电压较高的问题。此外，源跟随器的噪声性能较差，在实际设计时也应进行谨慎评估。

3.3　共栅放大器

与前述的共源放大器、源跟随器不同，共栅放大器具有较低的输入电阻，因此更适合接收电流信号。本节首先介绍共栅放大器的基础理论，然后通过仿真实验展示共栅放大器的输入电阻特性。

3.3.1　共栅放大器的基础理论

前文介绍的共源放大器和源跟随器的输入端均接收电压信号，输出端产生的也是电压信号，因此被称为电压放大器，增益的量纲为 1。在实际的应用场景中，按输入与输出信号类型的不同，放大器共有如下 4 类。

电压放大器：输入与输出均为电压信号，增益的量纲为 1。

电流放大器：输入与输出均为电流信号，增益的量纲为 1。

跨导放大器：输入为电压信号，输出为电流信号，增益的量纲与电导的量纲一致，为西门子，此类放大器的增益也被称为跨导。

跨阻放大器：输入为电流信号，输出为电压信号，增益的量纲与电阻的量纲一致，为欧姆，此类放大器的增益也被称为跨阻。

不同种类的放大器对输入电阻和输出电阻具有不同的需求。如 3.2.1 小节所述，源跟随器的输出电阻较小，因此适合输出电压信号，并能提供足够的带载能力。从输入端来看，共源放大器和源跟随器都在栅极接收信号，低频输入电阻几乎无穷大，因此适合接收电压信号。而本小节即将介绍的共栅放大器在 MOSFET 的源极接收信号，其电路结构如图 3-31 所示，此处输入信号为电流 I_{in}，输出信号为电压 V_{out}。通过简单的推导可知输入电阻大约为 $1/(g_m + g_{mb})$，这是一个较小的量，因此共栅放大器更适合接收电流信号。

现在分析共栅放大器的增益，为简化起见，忽略沟道长度调制效应。如图 3-31 所示，在输入端施加电流信号 I_{in}，同时并联一个电阻 R_{in}，用来模拟实际电流源的内阻。如前文所述，共栅放大器的输入电阻较小，而实际电流源的内阻通常较大，因此，可以猜测：电流源的大部分电流会被共栅放大器的 MOSFET 吸收，只有很小部分被耗费在内阻上，若将通过 R_D 的电流作为输出电流，则共栅放大器的电流增益大约为 1，利用小信号等效电路可得出具体表达式为 $R_{in}/\left[R_{in}+1/(g_m+g_{mb})\right]$，由此可见，共栅放大器可以用作

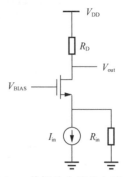

图 3-31　共栅放大器的电路结构

电流缓冲器。同理，若将 MOSFET 的漏极电压作为输出电压，仍将 I_{in} 作为输入电流，则共栅放大器成为跨阻放大器，可得跨阻的绝对值为 $R_{in}R_D / \left[R_{in} + 1 / \left(g_m + g_{mb} \right) \right]$。若将 MOSFET 的源极电压作为输入电压，将漏极电压作为输出电压，则共栅放大器成为电压放大器，可得电压增益为 $\left(g_m + g_{mb} \right) R_D$。需要强调的是，上述分析过程是在小信号等效电路中进行的，因此所述的"电流"和"电压"指的是小信号成分，注意不要与直流信号混淆。在本书的任何章节中，若笼统地提到信号，则应根据上下文仔细确认是直流信号还是小信号。后文的仿真实验将有助于加深读者对放大器中直流信号和小信号的理解。

3.3.2　仿真实验：共栅放大器

1. 实验目标

① 理解共栅放大器的工作原理。
② 体会直流信号和小信号的区别。
③ 观察输入电阻对共栅放大器的影响。

2. 实验步骤

（1）搭建测试台

搭建图 3-32 所示的共栅放大器电路，用一个理想电流源 I0 和一个内阻 R2 来模拟实际电流源，同时提供输入信号。将内阻 R2 的阻值设置为自定义变量 RS，晶体管尺寸设置为 $1\ \mu m / 180\ nm$，输入信号源 I0 的直流电流为 $50\ \mu A$，交流小信号电流的幅值为 $0.5\ \mu A = 500\ nA$。将共栅放大器的漏极电阻 R1 的阻值设置为 $10\ k\Omega$，栅极的偏置电压设为 $1\ V$。将 MOSFET 的源极定义为输入端 IN，漏极定义为输出端 OUT。

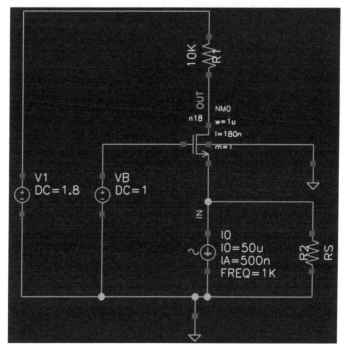

图 3-32　共栅放大器的仿真电路

（2）TRAN 仿真

对电流源内阻 R2 的阻值 RS 进行扫描，观察不同的 RS 对输出电流的影响，其设置界面如图 3-33 所示，待观察的输出量为 MOSFET 的漏极电流，即输出电流。

TRAN 仿真结果如图 3-34 所示，其中图 3-34（a）所示是输出电流的波形，从上到下的曲线所对应的 RS 值依次为 50 kΩ、100 kΩ、200 kΩ、500 kΩ、1 MΩ、2 MΩ。图 3-34（b）展示了利用测试工具（FPD→Measure Tool Box）获取的输出电流数值结果，第一行至第六行所对应的 RS 值依次为 50 kΩ、100 kΩ、200 kΩ、500 kΩ、1 MΩ、2 MΩ。由前文可知输入电流的峰峰值为 $2 \times 0.5\ \mu A = 1\ \mu A = 1000\ nA$，通过与图 3-34（b）中的峰峰值对比发现，输入电流的交流小信号峰峰值绝大部分都被 MOSFET 吸收，表明共栅放大器的电流增益几乎为 1，而且，随着阻值 RS 的增大，电流增益越来越接近于 1。这些仿真结果证明共栅放大器的输入电阻较小，接收交流小信号电流的能力较强，与 3.3.1 小节中的理论分析一致。

图 3-33　TRAN 仿真参数设置界面

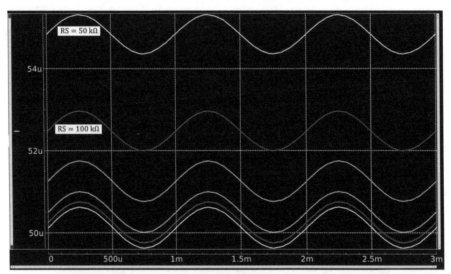

（a）输出电流的波形

	Signal Nar	Y1	Y2	dY	Min Y	Max Y	Peak to Peak
1	DEM...	54.839205u	54.839205u	0	54.363762u	55.3147u	950.93856n
2	DEM...	52.480846u	52.480846u	0	51.993593u	52.968127u	974.53449n
3	DEM...	51.256495u	51.256495u	0	50.762999u	51.750008u	987.00912n
4	DEM...	50.506576u	50.506576u	0	50.00921u	51.00395u	994.73982n
5	DEM...	50.253977u	50.253977u	0	49.755301u	50.752657u	997.35553n
6	DEM...	50.127175u	50.127175u	0	49.627841u	50.626513u	998.67248n

Measurements　☐Average Y　☐Derivative　☐Integral　☑Min Y/Max Y　☐RMS

（b）输出电流波形的数值测量结果

图 3-34　共栅放大器输出电流的 TRAN 仿真结果

　　AC 仿真能够更直观地展示共栅放大器的增益特性，AC 仿真参数设置如图 3-35（a）所示，输出电流的 AC 仿真结果如图 3-35（b）所示，上方表示幅频特性曲线，下方表示相频特性曲线，横轴表示输入交流小信号的频率。从上到下的曲线所对应的 RS 值依次为 2 MΩ、1 MΩ、500 kΩ、200 kΩ、100 kΩ、50 kΩ。更详细的设置步骤可参考第 2 章，后文不赘述。其中图 3-35（b）的上方展示了电流的幅频特性曲线，标尺上的数值即电流增益，可见共栅放大器的电流增益接近于 1，且数值与图 3-34（b）中的峰峰值基本相符。

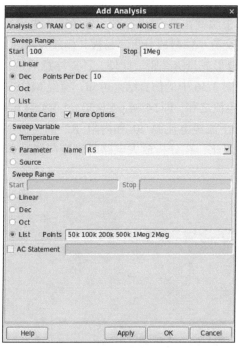

（a）AC 仿真参数设置

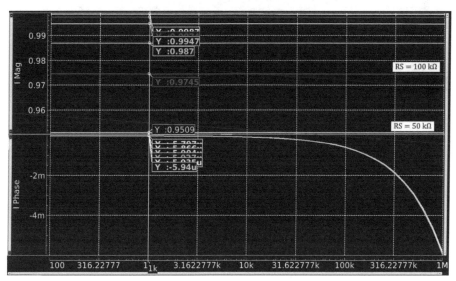

（b）输出电流的 AC 仿真结果

图 3-35　共栅放大器输出电流的 AC 仿真结果

　　现在观察共栅放大器各支路的电流分布情况，以此加深对直流信号和小信号概念的理解。将电流源内阻的阻值 RS 设置为 50 kΩ，待观察的输出量为 MOSFET 的漏极电流和流经电流源内阻 R2 的电流。运行 TRAN 仿真，结果如图 3-36（a）所示，其中上方和下方分别表示流经 MOSFET 和内阻 R2 的电流波形，由图可见，流经 MOSFET 和内阻 R2 的直流电流分别约为 54.84 μA 和 4.84 μA，相差约 11 倍，而图 3-36（b）展示了利用测试工具（FPD→Measure Tool Box）获取的电流数值结果，第一行和第二行分别表示流经 MOSFET 和内阻 R2 的电流，可见峰峰值相差约 19 倍，即交流小信号成分相差约 19 倍，比直流成分的相差程度更加悬殊，其根源就在于，"共栅放大器的输入电阻较小"这一结论是在小信号等效电路下推得的，因此交流小信号成分更容易被共栅放大器的 MOSFET 吸收，从而与内阻 R2 上的交流小信号成分形成悬殊差距。此外，还需注意的是，直流成分和交流小信号成分的极性也存在差异。由图 3-36 中的仿真结果可知，流经 MOSFET 的直流电流等于流经电流源 I0 和内阻 R2 的直流电流之和，即 54.84 μA = 50 μA + 4.84 μA，然而，流经 MOSFET 的交流小信号电流峰峰值等于流经电流源 I0 和内阻 R2 的交流小信号电流峰峰值之差，即 950 nA = 1 μA − 50 nA。因此，在分析放大电路时，应严格区分直流信号和交流小信号，不可混淆。

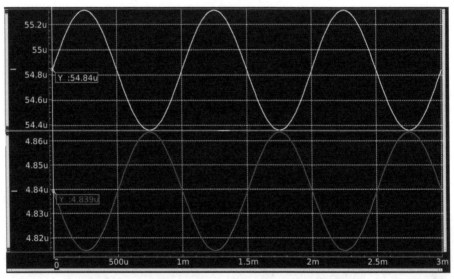

（a）流经 MOSFET（上方）和内阻 R2（下方）的电流波形

Measurements						
□Average Y	□Derivative	□Integral	☑Min Y/Max Y	□RMS		
ʒnal Nar	Y1	Y2	dY	Min Y	Max Y	Peak to Peak
1 DEM...	54.839205u	54.839205u	0	54.363765u	55.3147u	950.93492n
2 DEM...	4.8391821u	4.8391821u	0	4.8146794u	4.8637426u	49.063146n

（b）电流波形的数值测量结果

图 3-36　共栅放大器各支路电流的 TRAN 仿真结果

3.4　共源共栅放大器

　　共源共栅放大器，顾名思义，是指共源放大器和共栅放大器的级联结构。然而，在大多数应用场景中，这种级联结构都被视作一个整体，因此也可被归为单级放大器。共源共栅结构的典型特点是具有极高的阻抗，因此在高增益运算放大器和电流镜中具有广泛的应用。本节首先介绍共源共栅放大器的基础理论，然后通过仿真实验展示共源共栅放大器的高增益效果。

3.4.1　共源共栅放大器的基础理论

放大器的小信号等效电路是线性电路，因此，根据诺顿定理，该电路可以被化简为一个电流源与一个电阻的并联，该电阻即放大器的输出电阻 R_{out}，如图 3-37 所示。由图可推导输出电压为 $V_{\text{out}} = -I_{\text{out}} R_{\text{out}}$，则增益为 $V_{\text{out}} / V_{\text{in}} = -\left(I_{\text{out}} / V_{\text{in}}\right) R_{\text{out}} = -G_{\text{m}} R_{\text{out}}$，式中的 G_{m} 被称为等效跨导，I_{out} 可通过将输出端接地而得。由此可见，增大输出电阻 R_{out} 是一种提高增益的有效方法。本小节介绍的共源共栅结构具有极高的电阻。

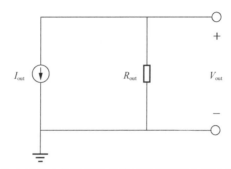

图 3-37　放大器的小信号等效电路经诺顿定理化简后的简易模型

需要强调的是，前文提及的 V_{out}、V_{in} 和 I_{out} 都是小信号量，因为整个分析过程的前提是小信号等效电路。在本书的任何章节中，凡提及变量符号，都应根据上下文仔细确认是直流信号还是小信号。

共源共栅放大器如图 3-38（a）所示，由一个共源放大器（M_1 晶体管）和一个共栅放大器（M_2 晶体管）组接而成，M_1 晶体管将栅极输入电压转换为漏极输出电流，该电流被 M_2 晶体管的源极接收，为了将接收的电流转换为输出电压，还需要在 M_2 晶体管的漏极接一个负载，考虑到对称性和匹配性，将负载也设置为共源共栅结构（由 M_3 和 M_4 两个 PMOS 晶体管组成），由此构成了一个共源共栅放大器，其增益可以利用诺顿定理求解，如图 3-38（b）所示，上方将输出端接地，求解等效跨导 G_{m}，下方将输入端置零，求解输出电阻 R_{out}。可解得该电路的电压增益如下：

$$G_{\text{m}} = \frac{I_{\text{out}}}{V_{\text{in}}} = g_{\text{m1}} \frac{r_{\text{O1}}}{r_{\text{O1}} + \dfrac{1}{g_{\text{m2}} + g_{\text{mb2}}} \| r_{\text{O2}}} \tag{3-10}$$

$$R_{\text{out}} = \left\{ r_{\text{O2}} + \left[1 + \left(g_{\text{m2}} + g_{\text{mb2}}\right) r_{\text{O2}} \right] r_{\text{O1}} \right\} \| \\ \left\{ r_{\text{O3}} + \left[1 + \left(g_{\text{m3}} + g_{\text{mb3}}\right) r_{\text{O3}} \right] r_{\text{O4}} \right\} \tag{3-11}$$

$$\frac{V_{\text{out}}}{V_{\text{in}}} = -G_m R_{\text{out}} \qquad (3\text{-}12)$$

式中，R_{out} 的表达式可以利用第 2 章课后练习（2）的结论直接得出。通常，$(g_m + g_{mb})r_O \gg 1$，$g_m \gg g_{mb}$，因此 $G_m \approx g_{m1}$，$R_{\text{out}} \approx (g_{m2}r_{O2}r_{O1}) \| (g_{m3}r_{O3}r_{O4})$，则可知输出电阻的量级约为 $g_m r_O^2$，增益的量级约为 $(g_m r_O)^2$。而普通的共源放大器［例如，图 3-5（c）所示电路］增益的量级仅为 $g_m r_O$，$g_m r_O$ 也被称为本征增益。因此，得益于共源共栅结构的高电阻特点，共源共栅放大器能够获得极高的增益。

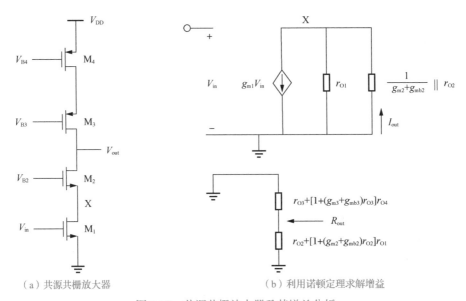

（a）共源共栅放大器   （b）利用诺顿定理求解增益

图 3-38 共源共栅放大器及其增益分析

3.4.2 仿真实验：共源共栅放大器

1. 实验目标

① 理解输出电阻的含义。

② 深化对小信号概念的认识。

③ 体会共源共栅放大器的高输出电阻和高增益特性。

2. 实验步骤

（1）搭建测试台

搭建图 3-39（a）所示的共源共栅放大器仿真电路，按照图中参数配置 MOSFET 和信号源，输入端和输出端分别被命名为 IN 和 OUT。需要注意的是，该电路的 OUT 端直流电平不易稳定，对晶体管尺寸等参数较为敏感，因此该电路在实际场景中实现需要采用反馈技术，但这已超出本章的知识范畴，此处仅提醒读者仔细调试该电路的参数。

根据定义求解图 3-39（a）所示电路的输出电阻，即将输入信号置零，同时在输出端施加电压，测试从输出端流进电路的电流。需要注意的是，放大器的输出电阻属于小信号范畴的概念，这里的"置零""电压""电流"均是针对小信号而言的。因此，严谨地讲，输出电阻的测量方法如图 3-39（b）所示，具体为将输入端 IN 的交流小信号置零，但仍旧需要保留直流偏置信号，使电路仍旧能够具有正常的静态工作点，如图中的电压源 V1 所示；同理，在输出端 OUT 处施加一个交流小信号电压，将幅值设为 0.5 mV = 500 μV，如图中的电压源 V5 所示，但同时需要使 OUT 处的直流电平不变，以确保图 3-39（a）和图 3-39（b）中两个电路的静态工作点完全一致，为此，可以对图 3-39（a）所示电路进行 OP 仿真，具体操作方法见第 2 章，获取 OUT 处的直流电压值，为 962.151 mV，然后将该值设置为图 3-39（b）中电压源 V5 的直流偏置电压。

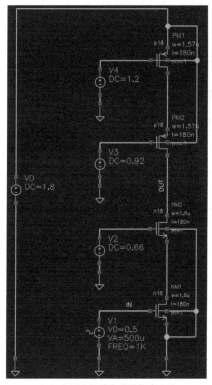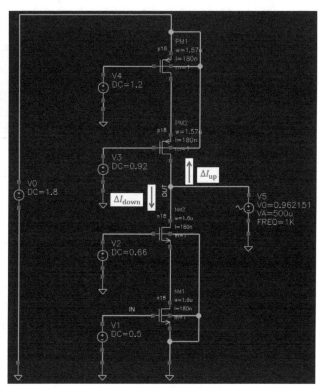

（a）共源共栅放大器的仿真电路　　　　　　　　　（b）输出电阻的测量方法

图 3-39　共源共栅放大器的仿真电路及其输出电阻测量方法

　　为了计算输出电阻，需要测试图 3-39（b）中 OUT 端流进电路的交流小信号电流，包括向上和向下的两股成分，将其峰峰值分别记为 ΔI_{up} 和 ΔI_{down}，将图中电压源 V5 的峰峰值 0.5 mV×2 = 1 mV 与 ΔI_{up} 和 ΔI_{down} 分别相除，即可得出向上"看"的电阻，以及向下"看"的电阻，两个电阻并联即输出电阻 R_{out}。

　　（2）TRAN 仿真

　　针对图 3-39（b）所示电路运行 TRAN 仿真，将输出结果设置为 NM2 晶体管和 PM2 晶体管漏极的电流，即向下和向上的电流，其波形分别如图 3-40（a）上方和下方所示，利用测试工具（FPD→Measure Tool Box）求得其峰峰值，电流波形的数值测量结果如图 3-40（b）所示，第一行和第二行分别表示向下和向上的电流。按照前文所述，可知向上"看"的电

阻为 $1\,\text{mV}/79.126\,\text{pA} \approx 12.638\,\text{M}\Omega$ ，向下 "看" 的电阻为 $1\,\text{mV}/149.157\,\text{pA} \approx 6.7\,\text{M}\Omega$ ，输出电阻为 $12.638\,\text{M}\Omega \| 6.7\,\text{M}\Omega \approx 4.379\,\text{M}\Omega$ 。

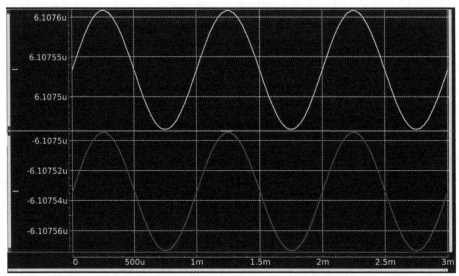

（a）OUT 端向下（上方）和向上（下方）的电流波形

Measurements						
□Average Y		□Derivative	□Integral	☑Min Y/Max Y		□RMS
jnal Nar	Y1	Y2	dY	Min Y	Max Y	Peak to Peak
1 DEM...	6.1075339u	6.1075339u	0	6.1074593u	6.1076084u	149.15713p
2 DEM...	-6.1075339u	-6.1075339u	0	-6.1075734u	-6.1074943u	79.126039p

（b）电流波形的数值测量结果

图 3-40　OUT 端的电流仿真结果

（3）OP 仿真

为了进一步理解共源共栅结构的高电阻特性，对图 3-39（b）所示电路运行 OP 仿真，具体仿真方法可参考第 2 章，后文不赘述。获取 NM1 和 NM2 晶体管的参数，如图 3-41 所示，可知 NM1 晶体管的输出电阻大约为 $1/g_{\text{ds}} = (1/7.6585\mu)\,\Omega \approx 0.13\,\text{M}\Omega$ ，远小于前文解得的向下 "看" 的电阻 $6.7\,\text{M}\Omega$ ，这两个值的关系满足式（3-11），即

$$0.13\,\text{M}\Omega \times \left[1 + (g_{\text{m2}} + g_{\text{mb2}})r_{\text{O2}}\right] + r_{\text{O2}}$$
$$= 0.13\,\text{M}\Omega \times \left[1 + (112.8532\mu + 25.5323\mu) \times (1/2.8994\mu)\right] \qquad (3\text{-}13)$$
$$+ (1/2.8994\mu)\,\Omega$$
$$\approx 6.68\,\text{M}\Omega \approx 6.7\,\text{M}\Omega$$

由此可见，NM1 和 NM2 晶体管所组成的共源共栅结构将单个晶体管的输出电阻从 $0.13\,\text{M}\Omega$ 提高到 $6.7\,\text{M}\Omega$ ，相差的倍数大约是本征增益的量级。

现在估算共源共栅放大器的增益值，将图 3-41 所示的参数值代入式（3-10），可得放大器的等效跨导约为 $102.56\,\mu\text{S}$ ，前文已得放大器的输出电阻约为 $4.379\,\text{M}\Omega$ ，则可推算该共源共栅放大器的增益为 $-102.56\,\mu\text{S} \times 4.379\,\text{M}\Omega \approx -449$ ，读者可以对图 3-39（a）所示电路运行 TRAN 仿真或 AC 仿真来验证该增益值的准确性。

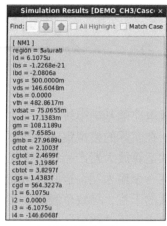

（a）NM1 晶体管的参数

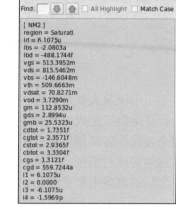

（b）NM2 晶体管的参数

图 3-41　NM1 和 NM2 晶体管的 OP 仿真结果

3. 实验总结

上述实验以输出电阻为例，直观展示了小信号模型的含义。需要强调的是，在放大电路中，很多物理量如增益、输入/输出电阻、噪声等，均是基于小信号等效电路分析而得的，相应的术语如置零、接地等，也是针对小信号而言的，因此，应该通过上述实验加深对小信号分析方法的认识。上述实验也有助于读者深刻理解共源共栅放大器的高输出电阻和高增益特性，这对于后续电流镜和运算放大器的学习至关重要。

3.5　课后练习

1. 对于共源放大器，能够采用哪些方法提高增益，而随之付出的代价又是什么？
2. 将源跟随器的源极电阻替换为一个电流源连接型 MOSFET，观察其性能。
3. 请分析共栅放大器的输入-输出特性曲线，观察栅极偏置电压对曲线的影响。
4. 如 3.4.2 小节所述，图 3-39（a）所示电路的 OUT 端直流电平对晶体管宽长比的变化较为敏感，请通过仿真观察此现象，并思考其原因。

第 4 章　CMOS 差分放大器

第 3 章介绍了单级放大器是构成各种模拟集成电路的基础模块，熟练掌握单级放大器的原理，是分析复杂模拟集成电路的前提。然而，在实际的模拟集成电路中，单级放大器很少被直接用来接收外界环境信号，通过观察几款运算放大器产品即可发现，用于接收外界信号的输入端通常成对出现，而单级放大器只有一个输入端，这两种情况截然不同。主要原因在于，实际的电路极易受温度、噪声等因素的干扰，导致单级放大器的输出信号质量较差，相应的解决方案就是将两个相同的单级放大器用"差分"的形式组合，构成差分放大器，从而具有两个输入端、两条信号支路，可以通过"差分抵消"的原理来消除干扰。如今，模拟集成电路普遍使用差分放大器作为输入级，以确保信号的可靠、稳定传输。

本章将对差分放大器的工作原理和相关概念做简要的介绍，然后通过仿真实验深入讲解差分放大器的直流特性、差模小信号特性和共模响应。

4.1　基本差分对

单级放大器只有一个输入端，所接收的输入信号通常以"地"为参考电位，是固定电位，如图 4-1 的上方所示。而差分放大器有两个输入端，接收两路输入信号，每一路输入信号可被分解为直流信号和交流小信号的叠加，如图 4-1 的下方所示。在实际的模拟集成电路中，通常这两路输入信号的直流电平相等，被称为"共模电平"，然而这两路交流小信号的幅值相等、相位相反，被称为差分信号。由此可见，差分信号的参考电位是共模电平。

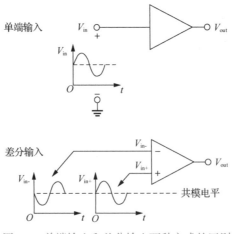

图 4-1　单端输入和差分输入两种方式的区别

相比单端工作方式，差分工作方式的优点是能够消除环境中的干扰，例如，有较强的抗电源噪声干扰能力、较强的抑制共模噪声能力，而且差分放大器的输出信号还具有更大的摆幅。差分工作方式的主要缺点是引起面积和功耗的翻倍，然而，与差分放大器的优点相比，这些缺点被认为是次要的。因此，在实际产品中，差分放大器被广泛用作电路的输入级。

本节以基本差分对为例进行讲解，其核心结论可被推广至其他种类的差分放大器。

4.1.1　基本差分对的直流分析

基本差分对的电路结构如图 4-2 所示，由两个输入对管（M_1 和 M_2）、两个电阻（均为 R_D）及一个电流源（I_{SS}）组成，有两个输入端（V_{in1}、V_{in2}）和两个输出端（V_{out1}、V_{out2}）。在实际中，电流源通常由 MOSFET 实现，为简化起见，本小节使用理想电流源。根据电流源的位置特点，将其命名为尾电流源，其作用是为电路提供合适的直流工作点。由图可见，基本差分对具有左右对称的结构，左右均为共源放大器，两个共源放大器以差分方式工作。

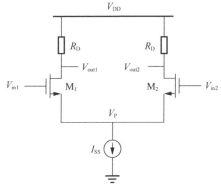

图 4-2　基本差分对的电路结构

在设计基本差分对时，面临的首要问题是直流工作点应该如何设置？换言之，两个输入信号 V_{in1} 和 V_{in2} 的直流电平应分别设置为多少？本小节对此进行理论分析，在图 4-2 中，假设电路左右对称，忽略沟道长度调制效应和体效应，则有：

$$V_p = V_{in1} - V_{GS1} = V_{in2} - V_{GS2} \tag{4-1}$$

$$V_{in1} - V_{in2} = V_{GS1} - V_{GS2} \tag{4-2}$$

将 $V_{GS} = \sqrt{2I_D / (\mu_n C_{OX} W / L)} + V_{TH}$ 代入式（4-2），得

$$V_{in1} - V_{in2} = \sqrt{\frac{2I_{D1}}{\mu_n C_{OX} \dfrac{W}{L}}} - \sqrt{\frac{2I_{D2}}{\mu_n C_{OX} \dfrac{W}{L}}} \tag{4-3}$$

式中，I_{D1} 和 I_{D2} 分别为左右支路的电流，对式（4-3）进行化简整理，得

$$I_{D1} - I_{D2} = \sqrt{\mu_n C_{OX} \frac{W}{L} I_{SS} (V_{in1} - V_{in2})} $$
$$\times \sqrt{1 - \frac{\mu_n C_{OX} \dfrac{W}{L}}{4I_{SS}} (V_{in1} - V_{in2})^2} \tag{4-4}$$

在实际应用中，通常取两个输出端的差值($V_{out1} - V_{out2}$)作为输出信号，称为差分输出信

号或差模输出信号，则有

$$V_{\text{out1}} - V_{\text{out2}} = \left(V_{\text{DD}} - I_{\text{D1}}R_{\text{D}}\right) - \left(V_{\text{DD}} - I_{\text{D2}}R_{\text{D}}\right) \tag{4-5}$$
$$= -R_{\text{D}}\left(I_{\text{D1}} - I_{\text{D2}}\right)$$

将基本差分对的差模增益定义为$(V_{\text{out1}} - V_{\text{out2}})$的小信号量与$(V_{\text{in1}} - V_{\text{in2}})$的小信号量之比，记为$A_{\text{vid}}$，则根据增益的数学含义，可得

$$A_{\text{vid}} = \frac{\partial\left(V_{\text{out1}} - V_{\text{out2}}\right)}{\partial\left(V_{\text{in1}} - V_{\text{in2}}\right)} = -\frac{1}{2}\mu_{\text{n}}C_{\text{OX}}\frac{W}{L}\frac{\dfrac{4I_{\text{SS}}}{\mu_{\text{n}}C_{\text{OX}}\dfrac{W}{L}} - 2\left(V_{\text{in1}} - V_{\text{in2}}\right)^2}{\sqrt{\dfrac{4I_{\text{SS}}}{\mu_{\text{n}}C_{\text{OX}}\dfrac{W}{L}} - \left(V_{\text{in1}} - V_{\text{in2}}\right)^2}}R_{\text{D}} \tag{4-6}$$

经过简单计算可知，当$V_{\text{in1}} - V_{\text{in2}} = 0$，即$V_{\text{in1}} = V_{\text{in2}}$时，$|A_{\text{vid}}|$取最大值，即差模增益的绝对值最大。由此得出结论：为了获得最大的差模增益值，基本差分对的两个输入信号的直流电平应该相等。

此处需要再次强调直流信号和小信号的区别。根据上述结论，当$V_{\text{in1}} = V_{\text{in2}}$时，差模增益最大，而由式（4-4）和式（4-5）可知，此时$I_{\text{D1}} = I_{\text{D2}}$，$V_{\text{out1}} = V_{\text{out2}}$（该结论也可由基本差分对的对称性得出），差分输出信号$V_{\text{out1}} - V_{\text{out2}} = 0$，这与"差模增益最大"的结论并不矛盾，因为此处$V_{\text{in1}} = V_{\text{in2}}$和$V_{\text{out1}} = V_{\text{out2}}$均指的是直流信号，而差模增益是针对小信号而言的。因此，实际情况是在基本差分对的两个输入端施加相同的直流信号，导致两个输出端的直流电平也相等，在输入端的直流信号之上叠加一对差分小信号$\Delta V_{\text{in1}} = -\Delta V_{\text{in2}}$（负号表示相位相反），则在输出端的直流电平之上也产生一对差分小信号$\Delta V_{\text{out1}} = -\Delta V_{\text{out2}}$，由于差分小信号相位相反，二者差值不为零，形成差模增益。此类情况下的信号示意如图4-3所示，其中输入端的直流信号电平可被视为共模电平。

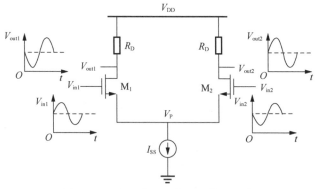

图4-3　基本差分对工作时的信号示意

4.1.2　仿真实验：基本差分对的直流特性分析

1. 实验目标

① 观察并分析基本差分对各支路的电流分配情况。

② 观察并分析基本差分对的差模增益随差分输入信号的变化趋势。

③ 理解基本差分对的最优直流工作点。

2. 实验步骤

（1）搭建测试台

搭建图 4-4 所示的基本差分对仿真电路，采用理想电流源作为尾电流源。将两个输入对管的尺寸均设置为 $1\,\mu m\,/\,180\,nm$，尾电流源的电流值设置为 $50\,\mu A$，漏极负载电阻设置为 $10\,k\Omega$。两个输入端命名为 IN1 和 IN2，两个输出端命名为 OUT1 和 OUT2。为了观察放大器性能随差分输入信号的变化趋势，将电压源 V1 的直流电压值设置为自定义变量 vin1，V2 的直流电压值设置为 0.9 V，即以 V2 的电压值为参考基准，通过改变 vin1 的值来反映差分输入信号的变化。

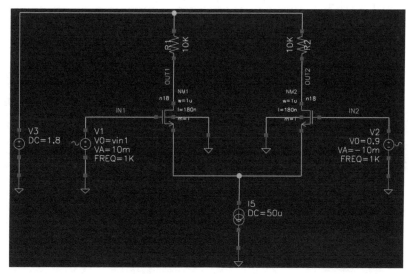

图 4-4　基本差分对的仿真电路

（2）DC 仿真设置

对 vin1 的值进行直流扫描，待观察的物理量是两条支路的漏极电流 I_{D1} 和 I_{D2}，以及差模增益 A_{vid}。其中，差模增益需要用表达式展示，其具体设置情况如图 4-5 所示。

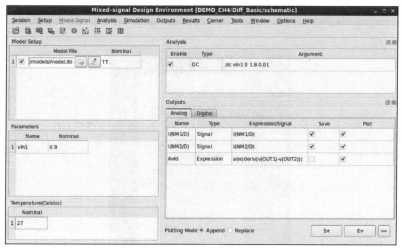

图 4-5　仿真参数和输出物理量的具体设置情况

（3）DC 仿真结果分析

DC 仿真结果如图 4-6 所示，横轴表示其中一个输入端（即 IN1）的直流电压值，另一个输入端（即 IN2）的直流电压值被固定为 0.9 V。图 4-6 上方表示两条支路的电流随差分输入信号的变化趋势，为了将这两条电流曲线展示在同一个坐标系中，可以同时选中坐标系左侧的两条曲线名称，如图 4-7 所示，然后右击，选择 Group/Ungroup→Group 即可。图 4-6 的下方表示差模增益 A_{vid} 随差分输入信号的变化趋势。由图可见，曲线趋势与理论推导的一致，当差分对的两个输入直流信号电平相等（vin1 = 0.9 V）时，两条支路电流相等，均为尾电流的一半，即 25 μA，且差模增益达到最大值。此外，由图 4-6 还可以看出，随着两个输入端的直流电平差值的增大，两条支路的电流差值也随之增大，在极端情况下，全部的尾电流（50 μA）被其中一条支路吸收，而另一条支路的电流为零，表明此时另一条支路的 MOSFET 进入截止区。

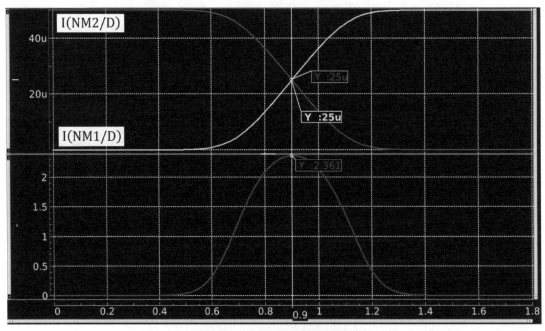

图 4-6　DC 仿真结果

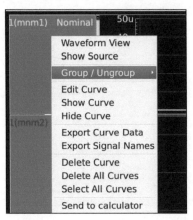

图 4-7　将两条曲线合并在同一个坐标系中展示

（4）TRAN 仿真

为了对基本差分对的工作过程形成更加直观的认识，需进行 TRAN 仿真。针对图 4-4 所示电路，将信号源 V1 的直流电平（vin1 的值）设置为 0.9 V，与信号源 V2 的直流电平相等。在输入的直流信号上叠加一对大小相等、相位相反的差分小信号，差分小信号的参数与图 4-4 中的相同，其中信号源 V1 和 V2 的参数 VA 分别被设置为 10 m 和 – 10 m，表明交流小信号的幅值为 10 mV，负号则表示反相。

运行 TRAN 仿真，利用表达式 v(IN1)-v(IN2)展示差分输入，表达式 v(OUT1)-v(OUT2) 展示差分输出，分别如图 4-8 的上方和下方所示。由图可见，差分输出和差分输入呈反相关系，原因是 IN1 端到 OUT1 端（或者，IN2 端到 OUT2 端）形成共源放大器的效果，而共源放大器属于反相放大器。利用测试工具（FPD→Measure Tool Box）测得两个波形的峰峰值分别为 40 mV 和 94.328 mV，可得差模增益的绝对值为 94.328 / 40 = 2.3582，与图 4-6 展示的直流电平为 0.9 V 时的结果高度一致。此外，注意到差分输出信号波形的直流电平值为 0，表明 OUT1 端和 OUT2 端具有相同的直流电平，二者相互抵消，与图 4-3 所示相符，读者可通过观察 OUT1 端和 OUT2 端的信号波形予以验证。

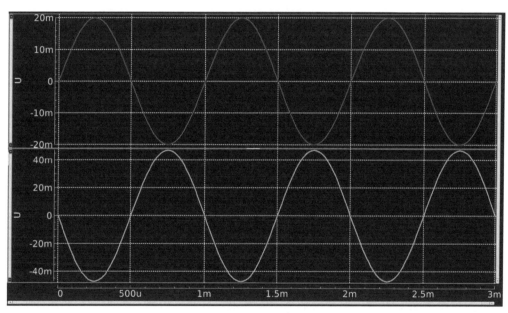

图 4-8　TRAN 仿真结果

3. 实验总结

上述实验展示了基本差分对的直流特性，仿真结果证明：当两个输入端的直流信号电平相等时，差模增益最大，与理论推导结果一致。基本差分对的有效输出信号是两个输出端的小信号差值，TRAN 仿真结果证明差分输出信号和差分输入信号呈反相关系，与理论分析相符。

4.1.3　半边电路法

基本差分对有两个输入端，因此可以采用叠加法求解其差模增益，即分别求解单个输入端作用下的结果，然后将两次求解的结果相叠加，详细求解过程与第 3 章中讲解的内容类似，此处不赘述。本小节将介绍一种简便方法，被称为半边电路法。

如果对差分放大器进行小信号分析，由于小信号等效电路是线性的，适用戴维南定理。将差分放大器的小信号等效电路抽象为图 4-9（a）中的形式，此处用实际的电阻替代原电路尾部的理想电流源，则根据戴维南定理可知，P 点以上的左右任意支路可以被等效为电压源和电阻的串联，如图 4-9（b）所示，左右两条支路输入的是差分信号，相位相反，因此左右两条支路的戴维南等效电压源的相位也相反，在小信号等效电路里可将其分别记为 $\xi_1 V_{eq}$ 和 $-\xi_2 V_{eq}$，其中 ξ_1 和 ξ_2 为系数。由于电路对称，$\xi_1 = \xi_2$（均记为 ξ）。而且，左右对称的特点导致两条支路的戴维南等效电阻也相同，将其记为 R_{eq}，利用基尔霍夫电流定律对该电路进行简单分析可得 $V_p = 0$。由于整个推导过程的前提是小信号分析，此处的 V_p 指的也是小信号，即 P 点可被视为小信号接地。在实际的电路中，这意味着 P 点的电平不随小信号的变化而变化，又称为虚地。在这种情况下，可以将尾电阻 R_{SS} 删除，将差分放大器从 P 点处拆成左右两半，然后对每一半电路分别进行小信号分析，简化求解过程，这就是半边电路法的原理。

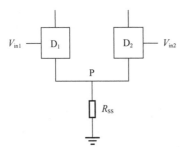

（a）差分放大器的小信号等效电路抽象模型

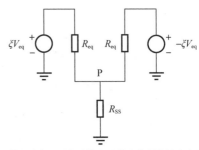

（b）利用戴维南定理对差分放大器的小信号等效电路进行化简

图 4-9　半边电路法的原理

由以上推导过程可见，适用半边电路法的电路必须同时满足 3 个条件，即结构完全对称、输入信号为差分信号、电路为线性（在本书中，线性通常通过"小信号分析"这个前提来实现），缺一不可。

如果利用半边电路法，则图 4-2 所示基本差分对的差模增益求解过程将变得极其简单。此时尾电流源上方节点表示虚地，因此基本差分对可以被分解为两个共源放大器，

$$\frac{V_{out1}}{V_{in1}} = -g_m R_D \tag{4-7}$$

$$\frac{V_{out2}}{V_{in2}} = \frac{V_{out2}}{-V_{in1}} = -g_m R_D \tag{4-8}$$

$$A_{vid} = \frac{V_{out1} - V_{out2}}{V_{in1} - V_{in2}} = \frac{V_{out1} - V_{out2}}{2V_{in1}} = -g_m R_D \tag{4-9}$$

该结果与 $V_{in1} = V_{in2}$ 时的式（4-6）相等，读者可自行验证。

半边电路法适用于差分输入信号的情形，那么当输入信号不满足严格的差分关系时，

应该如何分析电路呢？实际上，任何信号都可以被分解为差分信号和共模信号的叠加，例如，对于任意的两个信号 V_{in1} 和 V_{in2} ，

$$V_{in1} = \frac{V_{in1} + V_{in2}}{2} + \frac{V_{in1} - V_{in2}}{2} \qquad (4\text{-}10)$$

$$V_{in2} = \frac{V_{in1} + V_{in2}}{2} - \frac{V_{in1} - V_{in2}}{2} \qquad (4\text{-}11)$$

如果将分解出来的差分信号 $\pm(V_{in1} - V_{in2})/2$ 视为小信号，则半边电路法适用。

4.1.4　仿真实验：基本差分对的小信号特性分析

1. 实验目标

① 观察并分析基本差分对的小信号特性。

② 理解半边电路法的原理。

③ 理解共模信号和差分信号的含义。

2. 实验步骤

（1）搭建测试台

搭建图 4-10 所示的差分放大器仿真电路，并按图设置各个元件及信号源的参数，将其中输入信号源 V1 和 V2 的交流小信号幅值分别设为自定义变量 VA 和-VA，表示大小相等、相位相反。

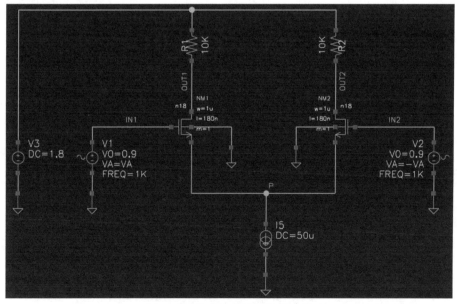

图 4-10　差分放大器的仿真电路

（2）TRAN 仿真

按照图 4-11 设置 TRAN 仿真参数。对交流小信号幅值 VA 进行扫描，范围为 5 mV 到 20 mV，步长为 5 mV。在 Outputs 栏中添加 P 点的电压 v(P) 和差分输出信号的表达式 v(OUT1)-v(OUT2)。

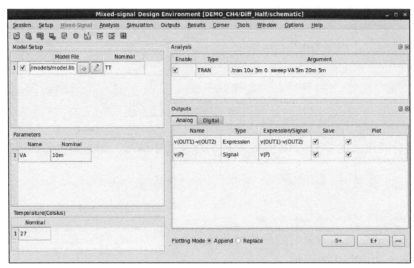

图 4-11　仿真参数设置

　　运行 TRAN 仿真，其结果如图 4-12 所示，其中上方表示 P 点的电压信号波形，下方表示差分输出信号的波形。由于图 4-12 上方的纵坐标显示范围较小，P 点的电压波动看似很大，实际上，P 点的电压变化范围远小于差分输出信号的变化范围，其数值测量结果如图 4-13 所示，该结果是利用测量工具（FPD→Measure Tool Box）获得的，其中第 1 至 4 行是 P 点电压波形的数值测量结果，第 5 至 8 行是差分输出信号波形测量结果。由图 4-12 可见，随着差分输入信号的变化，P 点的电压变化范围（Peak to Peak）始终未超过 1 mV，远小于差分输出信号的变化范围，因此可以认为 P 点的电压几乎不变，符合虚地的特征，与半边电路法的思想一致。此外，差分输出信号的 4 个峰峰值呈等差关系，考虑到差分输入信号的幅值也等差增大（见图 4-11 中的 TRAN Analysis 设置），由此可推断差模增益几乎保持不变，呈现放大效果。

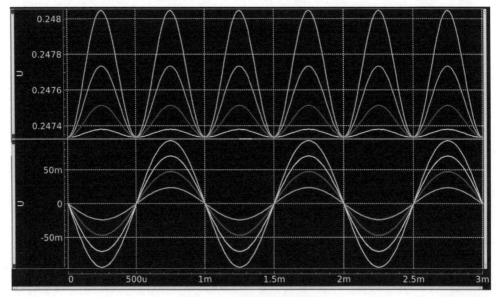

图 4-12　TRAN 仿真结果

Measurements					
Average Y	Derivative	Integral	☑ Min Y/Max Y		RMS
jnal Nar	Y1	Y2	dY	Min Y	Max Y	Peak to Peak
1 DEM...	0.24733585	0.24733585	0	0.24733585	0.24738011	44.256449u
2 DEM...	0.24733585	0.24733585	0	0.24733585	0.247513	177.145u
3 DEM...	0.24733505	0.24733537	0	0.24733505	0.24773537	399.51503u
4 DEM...	0.24733585	0.24733585	0	0.24733585	0.24804802	712.1712u
5 "f<0...	0	0	0	-23.60642m	23.6063m	47.21272m
6 "f<0...	0	0	0	-47.164321m	47.163844m	94.328165m
7 "f<0...	0	0	0	-70.623994m	70.623994m	0.14124799
8 "f<0...	0	0	0	-93.937635m	93.937635m	0.18787527

图 4-13　TRAN 仿真波形的数值测量结果

（3）当输入信号呈非严格差分关系时的小信号特性

搭建图 4-14 所示的差分放大器仿真电路，其中输入信号未呈现严格的差分关系，分别为 $\left[0.91+0.005\sin(\omega t)\right]$ V 和 $\left[0.89-0.005\sin(\omega t)\right]$ V，尽管如此，根据式（4-10）和式（4-11）所示的信号分解原理，这两个输入信号可被视为 0.9 V 的共模信号和 $\pm\left[0.01+0.005\sin(\omega t)\right]$ V 的差分小信号的叠加。

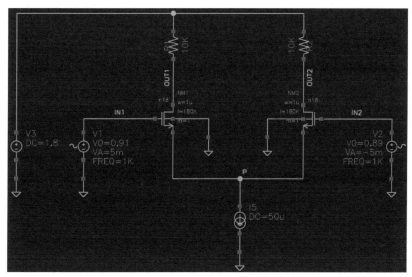

图 4-14　差分放大器仿真电路

运行 TRAN 仿真，得到图 4-15 所示的差分输出信号波形，由图可见，差分输出信号中存在一个非零直流成分，直流电平为 −47.16 mV，而图 4-12 所示的波形中不存在直流成分（直流电平为 0），二者的区别可根据信号分解原理解释：图 4-15 中的直流电平代表电路对差分小信号中 ±0.01 V (10 mV)这个成分的放大，可计算其增益约为 $-47.16\text{ mV}/\left[10-(-10)\right]\text{ mV}=-2.358$，负号代表反相放大的效果，而交流成分代表电路对差分小信号中 ±0.005sin(ωt) 这个成分的放大，测得图 4-15 中信号波形的峰峰值为 47.018 mV，可计算其增益约为 $-47.018\text{ mV}/\left[5\times2-(-5\times2)\right]\text{ mV}=-2.3509$，由此可知，该差分放大器对分解出来的差分小信号 $\pm\left[0.01+0.005\sin(\omega t)\right]$ V 中的直流成分和交流成分具有基本相同的放大倍数，且该放大倍数与图 4-6 展示的 0.9 V 时的增益值基本相符。由于分解出来的差分小信号 $\pm\left[0.01+0.005\sin(\omega t)\right]$ V 是两个输入信号差值的一半，可以认为，该差分放大器本质上实现的是对两个输入信号的差值进行放大。

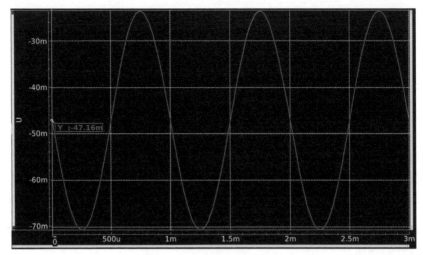

图 4-15　差分输出信号波形

3. 实验总结

本次实验直观地展示了基本差分对的小信号特性，并且有助于对半边电路法形成更加深刻的认识。此外，实验结果还揭示了基本差分对的一个重要特性：只对两个输入信号的差值具有放大效果。

4.2　共模响应

图 4-2 所示的基本差分对电路完全对称，如果在两个输入端施加相等的共模电平，只要电路正常工作，则左右支路的电流相等。由于尾电流源为理想电流源（电流值为 I_{SS}），左右支路的电流均为 $I_{SS}/2$，与共模电平的值无关。此时电路仅对差分输入信号进行放大，对共模输入信号没有放大效果，消除了共模电平对差分输出信号的影响。但是，当尾电流源不是理想电流源，或者电路不完全对称时，共模电平的变化就会对差分输出信号造成影响，产生共模响应，后文将对两类共模响应进行分析。

4.2.1　尾电流源阻抗的影响

如图 4-16（a）所示，尾电流源为非理想电流源，用一个恒定偏置的 MOSFET（M_3）实现，但电路左右仍旧对称，根据对称性原理可知，当两个输入端的电平相同时，两个输出端的电平也相同，因此，当分析共模响应时，电路可以被合并为图 4-16（b）所示的形式。由此可见，该电路可被视为一个带源极负反馈的共源放大器，具体特性可参考 3.1.3 小节内容。总体而言，当输入共模电平 $V_{in,CM}$ 从 0 变化为 V_{DD} 时，输出共模电平 $V_{out,CM}$ 的变化如下。

情况 1：当 $V_{in,CM}$ 小于 MOSFET 的阈值电压 V_{TH} 时，晶体管 M_1 和 M_2 截止，电路中没有电流，$V_{out,CM}=V_{DD}$，$V_P=0$。

情况 2：当 $V_{in,CM}>V_{TH}$ 时，晶体管 M_1 和 M_2 开始导通，此时 V_P 较低，晶体管 M_3 处于线性区，无法被用作一个相对稳定的电流源。随着 $V_{in,CM}$ 的增大，V_P 升高，M_3 的漏极电流增大，流经 M_1 和 M_2 的电流 $I_{D1,2}$ 也增大，输出共模电平 $V_{out,CM}=V_{DD}-I_{D1,2}R_D$ 下降。

情况 3：当 $V_{in,CM} > V_{GS1} + (V_{GS3} - V_{TH3})$ 时，晶体管 M_3 工作在饱和区，可以被视为一个相对稳定的电流源。随着 $V_{in,CM}$ 的增大，M_3 的漏极电流缓慢增大，流经 M_1 和 M_2 的电流 $I_{D1,2}$ 也缓慢增大，输出共模电平 $V_{out,CM}$ 下降的趋势变缓。

情况 4：当 $V_{in,CM} > V_{out,CM} + V_{TH}$ 时，晶体管 M_1 和 M_2 进入线性区。

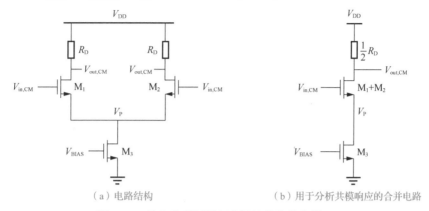

（a）电路结构　　　　　　　　　（b）用于分析共模响应的合并电路

图 4-16　带有非理想尾电流源的差分放大器

综上所述，$V_{out,CM}$ 随 $V_{in,CM}$ 的变化趋势如图 4-17 所示。差分放大器正常工作时，MOSFET 应处于饱和区，因此输入共模电平 $V_{in,CM}$ 的取值范围应在情况 3 的区间［注意同时要确保不进入情况 4 的区间］，此时，由于晶体管 M_3 充当一个非理想电流源，存在有限的阻抗，输出共模电平 $V_{out,CM}$ 随着输入共模电平 $V_{in,CM}$ 的增大而减小，这便是一类共模响应。换言之，输入共模电平 $V_{in,CM}$ 的变化将导致电路直流工作点的变化，这种影响可以用一个增益来衡量，即共模增益，其表达式为 $A_{CM} = \partial V_{out,CM} / \partial V_{in,CM}$，将式（3-7）应用于图 4-16（b），可得该增益为

$$A_{CM} = \frac{\partial V_{out,CM}}{\partial V_{in,CM}} = -\frac{\frac{1}{2} R_D}{\frac{1}{2g_{m1,2}} + R_{SS}} \qquad （4-12）$$

式中，因子 $1/2$ 表示考虑了左右支路合并的影响，R_{SS} 为晶体管 M_3 的输出电阻。由此可见，当尾电流源越接近理想电流源时，即 R_{SS} 越大时，共模增益 A_{CM} 越小，共模电平的变化对电路直流工作点的影响越小。当尾电流源为理想电流源时，R_{SS} 趋于无穷大，共模增益 A_{CM} 为零，即共模电平的变化不会引起直流工作点的变化，与 4.1 节中的情况一致。

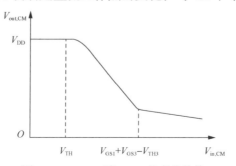

图 4-17　$V_{out,CM}$ 随 $V_{in,CM}$ 的变化趋势

4.2.2 MOSFET 失配的影响

前述差分放大器的左右支路完全对称，然而，在实际的集成电路制造过程中，工艺偏差不可避免，因此左右支路不完全对称，存在失配。本小节将考虑 MOSFET 失配的情况，评估其对差分放大器的影响。

在图 4-18 所示的差分放大器中，晶体管 M_1 和 M_2 存在失配，二者跨导不相等（ $g_{m1} \neq g_{m2}$ ），因此电路不再对称，此时若在两个输入端施加相同的电平（即共模电平 $V_{in,CM}$ ），则两个输出端的电平不相等，换言之，此时共模电平 $V_{in,CM}$ 也会产生非零的差分输出信号 $V_{out1} - V_{out2} \neq 0$ ，这是与 4.2.1 小节中不同的另一类共模响应。由此可见，此类共模响应的根源是失配，这是区别于前述差分放大器的独特之处。前述差分放大器左右对称，无失配，共模电平使两个输出端的直流电平也相等， $V_{out1} - V_{out2} = 0$ ，即共模电平不会产生差分输出信号。

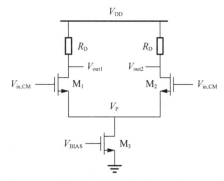

图 4-18　考虑 MOSFET 失配的差分放大器

为了评估失配所引起的共模响应，可以定义一个共模增益，其表达式为 $A_{CM-DM} = \partial(V_{out1} - V_{out2}) / \partial V_{in,CM}$ ，针对图 4-18 所示电路，可解得该共模增益为

$$A_{CM-DM} = \frac{(g_{m2} - g_{m1})R_D}{1 + (g_{m1} + g_{m2})R_{SS}} \tag{4-13}$$

由此可见，当失配越小时，即 $(g_{m2} - g_{m1})$ 越小时，共模增益 A_{CM-DM} 越小，对差分输出信号的影响越小。当电路中不存在失配时， $g_{m2} = g_{m1}$ ，共模增益 $A_{CM-DM} = 0$ ，与理论分析相符。

4.2.3 仿真实验：差分放大器的共模响应

1. 实验目标

① 观察并分析尾电流源阻抗对差分放大器的影响。
② 观察并分析 MOSFET 失配对差分放大器的影响。
③ 理解差分放大器共模响应的含义。

2. 实验步骤：带有尾电流源阻抗的差分放大器仿真

（1）搭建测试台

搭建图 4-19 所示的差分放大器仿真电路，以一个恒定偏置的 MOSFET 作为尾电源，各元件和信号源的参数按图设置。需要注意的是，该电路的输入信号施加方式与前文中的不同，此处在一个直流电压源 V2 上搭载一个交流小信号源 V1，此交流小信号源直接连接两个输入端，直接反映了两个输入端的差值。为便于进行仿真分析，将直流电压源 V2 的电压值设为自定义变量 vcm（即共模电平），将尾部晶体管 NM0 的长度设为自定义变量 L，宽度设为长度的 30 倍，即宽长比保持不变。

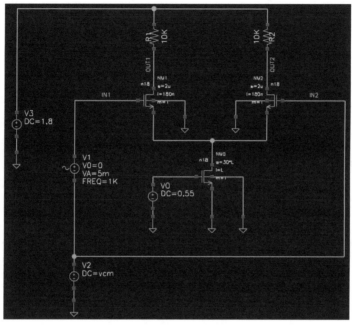

图 4-19　带有非理想尾电流源的差分放大器仿真电路

（2）DC 仿真

将尾部晶体管 NM0 的长度 L 设为 180 nm，对直流电压源 V2 的电压值 vcm（即共模电平）进行扫描，将 OUT1 端和 OUT2 端的电压，以及晶体管 NM1 和 NM2 的漏极电流设为输出量，其具体设置情况如图 4-20 所示。

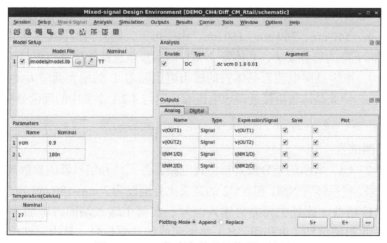

图 4-20　DC 仿真参数的具体设置情况

（3）结果分析

DC 仿真结果如图 4-21 所示，从上到下的曲线依次为 OUT1 端的电压（V_{out1}）、OUT2 端的电压（V_{out2}）、晶体管 NM1 的漏极电流（I_{D1}）、晶体管 NM2 的漏极电流（I_{D2}），横轴表示输入共模电平。将曲线合并可发现上两条曲线完全重合，下两条曲线也完全重合，即 $V_{\text{out1}} = V_{\text{out2}}$，$I_{\text{D1}} = I_{\text{D2}}$，且 $V_{\text{out1,2}}$ 的曲线趋势与图 4-17 中的一致，表明随着输入共模电平的增大，即使尾部晶体管进入饱和区，差分放大器的电流也不会保持恒定，直流工作点会发生变化。因此，仿真结果直观地呈现了共模响应现象。

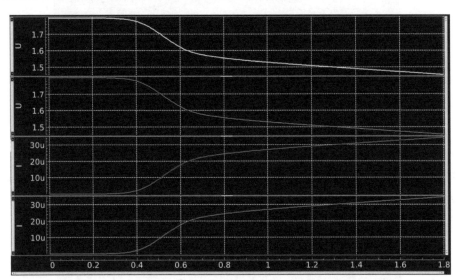

图 4-21　DC 仿真结果

为了进一步观察尾电流源阻抗对共模响应的影响，再对尾电流源晶体管 NM0 的沟道长度 L 进行 DC 扫描分析，同时保持 W/L=30 不变，L 的扫描范围为 180 nm～1.08 μm，步长为 180 nm，其 DC 仿真结果如图 4-22 所示，由于 $V_{\text{out1}} = V_{\text{out2}}$，$I_{\text{D1}} = I_{\text{D2}}$，该图只展示 OUT1 端的电压和晶体管 NM1 的漏极电流。图 4-22 上方表示 OUT1 端的电压结果，从上到下的曲线所对应的沟道长度依次为 180 nm、360 nm、540 nm、720 nm、900 nm、1080 nm。图 4-22 下方表示晶体管 NM1 的漏极电流结果，从上到下的曲线所对应的沟道长度依次为 1080 nm、900 nm、720 nm、540 nm、360 nm、180 nm。由图可见，随着沟道长度 L 的增大，OUT1 端的电压曲线尾部下降的趋势变缓，晶体管 NM1 的漏极电流曲线尾部也更趋于平坦（越来越像理想电流源），原因是尾电流源晶体管的输出电阻随着 L 的增大而增大（见第 2 章中对图 2-48 的分析），使此晶体管更接近理想电流源，这与 4.2.1 小节中的理论分析一致。

3. 实验步骤：带有 MOSFET 失配的差分放大器仿真

（1）搭建测试台

搭建图 4-23（a）所示的差分放大器仿真电路，各元件和信号源的参数按图设置。为了产生失配的效果，将晶体管 NM1 和 NM2 的宽长比分别设为 2 μm/180 nm 和 3 μm/180 nm。为便于观察共模增益，此处去掉差分输入信号，在两个输入端同时施加一个由直流信号（电压源 V4）和斜坡信号（电压源 V5）叠加而成的共模信号，其中斜坡信号的设置方法如图 4-23（b）所示。

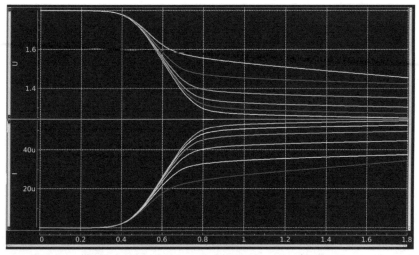

图 4-22　不同沟道长度下共模响应的 DC 仿真结果

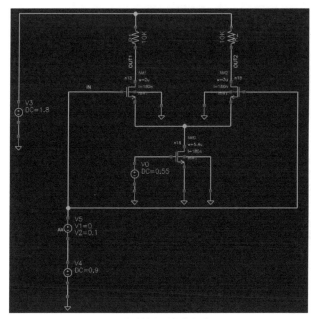

（a）差分放大器仿真电路

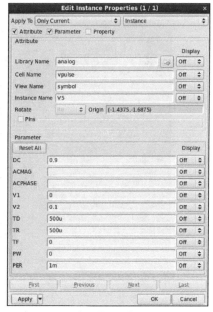

（b）斜坡信号的设置方法

图 4-23　带有 MOSFET 失配的差分放大器仿真

（2）TRAN 仿真

运行 TRAN 仿真，输出的物理量是共模输入信号 v(IN)以及差分输出信号 v(OUT1) − v(OUT2)，其仿真结果如图 4-24 所示，上方表示共模输入信号，下方表示差分输出信号。由图可见，差分输出信号不为零，且随着共模输入信号的变化而变化，其根源就在于 MOSFET 失配。

如果消除失配，将晶体管 NM1 和 NM2 的宽长比均设为 2 μm / 180 nm，重新运行上述仿真步骤，其结果如图 4-25 所示。由图可见，差分输出信号始终为零，不随共模输入信号的变化而变化，即共模增益 $A_{\mathrm{CM-DM}} = 0$，与理论分析一致。

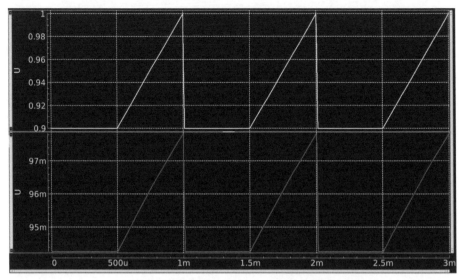

图 4-24　失配情况下的 TRAN 仿真结果

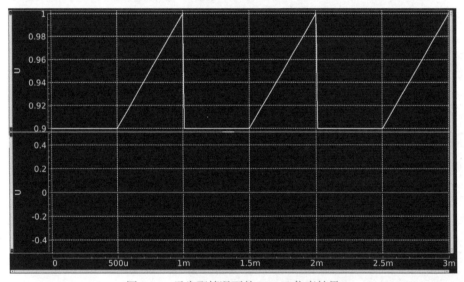

图 4-25　无失配情况下的 TRAN 仿真结果

（3）调整测试台

将图 4-23（a）所示的电路修改为图 4-26 所示的形式，去掉斜坡信号，在输入端增加差分小信号，将其幅值设为 5 mV，电路的其他参数不变。

（4）TRAN 仿真

对电路进行 TRAN 仿真，将差分输入信号 v(IN1)−v(IN2)和差分输出信号 v(OUT1)−v(OUT2)作为输出量，其仿真结果如图 4-27 所示，此处将两个信号波形合并到同一坐标系中展示。上方表示差分输出信号，下方表示差分输入信号。由图可见，差分输出信号含有一个直流成分，意味着两个输出端（OUT1 和 OUT2）的直流电平不相等，源自失配所引起的共模响应。差分输出信号的直流电平为 94.26 mV，该值与图 4-24 中下方的差分输出信号基线值（对应于共模电平为 0.9 V 的情况）相符。

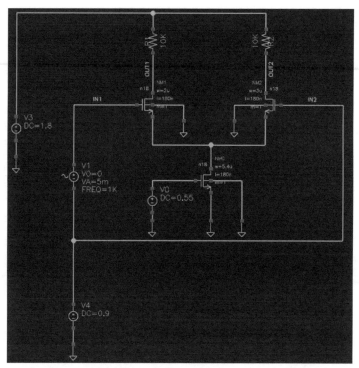

图 4-26 带有 MOSFET 失配的差分放大器仿真电路

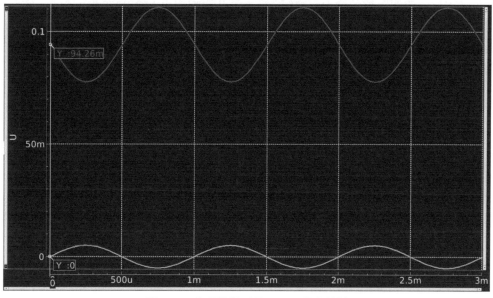

图 4-27 失配情况下的 TRAN 仿真结果

然后，消除失配，将晶体管 NM1 和 NM2 的宽长比均设为 2 μm / 180 nm，重新运行上述仿真步骤，其结果如图 4-28 所示，此处仍旧将两个信号波形合并到同一坐标系中展示。幅值较大的是差分输出信号，幅值较小的是差分输入信号。由图可见，差分输出信号不再包含直流成分，即直流电平为零，意味着共模电平未引起非零的差分输出，与图 4-25 中的结果相符。

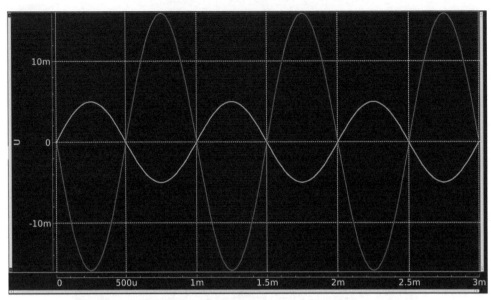

图 4-28　无失配情况下的 TRAN 仿真结果

4. 实验总结

本节的两个实验展示了基本差分对的两类共模响应。第一类共模响应由尾电流源阻抗引起，实验结果清晰地展示了输出端电平随输入共模电平的变化趋势，并且证明了这种变化趋势随着尾电流源阻抗的增大而减缓。第二类共模响应由 MOSFET 失配引起，实验结果表明此类情况下的差分输出信号包含直流成分，即两个输出端的直流电平不相等。在实际场景中，差分放大器的共模响应会使差分输出信号不够"纯净"，因此通常需要对其进行抑制，与此相关的内容将在后文详细阐述。

4.3　课后练习

1. 对于图 4-14 所示电路，若将两个输入信号的差值增大，观察并分析此时的仿真结果。

2. 由图 4-27 可知，MOSFET 失配导致差分输出信号包含直流成分，该成分可否通过在两个输入端之间补偿直流电压（即改变图 4-26 中电压源 V1 的直流电平值）予以消除？请尝试仿真验证。

第 5 章 电流镜与偏置电路

在前文中，对于部分电路的 MOSFET 需要在栅极施加直流偏置电压，该电压通常由一种被称为电流镜的模块产生。电流镜可以使电路在不同的工艺、电源电压、温度条件下保持较好的稳定性。目前，电流镜已被广泛应用于集成电路设计，例如，电流镜可被用作有源负载，以提供高阻抗，从而提高运算放大器的增益。此外，电流镜还可被用于电流舵型数模转换器，以提供与数字输入成正比的电流输出。

本章将首先介绍电流镜的基本概念，并阐释基本电流镜和共源共栅电流镜的工作原理。然后对这两种电流镜的局限性进行分析，并给出改进思路——高输出摆幅的共源共栅电流镜。随后，将电流镜用作放大器的有源负载，分析其原理和性能。最后以恒定跨导偏置电路为例，探讨提供偏置电流的方法。

5.1 电流镜的工作原理

电流镜通过对基准电流的精确复制来产生直流偏置电压，本节将首先以基本电流镜为例，阐述其复制电流的原理，然后，为了提高复制的精度，引出共源共栅电流镜的概念，最后通过仿真实验加深读者对电流镜的理解。

5.1.1 基本电流镜

回顾第 4 章图 4-16（a）所示的差分放大器，其中使用一个具有稳恒栅极电压的 MOSFET（晶体管 M_3）作为尾电流源，若不考虑沟道长度调制效应，则 M_3 的漏极电流可用式（5-1）表示。

$$I_{D3} = \frac{1}{2} \mu_n C_{OX} \left(\frac{W}{L} \right)_3 \left(V_{BIAS} - V_{TH} \right)^2 \tag{5-1}$$

由式（5-1）可见，似乎可以通过控制 M_3 栅极的偏置电压 V_{BIAS} 来控制其漏极电流，从而为差分放大器提供合适的偏置电流。但在实际的模拟集成电路中，问题通常更加复杂。第一个问题是：如何提供偏置电压 V_{BIAS}？如果使用电阻对电源电压 V_{DD} 进行分压得到 V_{BIAS}，那么电源电压的波动及工艺所带来的电阻误差都会影响偏置电流的稳定性。第二个问题是：式（5-1）中所有参数的值都是稳定的吗？实际上，它们都会因温度波动或工艺误差等因素而变化，严重影响偏置电流的准确性。

为解决前述问题，可以借鉴"复制"的思想，设计电流镜电路，一种简单的基本电流镜电路如图 5-1 所示。其中，偏置电压 V_{BIAS} 由栅极和漏极短接的晶体管 M_1 产生，假设晶体管 M_1 和 M_2 的宽长比分别为 $\left(\frac{W}{L} \right)_1$ 和 $\left(\frac{W}{L} \right)_2$ 则由 MOSFET 的漏极电流公式可知，

$$I_{REF} = \frac{1}{2} \mu_n C_{OX} \left(\frac{W}{L} \right)_1 \left(V_{BIAS} - V_{TH} \right)^2 \tag{5-2}$$

$$I_{\text{out}} = \frac{1}{2} \mu_n C_{\text{OX}} \left(\frac{W}{L} \right)_2 \left(V_{\text{BIAS}} - V_{\text{TH}} \right)^2 \qquad （5\text{-}3）$$

则有

$$I_{\text{out}} = \frac{\left(W / L \right)_2}{\left(W / L \right)_1} I_{\text{REF}} \qquad （5\text{-}4）$$

上述推导成立的前提条件是晶体管 M_1 和 M_2 具有相同的电子迁移率 μ_n、单位面积栅氧化层电容 C_{OX} 及阈值电压 V_{TH}。然而，根据前文所述，这些参数的值容易受环境和工艺影响而发生变化，尽管如此，通过版图上的匹配性设计，通常可以较好地控制精度，从而可以保证晶体管 M_1 与 M_2 几乎具有相同的工艺参数。

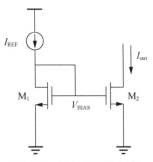

图 5-1　基本电流镜电路

由式（5-4）可知，通过控制 MOSFET 的宽长比，就可以控制输出电流 I_{out} 与参考电流 I_{REF} 的比例，形成镜像效果，这也是"电流镜"一词的来源。通过这种方式，只需提供一个不受工艺、电源电压、温度等因素影响的精确参考电流 I_{REF}，就可以镜像出一个稳定的偏置电流。这个参考电流 I_{REF} 可以通过带隙基准等电路产生，但不在本章的讲授范围之内。

值得注意的是，由于匹配性的要求，在调整电流镜中 MOSFET 的宽长比时，通常不会改变 MOSFET 的长度 L，因为 MOSFET 的源极和漏极在制造时会出现侧向扩散，造成有效沟道长度的缩短；也不会直接改变沟道宽度 W，因为实际的制造工艺会使沟道边缘出现误差。精确控制镜像比例系数的合理方法是使用"单元晶体管"，即通过将多个完全相同的 MOSFET 并联，得到等效的目标宽长比，如图 5-2 所示，虚线框内为 n 个宽长比为 W / L 的 MOSFET，整个框可被等效为宽长比为 nW / L 的 MOSFET，则电流镜的镜像比例系数为 n。

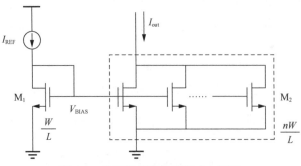

图 5-2　使用单元晶体管组成电流镜

5.1.2　共源共栅电流镜

5.1.1 小节中的分析过程忽略了沟道长度调制效应，若考虑沟道长度调制效应，则式（5-2）和式（5-3）应重写为式（5-5）和式（5-6），

$$I_{\text{REF}} = \frac{1}{2} \mu_{\text{n}} C_{\text{OX}} \left(\frac{W}{L} \right)_1 \left(V_{\text{BIAS}} - V_{\text{TH}} \right)^2 \left(1 + \lambda V_{\text{DS1}} \right) \tag{5-5}$$

$$I_{\text{out}} = \frac{1}{2} \mu_{\text{n}} C_{\text{OX}} \left(\frac{W}{L} \right)_2 \left(V_{\text{BIAS}} - V_{\text{TH}} \right)^2 \left(1 + \lambda V_{\text{DS2}} \right) \tag{5-6}$$

则

$$I_{\text{out}} = \frac{(W/L)_2}{(W/L)_1} \cdot \frac{1 + \lambda V_{\text{DS2}}}{1 + \lambda V_{\text{DS1}}} I_{\text{REF}} \tag{5-7}$$

由式（5-7）可见，由于存在沟道长度调制效应，I_{out} 无法精确地按照镜像比例系数来产生 I_{REF}。如图 5-3 所示，假设 V_{DS2} 从 0 开始增加，且晶体管 M_1 和 M_2 具有相同的宽长比，当 $V_{\text{DS2}} < V_{\text{GS2}} - V_{\text{TH}}$ 时，M_2 处于线性区；当 V_{DS2} 上升到超过 $(V_{\text{GS2}} - V_{\text{TH}})$ 后，M_2 处于饱和区，受沟道长度调制效应的影响，M_2 的漏极电流并非保持不变，而是随着 V_{DS2} 的增大略有增加。当且仅当 $V_{\text{DS2}} = V_{\text{GS2}}$ 时，才能使 $V_{\text{DS2}} = V_{\text{DS1}}$，从而达到 $I_{\text{out}} = I_{\text{REF}}$。

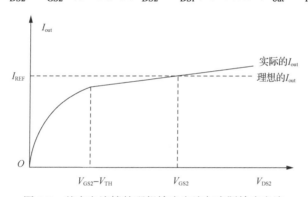

图 5-3　基本电流镜的理想输出电流与实际输出电流

从另一个角度来看，作为电流源，基本电流镜的输出电阻不够大，不足以带动很大的负载。因此，可以通过增大其输出电阻来改善 I_{out} 与 I_{REF} 的镜像效果。根据第 3 章所述，共源共栅结构具有极高的输出电阻，可替代基本电流镜的单个MOSFET，形成的电路如图 5-4 所示，被称为共源共栅电流镜。

现在对图 5-4 所示的电路进行定性分析，为了简化分析过程，假设晶体管 $M_1 \sim M_4$ 具有相同的宽长比，则当所有MOSFET 饱和时，通过电流镜结构，M_2 大致镜像了 M_1 的漏极电流（即 I_{REF}）。如果考虑沟道长度调制效应，M_2 与 M_1 的漏极电流之间的匹配程度还要取决于二者漏源电压（V_{DS1} 和 V_{DS2}）的差异，根据 3.4.1 小节可知，由 M_2 和 M_4 组成的共源共栅结构的等效小信号电阻近似为 M_2 输出电阻的 $g_{\text{m4}} r_{\text{O4}}$ 倍，

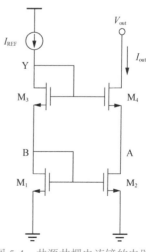

图 5-4　共源共栅电流镜的电路

由于 $g_{m4}r_{O4}$ 的值很大，只有少部分小信号电压降落在 M_2 的输出电阻上，这意味着即使 V_{out} 的电压值变化较大，A 点的电压也可以维持在很稳定的水平（这被称为共源共栅结构的屏蔽效应），即通过合理的设置，可以使 A 点和 B 点的电压相同且稳定，则 $V_{DS1} = V_{DS2}$，从而保证即使考虑沟道长度调制效应，M_2 依然可以精确地复制 M_1 的漏极电流。

图 5-5 展示了共源共栅电流镜输出电流 I_{out} 随输出电压 V_{out} 的变化曲线，由图可见，在所有 MOSFET 都进入饱和区后（$V_{out} > 2V_{GS2} - V_{TH}$），$I_{out}$ 能够很精确地镜像 I_{REF}。但代价是共源共栅电流镜输出节点（V_{out} 处）的最低电压比基本电流镜的增加了 V_{GS2}，即从 $(V_{GS2} - V_{TH})$ 增加到 $(2V_{GS2} - V_{TH})$，这极大地降低了电流镜输出电压的摆幅，针对此问题，5.2 节中将介绍相应的改进方法。

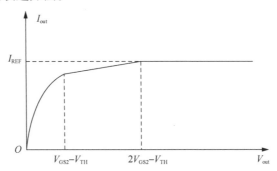

图 5-5　共源共栅电流镜的输出电流 I_{out} 随输出电压 V_{out} 的变化曲线

5.1.3　仿真实验：电流镜的特性曲线

1. 实验目标

① 掌握温度仿真的操作方法。

② 理解温度变化对不同偏置方式的影响。

③ 观察并分析输出电压对电流镜电流的影响。

2. 实验步骤

（1）温度变化对不同偏置方式的影响

搭建图 5-6 所示的仿真电路。其中，NM1 和 NM2 被作为电流源使用，但是偏置电压通过两种不同方式提供：NM1 的偏置电压由电流镜产生，将其施加于 VB1，而 NM2 的偏置电压通过电压源直接提供，将其施加于 VB2。

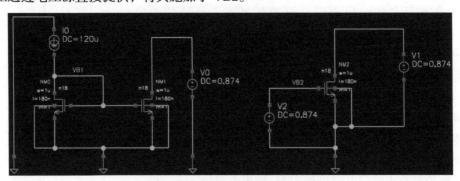

图 5-6　基本电流镜的仿真电路

　　按照图 5-7（a）设置 DC 仿真参数，在扫描变量里选择温度（Temperature），即可对温度进行扫描分析，将扫描范围设置为-40～125℃。然后将 NM1 和 NM2 的漏极电流添加到输出栏（Outputs）。配置完成的 MDE 窗口如图 5-7（b）所示。

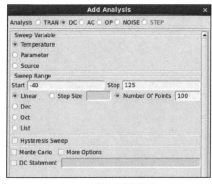 

（a）DC 仿真参数设置　　　　　　　　　　　　　（b）配置完成的 MDE 窗口

图 5-7　仿真 MOSFET 的漏极电流随温度的变化情况

　　运行 DC 仿真，其仿真结果显示在 iWave 窗口中，单击菜单栏 Edit→ Group All（按组合键"Ctrl"＋"G"，或参照 4.1.2 小节中的方法）将两条漏极电流曲线组合在一起，如图 5-8 所示，其中横轴表示温度。由图可见，相比 NM2，NM1 的漏极电流随温度变化很小，因此，使用电流镜提供偏置电流确实是一个更好的选择。

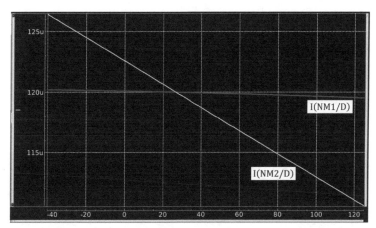

图 5-8　MOSFET 的漏极电流随温度变化的仿真结果

（2）输出电压对电流镜输出电流的影响

　　搭建图 5-9 所示的仿真电路，电压源 V0 和 V1 分别作为基本电流镜和共源共栅电流镜的输出电压，将二者的直流电压值都设置为 vout，以便对输出电压进行扫描。

　　按照图 5-10（a）设置 DC 仿真参数，对参数变量 vout 进行扫描，扫描范围为 0 至 1.8 V。然后，将电流源 I0 的输出电流、NM1 的漏极电流及 NM4 的漏极电流添加到输出栏（Outputs），配置完成的 MDE 窗口如图 5-10（b）所示。

　　DC 仿真结果如图 5-11 所示，其中横轴表示输出电压 V_{out}。由图可见，基本电流镜和共源共栅电流镜的曲线趋势分别与图 5-3 和图 5-5 中的高度一致。

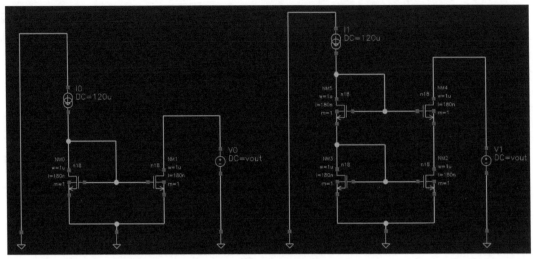

图 5-9　用于观察电流镜输出电流随输出电压变化的仿真电路

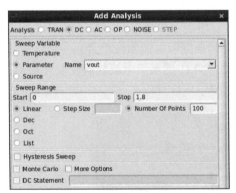

（a）DC 仿真参数设置　　　　　　　　　　　（b）配置完成的 MDE 窗口

图 5-10　仿真电流镜输出电流随输出电压的变化情况

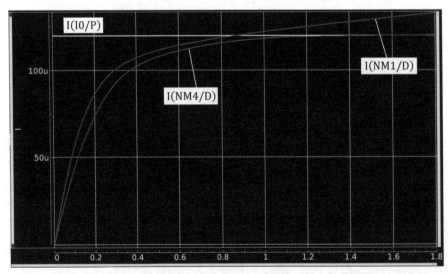

图 5-11　电流镜输出电流随输出电压变化的 DC 仿真结果

为了进行更详细的分析，通过 OP 仿真得知 NM1、NM2 和 NM4 的栅极电压分别为 0.874 V、0.874 V 和 1.748 V，它们的阈值电压均为 0.47 V 左右，需要注意的是，NM4 的衬底与源极相接，体效应被抑制，因此其阈值电压与 NM2 的相差不大。对于基本电流镜，当输出电压大于 NM1 的过驱动电压（$V_{GS} - V_{TH} = 0.874\ \text{V} - 0.47\ \text{V} \approx 0.4\ \text{V}$）时，NM1 进入饱和区，但之后其输出电流随输出电压的变化仍然较大，体现了沟道长度调制效应的显著影响。对于共源共栅电流镜，当输出电压小于 NM2 的过驱动电压（$V_{GS} - V_{TH} = 0.874\ \text{V} - 0.47\ \text{V} \approx 0.4\ \text{V}$）时，NM2 和 NM4 都处于线性区，当输出电压大于 NM2 的过驱动电压（$V_{GS} - V_{TH} = 0.874\ \text{V} - 0.47\ \text{V} \approx 0.4\ \text{V}$）且小于 $2V_{GS} - V_{TH} = 2 \times 0.874\ \text{V} - 0.47\ \text{V} \approx 1.2\ \text{V}$ 时，NM4 仍处于线性区，NM2 已经处于饱和区，输出电流随输出电压的变化趋势与基本电流镜的类似，当输出电压大于 $2V_{GS} - V_{TH} = 2 \times 0.874\ \text{V} - 0.47\ \text{V} \approx 1.2\ \text{V}$ 时，NM2 和 NM4 均进入饱和区，此时共源共栅电流镜的输出电流将极其精确地跟随参考电流，表明沟道长度调制效应的影响被抑制。以上分析过程与 5.1.2 小节中的理论描述一致，但需要注意的是，整个分析过程基于第 2 章中所述的 MOSFET 基本伏安特性方程，不同于仿真软件所采用的复杂模型，因此分析结果与仿真结果存在少许误差，读者可自行验证。

3. 实验总结

上述实验直观地展示了使用电流镜提供偏置电流的优势，并对比了基本电流镜和共源共栅电流镜的镜像效果，体现了输出电压对两种电流镜精确度的影响。

5.2　高输出摆幅的共源共栅电流镜

由 5.1 节可知，与基本电流镜相比，共源共栅电流镜的精度更高，然而，共源共栅结构的输出摆幅较低，限制了它的应用前景。针对此问题，本节将介绍两种高输出摆幅的共源共栅电流镜。

5.2.1　共源共栅电流镜摆幅分析

回顾图 5-4 所示的电路，为了简化分析，依然假设所有 MOSFET 的宽长比相同。当所有 MOSFET 都处于饱和区时，$V_B = V_{GS1} \triangleq V_{GS}$（为简化分析而简写为 V_{GS}，旨在体现数量级，不拘泥于具体数值大小，下同），$V_Y = V_B + V_{GS3} \triangleq 2V_{GS}$，而 $V_A = V_Y - V_{GS4} \triangleq V_{GS}$。使晶体管 M_4 处于饱和区的条件是 $V_{DS4} \geqslant V_{GS4} - V_{TH}$，即 $V_{out} - V_A \geqslant V_{GS4} - V_{TH}$，等价于 $V_{out} \geqslant V_{GS} + V_{GS4} - V_{TH} \triangleq 2V_{GS} - V_{TH}$，这与图 5-5 所体现的结果一致。

请注意，由于精确镜像的需要，晶体管 M_1 和 M_2 的漏源电压均为 V_{GS}，然而使 M_2 进入饱和区的漏源电压实际仅需要大于（$V_{GS} - V_{TH}$）即可，换言之，当前的结构浪费了 V_{TH} 的输出摆幅。对于 0.18 μm 的工艺，$V_{TH} \approx 0.45\ \text{V}$，而对于 0.35 μm 的工艺，$V_{TH} \approx 0.7\ \text{V}$，所以，如果能将晶体管 M_2 的漏源电压降低到（$V_{GS} - V_{TH}$），那将大幅提高输出摆幅。

5.2.2　两种高输出摆幅的共源共栅电流镜

图 5-12 展示了两种高输出摆幅的共源共栅电流镜，这两种电路的核心思想都是将

晶体管 M_3 和 M_4 的栅极电压从 $2V_{GS}$ 降低到 $(2V_{GS} - V_{TH})$，且断开晶体管 M_1 栅极和漏极之间的连接，从而将 M_1 和 M_2 的漏极电压同时从 V_{GS} 降低到 $(V_{GS} - V_{TH})$，这样只要 $V_{out} \geq 2(V_{GS} - V_{TH})$，就可使 $M_1 \sim M_4$ 都工作在饱和区，并且具有相同的漏源电压以保证可以精确复制电流。

　　首先分析图 5-12（a）所示的电路，注意到晶体管 M_1 的栅源电压 V_{GS1}（如 5.2.1 小节所述，为简化分析而简写为 V_{GS}）由参考电流 I_{REF} 决定。晶体管 M_3 的漏极与 M_1 的栅极短接，因此 $V_{D3} = V_{G1} = V_{GS}$。为了获得高输出摆幅，需要令晶体管 M_3 和 M_4 的栅极电压 $V_{G3} = V_{G4} = 2V_{GS} - V_{TH}$，则 $V_Y = 2V_{GS} - V_{TH}$。需要注意 V_Y 是 V_{D3} 和电阻 R_D 上的压降之和，又已知 $V_{D3} = V_{GS}$，所以只需要在 R_D 上产生 $(V_{GS} - V_{TH})$ 的压降就可以达到目的，故 R_D 的阻值应当为 $(V_{GS} - V_{TH})/I_{REF}$。电流镜中 MOSFET 的宽长比应当足够大，使 $V_{D3} = V_{GS} \geq 2(V_{GS} - V_{TH})$，从而让晶体管 M_3 工作在饱和区。此外，由于工艺限制，制造出的实际电阻阻值的绝对值可能有 $\pm 40\%$ 的误差，因此应适当增大电阻 R_D 的值以保证晶体管 M_1 工作在饱和区。

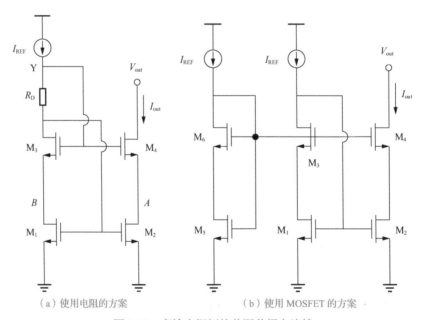

（a）使用电阻的方案　　　　　　　（b）使用 MOSFET 的方案

图 5-12　高输出摆幅的共源共栅电流镜

　　然后分析图 5-12（b）所示的电路，其中，除了晶体管 M_5 的宽长比为 kW/L，其他 MOSFET 的宽长比都是 W/L。晶体管 M_5 和 M_6 所组成的偏置电路的作用依然是产生 $(2V_{GS} - V_{TH})$ 的偏置电压，晶体管 M_6 工作在饱和区，其栅源电压 $V_{GS6} \cong V_{GS}$，而晶体管 M_5 工作在线性区，其作用是提供过驱动电压 $(V_{GS} - V_{TH})$，即 $V_{DS5} = V_{GS} - V_{TH}$。

　　已知

$$I_{REF} = \frac{1}{2} \mu_n C_{OX} \frac{W}{L} (V_{GS} - V_{TH})^2 \qquad (5-8)$$

而对于晶体管 M_5

$$I_{\text{REF}} = \mu_{\text{n}} C_{\text{OX}} k \frac{W}{L} \left[\left(V_{\text{GS5}} - V_{\text{TH}} \right) \cdot V_{\text{DS5}} - \frac{1}{2} V_{\text{DS5}}^2 \right]$$

$$= \mu_{\text{n}} C_{\text{OX}} k \frac{W}{L} \left[2 \left(V_{\text{GS}} - V_{\text{TH}} \right) \cdot \left(V_{\text{GS}} - V_{\text{TH}} \right) - \frac{1}{2} \left(V_{\text{GS}} - V_{\text{TH}} \right)^2 \right] \qquad (5\text{-}9)$$

$$= 3k \cdot \frac{1}{2} \mu_{\text{n}} C_{\text{OX}} \frac{W}{L} \left(V_{\text{GS}} - V_{\text{TH}} \right)^2$$

由式（5-8）及式（5-9）可知 $k = 1/3$。

现在尝试将图 5-12（b）中晶体管 M_5 和 M_6 组成的偏置电路改为图 5-13 中 M_7 组成的偏置电路。

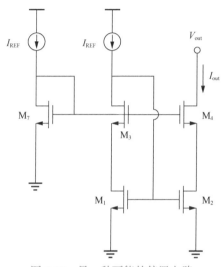

图 5-13　另一种可能的偏置电路

图 5-13 所示电路的目标是通过控制晶体管 M_7 的宽长比，在 M_7 的栅极得到值为 $\left(2V_{\text{GS}} - V_{\text{TH}} \right)$ 的电压。而对于晶体管 M_7 有

$$I_{\text{REF}} = \frac{1}{2} \mu_{\text{n}} C_{\text{OX}} k' \frac{W}{L} \left(V_{\text{GS7}} - V_{\text{TH}} \right)^2$$

$$= \frac{1}{2} \mu_{\text{n}} C_{\text{OX}} k' \frac{W}{L} \left[\left(2V_{\text{GS}} - V_{\text{TH}} \right) - V_{\text{TH}} \right]^2 \qquad (5\text{-}10)$$

$$= 4k' \frac{1}{2} \mu_{\text{n}} C_{\text{OX}} \frac{W}{L} \left(V_{\text{GS}} - V_{\text{TH}} \right)^2$$

由式（5-8）及式（5-10）可知 $k' = 1/4$，似乎按照这个尺寸设置就可以达到目的。但需要注意到，在前文的推导中，始终假设所有 MOSFET 的阈值电压 V_{TH} 是相同的，然而在实际电路中，部分 MOSFET 受体效应的影响，阈值电压将产生变化。一般而言，所有 NMOS 晶体管的衬底都需要接到最低电位，对于单电源设计，最低电位等价于地电压。而晶体管 M_3 和 M_4 的源极电压高于地电压，由于体效应的影响，M_3 和 M_4 的阈值电压会升高，而晶体管 M_7 的阈值电压不受体效应的影响，因此要求 V_{GS3} 和 V_{GS4} 同样升高以得到相同的漏极电流 I_{REF}，这就意味着晶体管 M_3 和 M_4 的源极电压或者 M_1 和 M_2 的漏极电压下降至预期的 $\left(V_{\text{GS}} - V_{\text{TH}} \right)$ 以下，使晶体管 M_1 和 M_2 进入线性区——这是不期望的结果。因此，相较于图

5-13，图 5-12（b）所示的偏置电路是一个更好的方案。如果不得不使用图 5-13 所示的电路，需要采用更小的 k' 来提高晶体管 M_7 的栅极电压。

5.2.3　仿真实验：高输出摆幅的共源共栅电流镜

1. 实验目标

① 理解高输出摆幅共源共栅电流镜的原理及特性。

② 巩固对输出摆幅和工作区等概念的理解。

2. 实验步骤

（1）搭建测试台

搭建图 5-14 所示的仿真电路，根据前文所述，电阻 R0 的值应为 $(V_{GS}-V_{TH})/I_{REF}$，在该电路中估算约为 1.65 kΩ。需要注意的是，为了满足式（5-9）中 $k=1/3$ 的要求，NM7 的宽长比应该是其他 MOSFET 宽长比的 1/3，此处通过改变 m 值来达到此效果，具体设置方法为选中一个 MOSFET，按快捷键 "q" 调出属性对话框，可以看到有一个参数 Multiplier，该参数的值就是 m 值，代表并联 MOSFET 的个数，通过改变 m 值，可以使 MOSFET 的宽长比成比例地变化。此处将除了 NM7 之外的所有 MOSFET 的 m 值设置为 3，同时将所有 MOSFET 的 W 和 L 都分别设置为 1 μm 和 180 nm，则 NM7 的宽长比就是其他 MOSFET 宽长比的 1/3。该测试电路包含 4 种电流镜，分别是基本电流镜、普通共源共栅电流镜，以及两种高输出摆幅的共源共栅电流镜，其中基本电流镜和普通共源共栅电流镜被用作对照组。

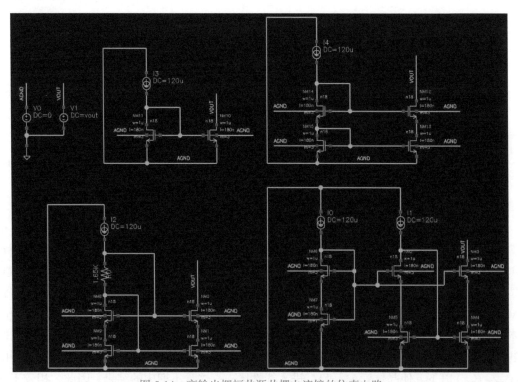

图 5-14　高输出摆幅共源共栅电流镜的仿真电路

（2）仿真参数设置

对输出电压 vout 进行 DC 扫描，DC 仿真参数的设置方法与图 5-10（a）中的相同，将参考电流源的输出电流及 4 种电流镜的输出电流添加到 Outputs 栏，配置完成的 MDE 窗口如图 5-15 所示。

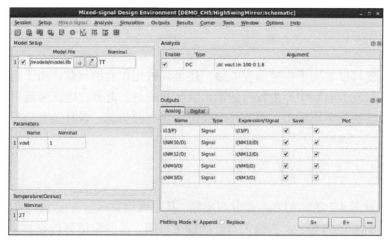

图 5-15　配置完成的 MDE 窗口

（3）仿真结果分析

DC 仿真结果如图 5-16 所示，由图可见，基本电流镜［曲线 I(NM10/D)］的镜像精度仍旧最差，两种高输出摆幅共源共栅电流镜［曲线 I(NM0/D)和曲线 I(NM3/D)］的输出电流曲线几乎重叠，而且，与普通共源共栅电流镜［曲线 I(NM12/D)］相比，高输出摆幅共源共栅电流镜在更低的输出电压时就可以达到极其精确的镜像效果。具体来讲，当输出电压大于 0.4 V 时，高输出摆幅共源共栅电流镜的输出电流就开始趋于稳定，而普通共源共栅电流镜在输出电压达到 0.8 V 时才能达到较好的镜像效果，表明其输出摆幅比两种高输出摆幅共源共栅电流镜损失了约 0.4 V，几乎相当于阈值电压的值，读者可通过 OP 仿真进行验证。

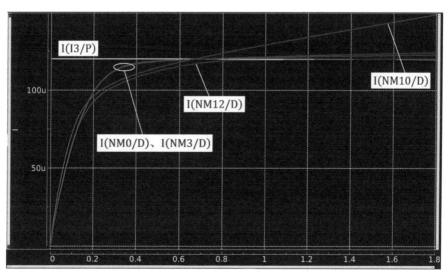

图 5-16　4 种电流镜的输出电流随输出电压变化的 DC 仿真结果

3. 实验总结

本次实验对前文所述的 4 种电流镜进行了仿真对比，结果清晰地展现了高输出摆幅共源共栅电流镜的优点。此外，仿真曲线蕴含电流镜中各个 MOSFET 的工作区、过驱动电压、阈值电压等信息，据此可以对相关知识点进行巩固提高。

5.3　电流镜用作有源负载

电流镜不仅可以被用于构建偏置电路，还可以被用作有源负载。由于电流镜具有较高的阻抗，可以在放大电路中产生较高的输出阻抗和增益。此外，电流镜还可以将差分放大器的双端输出转换为单端输出。本节将电流镜用作有源负载，设计具有单端输出特性的差分放大器。

5.3.1　有源负载的原理

回顾第 4 章图 4-2 所示的基本差分对电路，其差模增益 $A_{DM} = g_m(r_O \| R_D)$，其中 g_m 为输入对管 M_1 和 M_2 的跨导，r_O 为输入对管的输出电阻。r_O 的阻值可以很容易地达到较高的量级，然而 R_D 很难达到高阻值，一方面是受面积限制，另一方面是因为过大的 R_D 会占用过多的电压余度，使得输出摆幅严重下降。因此，为了获得高增益，理想的漏极负载应当是电流源，它在提供高输出阻抗的同时不会严重降低输出摆幅。

由第 4 章内容可知，MOSFET 可以被用作尾电流源，同理，也可以将 MOSFET 作为差分放大器的负载电流源，如图 5-17 中的晶体管 M_3 和 M_4 所示。由于 MOSFET 为有源元件，M_3 和 M_4 也被称为有源负载。晶体管 M_3 和 M_4 的输出电阻不受欧姆定律的限制，从而可以在不降低摆幅的情况下达到较高的阻值。

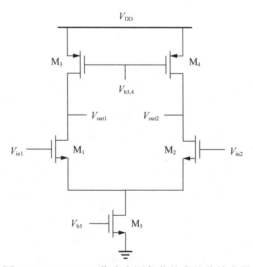

图 5-17　MOSFET 作为有源负载的全差分放大器

然而该电路存在一个严重的问题：其输出端的共模电压极不稳定，其原因如图 5-18 所示，其中 $I_{D1,2}$ 和 $I_{D3,4}$ 分别表示输入对管和有源负载的漏极电流随输出共模电平变化的曲线。根据基尔霍夫电流定律可知，输入对管和有源负载的漏极电流一定相等，因此，输出共模电平为两条曲线的交点，记为 $V_{\mathrm{out,CM}}$。在理想情况下，输出共模电平应当处于最大输出电平与最小输出电平的正中间，以获得最大的输出摆幅，然而，仅当 $I_{\mathrm{D3,4}}$ 完美地匹配 $I_{\mathrm{D1,2}}$ 时才能成立。在实际情况下，一旦 $I_{\mathrm{D3,4}}$ 的曲线略微变化，如图 5-18 中的两条灰色曲线所示，输出共模电平就可能发生剧烈的变化，即从 $V_{\mathrm{out,CM}}$ 变为 $V'_{\mathrm{out,CM}}$ 或 $V''_{\mathrm{out,CM}}$。解决该问题的一种方法是采用共模反馈技术，但这已超出本章的知识范畴；另一种方法是采用电流镜作为有源负载，如图 5-19 所示。

图 5-19 所示的差分放大器有两个输入端，但只有一个输出端，因此可以被用在将双端差分信号转为单端输出信号的场景中，该电路通常被称为五管运算跨导放大器（Operational Transconductance Amplifier，OTA），其中晶体管 M_3 连接成了二极管结构，其漏极电压 V_{X}（同样也是栅极电压）由输入对管的电流所确定，且该电压较为稳定，不会因漏极电流的小幅变化而剧烈变化。

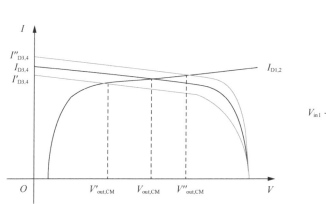

图 5-18　漏极电流与输出共模电平关系曲线　　图 5-19　电流镜作为有源负载的差分放大器

现在分析晶体管 M_4 漏极的直流静态电压，也就是差分放大器的输出静态电压 V_{out}。假设在两个输入端施加相同的直流信号（即共模信号），则通过反证法可以证明当晶体管 M_1、M_2 完全匹配且 M_3、M_4 也完全匹配时，输出电平 V_{out} 等于 V_{X}。证明如下：假设 V_{out} 高于 V_{X}，则 $V_{\mathrm{SD3}} > V_{\mathrm{SD4}}$ 且 $V_{\mathrm{DS2}} > V_{\mathrm{DS1}}$，又已知 $V_{\mathrm{GS3}} = V_{\mathrm{GS4}}$ 且 $V_{\mathrm{GS2}} = V_{\mathrm{GS1}}$，则由于沟道长度调制效应，$I_{\mathrm{D4}} < I_{\mathrm{D3}}$ 且 $I_{\mathrm{D2}} > I_{\mathrm{D1}}$，由基尔霍夫电流定律可知 $I_{\mathrm{D4}} = I_{\mathrm{D2}}$、$I_{\mathrm{D3}} = I_{\mathrm{D1}}$，那么由 $I_{\mathrm{D4}} < I_{\mathrm{D3}}$ 可知 $I_{\mathrm{D2}} < I_{\mathrm{D1}}$，这与沟道长度调制效应得到的结论 $I_{\mathrm{D2}} > I_{\mathrm{D1}}$ 相矛盾，所以假设不成立。同理可证 $V_{\mathrm{OUT}} < V_{\mathrm{X}}$ 也不成立，所以有 $V_{\mathrm{OUT}} = V_{\mathrm{X}}$。

五管 OTA 的差模增益可根据小信号等效电路图计算得出。需要注意的是，五管 OTA 的电路左右结构并不对称，因此不能采用半边电路法进行精确求解。尽管如此，通过采用合理的近似，仍旧可以估算出五管 OTA 的差模增益约为

$$A_{\mathrm{DM}} \approx g_{\mathrm{m1,2}}\left(r_{\mathrm{O2}} \| r_{\mathrm{O4}}\right) \tag{5-11}$$

共模增益的计算并不复杂。实际上，当在输入端施加共模电平时，根据前文所述，$V_{\mathrm{X}} = V_{\mathrm{out}}$，此时电路左右对称，可以将电路的左右支路合并，解出五管 OTA 的共模增益约为

$$A_{\mathrm{CM}} \approx -\frac{1}{1+2g_{\mathrm{m1,2}}r_{\mathrm{O5}}} \cdot \frac{g_{\mathrm{m1,2}}}{g_{\mathrm{m3,4}}} \tag{5-12}$$

为了评估差分电路的抗共模干扰能力，业界定义了共模抑制比（Common Mode Rejection Ratio，CMRR）的指标。对于第 4 章中所述的差分放大器而言，CMRR 是"差分输出信号对差分输入信号的增益"与"差分输出信号对共模输入信号的增益"之比，若电路左右参数完全匹配，则 CMRR 为无穷大。然而，对于本小节所述的五管 OTA 电路而言，即使电路左右参数完全匹配，CMRR 也不可能为无穷大，因为五管 OTA 的输出端只有一个，无法形成差分输出信号，也就无法在输出端利用差分原理抵消共模响应。根据式（5-11）和式（5-12）可知，五管 OTA 的 CMRR 约为

$$\mathrm{CMRR} = \left| \frac{A_{\mathrm{DM}}}{A_{\mathrm{CM}}} \right| = \left(1+2g_{\mathrm{m1,2}}r_{\mathrm{O5}}\right) g_{\mathrm{m3,4}} \left(r_{\mathrm{O1,2}} \| r_{\mathrm{O3,4}}\right) \tag{5-13}$$

5.3.2　仿真实验：以电流镜作为负载的差分放大器

1. 实验目标

① 理解五管 OTA 的工作原理、差模增益和共模增益。
② 理解五管 OTA 的 CMRR 含义。
③ 掌握创建和使用符号（Symbol）的方法。

2. 实验步骤

（1）五管 OTA 差模增益仿真

搭建图 5-20 所示的 OTA 电路，其中尾电流源由一个基本电流镜提供。为了将整个 OTA 电路"封装"成一个"符号"，需要定义"引脚"（Pin），以便将来直接对符号的引脚进行操作，从而避免直接面对复杂的内部电路结构。图 5-20 中的 AVDD、AGND、VINP、VINN、VOUT 即 OTA 电路的 5 个引脚，分别代表电源端、接地端、同相输入端、反相输入端、输出端，这些引脚与同名的引线形成物理连接。

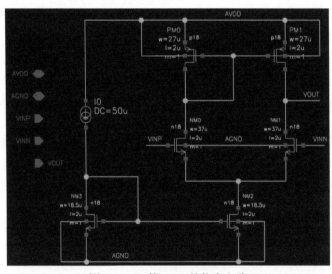

图 5-20　五管 OTA 的仿真电路

　　增加引脚的方法：在 Schematic 窗口单击菜单 Create → Pin（或者按快捷键 "p"），弹出图 5-21 所示的对话框，在文本框输入需要添加的引脚名称，并选择引脚类型，此处添加引脚 AVDD，引脚类型为 InputOutput，表示该引脚既可接收输入信号也可对外输出信号，确认无误后单击 Apply 即可。按照同样的方法可添加其余 4 个引脚，引脚的类型可通过图 5-20 中的形状和引脚的位置判断。

　　电路结构和引脚均已准备完毕，即可将电路封装成符号，具体方法如下：在 Schematic 窗口单击菜单 Create → Symbol View，弹出图 5-22 所示的对话框，在 Pin Options 处可以调整各个引脚的位置，在 Symbol Shape 处可以选择符号的形状。按照图 5-22 中的配置，单击 OK 按钮，则可生成图 5-23 所示的符号，由图可见，只有 5 个引脚可以与外界交互，而 OTA 电路的内部结构被隐藏。

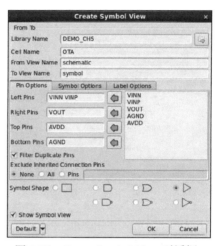

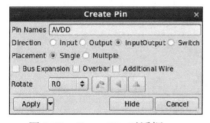

图 5-21　Create Pin 对话框　　　　　图 5-22　Create Symbol View 对话框

　　图 5-23 所示的界面类似于图形编辑器，用户可以对符号的图形进行修改，需要注意的是，无论如何修改，只有红色方块的位置才能与外界形成电气连接。[@cellName]的内容可以由用户自定义，代表该符号的种类名称，类似于图 5-20 中的 n18 和 p18，[@instanceName]则代表该符号的实例名称，类似于图 5-20 中的 NM0、NM1 等。此处[@cellName]被命名为 OTA，而[@instanceName]保持不变。根据需求对图形进行微调后，单击菜单 File → Check and Save 即可完成符号的创建。关闭窗口后，切换到 Design Manager 窗口，找到刚才创建的五管 OTA 的 Cell，可以发现：在其 View 栏中，除了 Schematic 之外，又多了一个 Symbol，这就是刚才创建的符号，以后它就可以像图 5-20 中的 n18 和 p18 一样被调用。

　　为了测试五管 OTA 的差模增益，重新创建一个 Schematic 窗口，调用刚才创建的符号 OTA，并按照图 5-24 连接信号源，此处使用一个引脚 OTA_OUT 来确保电路图的完整封闭，避免输出端悬空。

　　按照图 5-25 设置 TRAN 仿真参数和输出量，其中差分输入信号需要用表达式 v(INP)−v(INN)表示。运行 TRAN 仿真，其结果如图 5-26 所示，其中上方表示输出信号，下方表示差分输入信号，利用测量工具（FPD → Measure Tool Box）测得两个波形的峰峰值分别为 104.86 mV 和 0.4 mV，因此差模增益为 104.86/0.4=262.15。

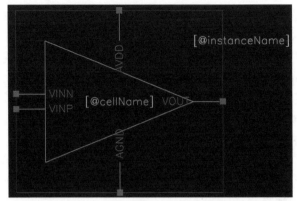

图 5-23　基于五管 OTA 电路生成的符号

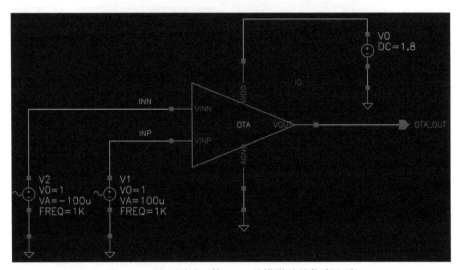

图 5-24　用于测试五管 OTA 差模增益的仿真电路

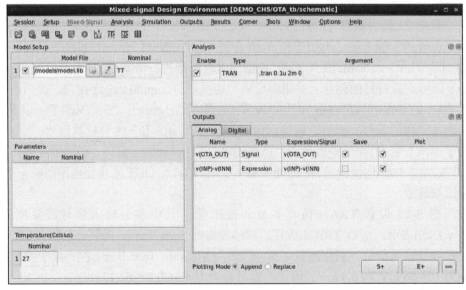

图 5-25　五管 OTA 的仿真参数和输出量设置

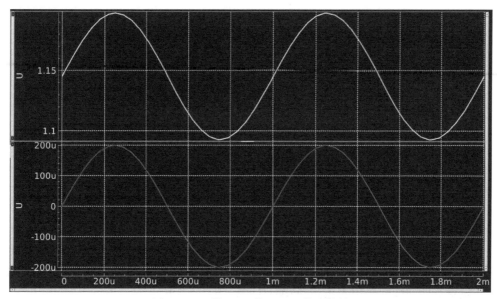

图 5-26　五管 OTA 的 TRAN 仿真结果

为了进一步验证仿真结果，运行 OP 仿真，查看电路中各个 MOSFET 的参数。为了进入 OTA 的内部电路结构，需要选中符号 OTA，按组合键 "Shift" + "E" 即可，如果需要返回上一级电路结构，只需要按组合键 "Ctrl" + "E" 即可。OP 仿真得到的 NM1 和 PM1 参数如图 5-27 所示。结合式（5-11）可解得该五管 OTA 的差模增益理论值约为

$$A_{\mathrm{DM}} = g_{\mathrm{m,NM1}} / (g_{\mathrm{ds,NM1}} + g_{\mathrm{ds,PM1}}) \approx 417.1912\ \mu\mathrm{S} / (1.0559\ \mu\mathrm{S} + 0.5307\ \mu\mathrm{S}) \approx 262.954，与图\ 5\text{-}26$$

所示的 TRAN 仿真结果基本相符。

[I0/NM1]
region = Saturati
Id = 24.8258u
Ibs = -39.5458a
Ibd = -54.2051f
vgs = 582.4205m
vds = 727.9066m
vbs = -417.5795m
vth = 515.9374m
vdsat = 102.3885m
vod = 66.4831m
gm = 417.1912u
gds = 1.0559u
gmb = 100.9177u
cdtot = 38.3191f
cgtot = 421.9791f
cstot = 447.6017f
cbtot = 200.0965f
cgs = 343.2890f
cgd = 13.6992f
I1 = 24.8258u
I2 = 0.0000
I3 = -24.8258u
I4 = -1.6173p

（a）NM1 的参数

[I0/PM1]
region = Saturati
Id = -24.8258u
Ibs = 1.7464e-20
Ibd = 12.2667a
vgs = -654.5139m
vds = -654.5139m
vbs = 0.0000
vth = -412.7869m
vdsat = -224.4322m
vod = -241.7270m
gm = 186.2950u
gds = 530.6554n
gmb = 60.1694u
cdtot = 35.5306f
cgtot = 354.9646f
cstot = 413.1234f
cbtot = 171.6055f
cgs = 315.7406f
cgd = 11.5336f
I1 = -24.8258u
I2 = 0.0000
I3 = 24.8258u
I4 = 654.5262f

（b）PM1 的参数

图 5-27　OP 仿真得到的 NM1 和 PM1 参数

（2）五管 OTA 共模增益仿真

将图 5-24 中的电路修改为图 5-28 所示电路，将两个输入端连接在一起，并与直流电压源 V1 相连，相当于为 OTA 施加共模信号，将共模电平设为自定义变量 vcm。

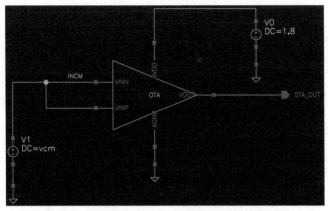

图 5-28　用于测试五管 OTA 共模增益的仿真电路

若以输入共模电平 vcm 作为自变量，对其进行 DC 扫描，以输出电压作为因变量，则二者关系曲线的斜率即共模增益。根据此理论，按照图 5-29 设置 DC 仿真参数和输出量，其中共模增益即曲线斜率用表达式 deriv(v(OTA_OUT)) 表示。

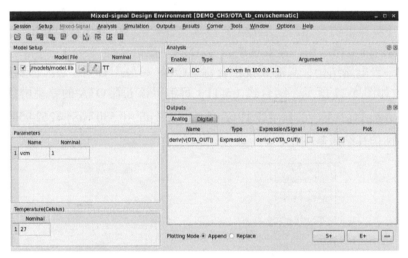

图 5-29　五管 OTA 的仿真参数和输出量设置

运行 DC 仿真，其结果如图 5-30 所示，由图可见，共模增益为负值，与理论相符。当共模电平为 1 V 时，共模增益为 -5.766×10^{-3}。为了验证此结果，将共模电平 vcm 的值固定为 1 V，运行 OP 仿真，得到电路中各 MOSFET 的参数如图 5-31 所示，结合式（5-12）可解得该五管 OTA 的共模增益理论值约为 $A_{\mathrm{CM}} = -g_{\mathrm{m,NM1}} / \left[g_{\mathrm{m,PM1}} \left(1 + 2g_{\mathrm{m,NM1}} / g_{\mathrm{ds,NM2}} \right) \right] \approx -7.153 \times 10^{-3}$，与图 5-30 中的仿真结果存在误差，主要来源于沟道长度调制效应和体效应，若将所有 MOSFET 的沟道长度调制效应和体效应考虑在内，则式（5-12）应改写为

$$A_{\mathrm{CM}} = -\frac{g_{\mathrm{m1,2}} r_{\mathrm{O1,2}} \left(\dfrac{1}{g_{\mathrm{m3,4}}} \parallel r_{\mathrm{O3,4}} \right)}{r_{\mathrm{O1,2}} + \left(\dfrac{1}{g_{\mathrm{m3,4}}} \parallel r_{\mathrm{O3,4}} \right) + 2 \left[1 + \left(g_{\mathrm{m1,2}} + g_{\mathrm{mb1,2}} \right) r_{\mathrm{O1,2}} \right] r_{\mathrm{O5}}} \tag{5-14}$$

　　将图 5-31 中的参数值代入式（5-14），解得共模增益的理论值约为 -5.735×10^{-3}，与图 5-30 中的仿真结果基本一致。结合对五管 OTA 差模增益的仿真结果可知，该电路的 CMRR 为 $|A_{\mathrm{DM}}/A_{\mathrm{CM}}| = 262.15/\left(5.766\times10^{-3}\right) \approx 45464.8$。

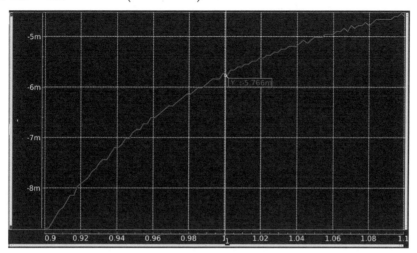

图 5-30　五管 OTA 共模增益随共模电平变化的 DC 仿真结果

[I0/NM1]	[I0/PM1]	[I0/NM2]
region = Saturati	region = Saturati	region = Saturati
id = 24.82858u	id = -24.8258u	id = 49.6516u
ibs = -39.5458a	ibs = 1.7464e-20	ibs = -6.5433e-20
ibd = -54.2051f	ibd = 12.2667a	ibd = -19.9750a
vgs = 582.4205m	vgs = -654.5139m	vgs = 579.1852m
vds = 727.9066m	vds = -654.5139m	vds = 417.5795m
vbs = -417.5795m	vbs = 0.0000	vbs = 0.0000
vth = 515.9374m	vth = -412.7869m	vth = 400.5432m
vdsat = 102.3885m	vdsat = -224.4322m	vdsat = 177.5497m
vod = 66.4831m	vod = -241.7270m	vod = 178.6420m
gm = 417.1912u	gm = 186.2950u	gm = 487.6086u
gds = 1.0559u	gds = 530.6554n	gds = 2.6736u
gmb = 100.9177u	gmb = 60.1694u	gmb = 144.1384u
cdtot = 38.3191f	cdtot = 35.5306f	cdtot = 22.8091f
cgtot = 421.9791f	cgtot = 354.9646f	cgtot = 240.4548f
cstot = 447.6017f	cstot = 413.1234f	cstot = 274.5550f
cbtot = 200.0965f	cbtot = 171.6055f	cbtot = 120.4222f
cgs = 343.2890f	cgs = 315.7406f	cgs = 205.1596f
cgd = 13.6992f	cgd = 11.5336f	cgd = 7.2501f
i1 = 24.82858u	i1 = -24.8258u	i1 = 49.6516u
i2 = 0.0000	i2 = 0.0000	i2 = 0.0000
i3 = -24.8258u	i3 = 24.8258u	i3 = -49.6516u
i4 = -1.6173p	i4 = 654.5262f	i4 = -417.5996f

（a）NM1 的参数　　　　　　　（b）PM1 的参数　　　　　　　（c）NM2 的参数

图 5-31　电路中各 MOSFET 的参数

3. 实验总结

　　本次实验分析了五管 OTA 的差模增益与共模增益，计算了其 CMRR，仿真结果与理论计算基本相符。此外，仿真结果也证明：即使在完全匹配的情况下，五管 OTA 的 CMRR 也不是无穷大，与理论分析一致。

5.4　偏置电路

　　到目前为止，本章的内容都基于一个假设：电路中有一个参考电流，电流镜通过对该参考电流的镜像来产生放大器所需的偏置信号。本节将以恒定跨导偏置电路为例，展示如何产生参考电流。

5.4.1　恒定跨导偏置电路

对于放大器而言，跨导 g_m 是最重要的参数之一，该参数会直接影响放大器的各项关键指标，因此，稳定的跨导 g_m 对于电路至关重要。图 5-32 展示了一种恒定跨导偏置电路，其原理阐述如下。

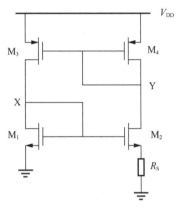

图 5-32　恒定跨导偏置电路

该电路中，由于晶体管 M_3 和 M_4 具有相同的宽长比，左右两条支路中的电流基本相同，则 $I_{D1} = I_{D2}$。由基尔霍夫电压定律（Kirchhoff's Voltage Law）可知

$$V_{GS1} = V_{GS2} + I_{D2}R_S \qquad (5\text{-}15)$$

若忽略体效应，则晶体管 M_1 和 M_2 有相同的阈值电压 V_{THn}，在式（5-15）等号两边同时减去 V_{THn} 可得

$$V_{GS1} - V_{THn} = V_{GS2} - V_{THn} + I_{D2}R_S \qquad (5\text{-}16)$$

忽略沟道长度调制效应，由 MOSFET 的伏安特性方程得

$$\sqrt{\frac{2I_{D1}}{\mu_n C_{OX}\left(\frac{W}{L}\right)_1}} = \sqrt{\frac{2I_{D2}}{\mu_n C_{OX}\left(\frac{W}{L}\right)_2}} + I_{D2}R_S \qquad (5\text{-}17)$$

而 $I_{D1} = I_{D2}$，所以有

$$\sqrt{2\mu_n C_{OX}\left(\frac{W}{L}\right)_1 I_{D1}} = \frac{2\left(1 - \frac{1}{\sqrt{K}}\right)}{R_S} \qquad (5\text{-}18)$$

式中，K 是晶体管 M_2 和 M_1 的宽长比之比，注意到 $g_{m1} = \sqrt{2\mu_n C_{OX}\left(\frac{W}{L}\right)_1 I_{D1}}$，故

$$g_{m1} = \frac{2\left(1 - \frac{1}{\sqrt{K}}\right)}{R_S} \qquad (5\text{-}19)$$

式（5-19）表明晶体管 M_1 的跨导仅与电阻 R_S 以及宽长比的比值 K 有关，与电源电压、工艺等因素无关。当 $K = 4$ 时，$g_{m1} = 1/R_S$。此外，对于任意 NMOS 晶体管 M_n，若 $I_{Dn} = nI_{D1}$、$\left(\frac{W}{L}\right)_n = m\left(\frac{W}{L}\right)_1$，则

$$g_{mn} = \sqrt{\frac{\left(\dfrac{W}{L}\right)_n I_{Dn}}{\left(\dfrac{W}{L}\right)_1 I_{D1}}} \cdot g_{m1} = \sqrt{mn} \cdot g_{m1} \tag{5-20}$$

但是，对于 PMOS 晶体管，其跨导 g_{mp} 会受到 μ_n、μ_p 的影响，无法做到十分精确，如果需要同时保证 PMOS 晶体管和 NMOS 晶体管的跨导恒定，则需要再添加一个类似图 5-32 的电路，并进行一定的调整。

式（5-18）还可写为

$$I_{D1} = \frac{2}{\mu_n C_{OX}\left(\dfrac{W}{L}\right)_1} \cdot \frac{1}{R_S^2}\left(1 - \frac{1}{\sqrt{K}}\right)^2 \tag{5-21}$$

式中的载流子迁移率 μ_n 与温度有关，所以偏置电路中的电流将随温度发生很大变化，如果需要生成一个恒定的电流而不是恒定的跨导，可以选择合适温度系数的电阻对其进行补偿，从而可以获得一个与温度、电源电压和工艺等参数无关的恒定电流。

图 5-32 所示电路简单而巧妙，但仍旧存在以下问题。

第一，除了正常工作状态，该电路还可能工作在另一个状态，即节点 X 电压为 0 而节点 Y 的电压为 V_{DD}，此时所有晶体管都工作在截止区，这是不期望的结果。为了解决这个问题，需要为该电路添加启动电路，使得电路一旦陷入截止区，经过一段时间仍旧可以恢复到正常工作状态。

第二，电阻 R_S 需要非常精准才能获得高精度的跨导，然而受工艺限制，普通的片上电阻可能只有 ±40% 的精度，所以通常需要在片外接高精度的电阻作为 R_S，或者在片上制作可校准的电阻。

第三，MOSFET 的各种二级效应会使跨导的精度降低，例如，晶体管 M_2 的源极电压不为零，受体效应影响，M_2 的阈值电压与 M_1 的并不完全相同。对于一般的单阱工艺，可以将 PMOS 晶体管的衬底连接到源极以消除体效应，但是所有 NMOS 晶体管共用一个衬底，且衬底电压需要连接到全局最低电压（一般为地电压），无法消除所有 NMOS 晶体管的体效应。此外，节点 X 和节点 Y 的电压并不完全相同，使得左右支路的电流也不完全相同。

图 5-33 展示了一种改进后的恒定跨导偏置电路。其中虚线框内为该电路的启动电路，当该电路截止，即节点 X 和节点 Y 的电压分别为地电压、电源电压时，晶体管 M_{S1} 截止，这致使 M_{S2} 也工作在截止区，所以 $V_{DD} - V_S \ll V_{TH,S2}$，即 V_S 非常接近电源电压 V_{DD}，造成 M_{S3} 开启，使节点 Y 的电压下降，节点 X 的电压上升，从而将晶体管 M_1、M_2 或 M_3、M_4 中的至少一部分开启，形成正反馈，直至所有晶体管都以预期电压工作。当偏置电路正常工作时，$V_X > V_{THn}$，晶体管 M_{S1} 开启，M_{S2} 的宽长比远小于 1（称之为倒比管），这使 V_S 非常接近地电压，从而关闭 M_{S3} 使其不会影响偏置电路正常工作。由于晶体管 M_{S2} 的宽长比很小，其静态电流也较小，不会有较大功耗。

将晶体管 M_2 的衬底连接到源极以消除体效应对阈值电压的影响。而电路中的放大器可以将节点 Y 和 Z 稳定在相同的电压，以保证晶体管 M_3 的漏极电压与 M_4 的相同，从而可以精确地复制 M_4 的漏极电流。此外，还有一个值得注意的元件是补偿电容 C_C，此电路中存在大量反馈，如果未进行适当处理，极易产生振荡，电容 C_C 可以稳定电路，避免产生振荡。在实际设计中，可以使用 MOSFET 电容作为补偿电容 C_C 以节省面积。

根据式（5-19）和 $g_m = 2I_D / (V_{GS} - V_{TH})$ 可知

$$I_{D1} = \frac{1}{2}g_{m1}\left(|V_{GS1}| - |V_{TH}|\right) = \frac{1 - \dfrac{1}{\sqrt{K}}}{R_S}\left(|V_{GS1}| - |V_{TH}|\right) \tag{5-22}$$

可见，只要电源电压足以使所有晶体管工作在饱和区，则电流应当与电源电压无关。而使所有 MOSFET 工作在饱和区的最低电源电压为

$$V_{DD,min} = V_{GS3} - V_{TH} + |V_{GS1}| \tag{5-23}$$

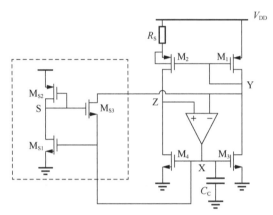

图 5-33　改进后的恒定跨导偏置电路

5.4.2　仿真实验：恒定跨导偏置电路

1. 实验目标

① 理解恒定跨导偏置电路的原理。

② 观察并分析电源电压对恒定跨导偏置电路的影响。

③ 观察并分析温度对恒定跨导偏置电路的影响。

④ 理解恒定跨导偏置电路中启动电路的原理。

2. 实验步骤

（1）电源电压对恒定跨导偏置电路的影响

搭建图 5-34 所示的测试电路。该电路分为 3 部分，左边是输入信号和恒定跨导偏置电路的放大器，该放大器没有尾电流源，不需要由其他电路提供偏置，且该放大器的增益不需要非常大；中间是恒定跨导偏置电路本身；右边是一个五管 OTA，用于验证偏置电路能否为其正确地提供偏置电流，使其具有预期的跨导。

电阻 R0 的阻值被设置为 10 kΩ，PM0 的宽长比是 PM1 宽长比的 4 倍（即二者的 m 值之比），根据式（5-19），可得预期 PM1 的跨导为 $100\ \mu S$。PM4 的宽长比是 PM1 宽长比的 4 倍，所以 PM4 的漏极电流也是 PM1 漏极电流的 4 倍。五管 OTA 的输入对管 PM5、PM6 的漏极电流是 PM4 的一半，也是 PM1 的两倍，而且 PM5、PM6 的宽长比是 PM1 的两倍，根据式（5-20），PM5、PM6 的跨导应当是 PM1 的两倍，即 $200\ \mu S$。

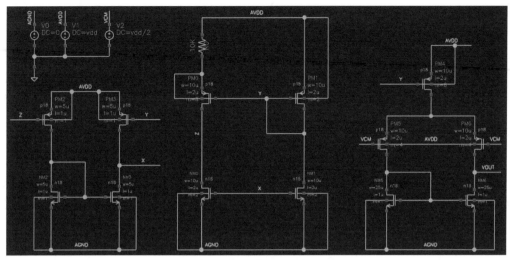

图 5-34　测试电路

按照图 5-35 设置仿真参数，为了观察 MOSFET 的跨导，还应当设置 OP 仿真。将偏置电路中两条支路的电流（即 NM0 和 NM1 的漏极电流）添加到 Outputs 作为输出。

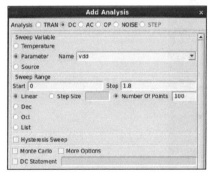

（a）DC 仿真参数设置

（b）设置完成的 MDE 窗口

图 5-35　恒定跨导偏置电路的仿真设置

DC 仿真结果如图 5-36（a）所示，由图可见，当电源电压超过约 0.7 V 后，偏置电路中的电流与电源电压基本无关。

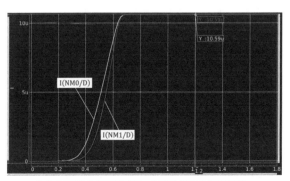

（a）电流随电源电压（V_{DD}）变化的 DC 仿真结果

[PM1]
region = Saturati
Id = -10.5947u
Ibs = 3.0025e-21
Ibd = 9.2446a
vgs = -590.5093m
vds = -590.5093m
vbs = 0.0000
vth = -412.5726m
vdsat = -174.5631m
vod = -177.9367m
gm = 104.9622u
gds = 245.0733n
gmb = 33.5757u
cdtot = 26.6783f
cgtot = 256.3851f
cstot = 296.7779f
cbtot = 128.4631f
cgs = 224.3211f
cgd = 8.5088f
I1 = -10.5947u
I2 = 0.0000
I3 = 10.5947u
I4 = 1.1810p

（b）PM1 的参数

[PM5]
region = Saturati
Id = -20.7999u
Ibs = 18.3787a
Ibd = 3.2063f
vgs = -660.3880m
vds = -1.1063
vbs = 239.6120m
vth = -483.9427m
vdsat = -176.8667m
vod = -176.4453m
gm = 206.6487u
gds = 404.0700n
gmb = 59.8341u
cdtot = 46.7757f
cgtot = 508.5890f
cstot = 576.1180f
cbtot = 227.8458f
cgs = 449.3260f
cgd = 16.7966f
I1 = -20.8000u
I2 = 0.0000
I3 = 20.8000u
I4 = 6.3455p

（c）PM5 的参数

图 5-36　恒定跨导偏置电路的仿真结果

　　PM1 和 PM5 的参数分别如图 5-36（b）和图 5-36（c）所示。PM1 的跨导为 104.9622 μS，与预期值相比误差约为 5%，该误差来源于 PM0、PM1 的二级效应，虽然这两个 PMOS 晶体管的漏极电压相同，但其源极电压并不相同，从而造成了此误差，但此精度已经足以满足一般的设计要求。PM5 的跨导约为 206.6487 μS，误差在 5% 以内，如果按照 PM1 实际跨导的两倍计算，其误差会更低，该误差主要来源于 PM4 的沟道长度调制效应与 PM5、PM6 的体效应。通过 OP 仿真结果也可得知，在 27 ℃时 PM4 的漏极电流约为 40 μA，该值会在后文被用到。

（2）温度对恒定跨导偏置电路的影响

　　在图 5-34 所示电路的基础上添加图 5-37 所示的五管 OTA，该电路采用理想电流源作为尾电流源。将该电路作为对照组来展示恒定跨导偏置电路的优越性。将理想电流源的电流值设置为 40 μA，与温度为 27 ℃时恒定跨导偏置电路提供给五管 OTA 的偏置电流（即 PM4 的漏极电流）相同。

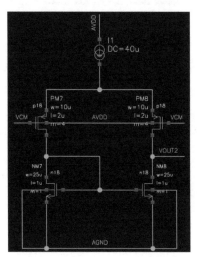

图 5-37　使用理想电流源作为尾电流源的五管 OTA

　　在 MDE 窗口中将温度修改为 125 ℃，如图 5-38 所示。

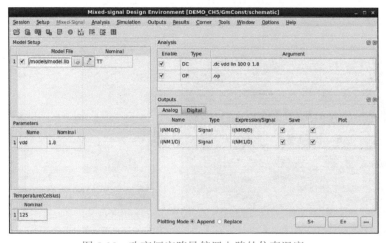

图 5-38　改变恒定跨导偏置电路的仿真温度

仿真结果如图 5-39 所示。将图 5-39（a）与图 5-36（a）对比发现，当温度从 27 ℃ 变为 125 ℃ 时，偏置电路中的电流发生了变化。尽管如此，从图 5-39（b）中可以看到 PM5 的跨导为 203.7190 μS，与 27 ℃ 时的跨导［见图 5-36（c）］相比变化很小，证明了恒定跨导偏置电路的良好效果。然而，若按照图 5-37 那样使用理想电流源作为偏置，五管 OTA 的输入管 PM7 的跨导仅为 179.6462 μS，与 27 ℃ 时的跨导相比变化很大。

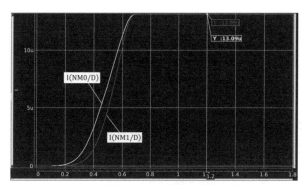

| （a）电流随电源电压（vdd）变化的曲线 | （b）PM5 的参数 | （c）PM7 的参数 |

图 5-39　恒定跨导偏置电路在 125 ℃ 时的仿真结果

（3）恒定跨导偏置电路的启动电路

首先针对无启动电路的情况进行仿真，测试电路与图 5-34 所示电路相同，按照图 5-40（a）设置 TRAN 仿真参数。

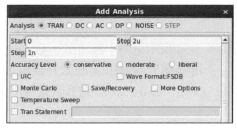

（a）TRAN 仿真参数设置　　　　　　　　　　　（b）设置完成的界面

图 5-40　无启动电路的偏置电路仿真设置

前文的仿真没有涉及电路的初始状态，现在手动设置节点 X、Y 的初始电压，仿真器将根据所设置的初始条件（Initial Condition，IC），计算出一个收敛的静态工作点。单击 MDE 菜单栏的 Simulation → Convergence Aid → IC，将弹出的 Select Initialization Condition 窗口中 Node Voltage 的值设置为 0，单击测试电路中的节点 X，然后将 Node Voltage 的值改为 1.8，再单击测试电路中的节点 Y，此操作意味着将节点 X 和 Y 的初始电压分别设置为 0 V 和 1.8 V，设置完成的界面如图 5-40（b）所示，确认无误后单击 OK，然后将节点 X、Y 和 Z 的电压作为输出量添加到 Outputs 栏，设置完成的 MDE 窗口如图 5-41 所示。

之后生成网表并运行仿真。仿真结果如图 5-42 所示，由图可见，节点 X 和节点 Y 的电压一直保持为接近地电压和电源电压，导致偏置电路无法正常工作。

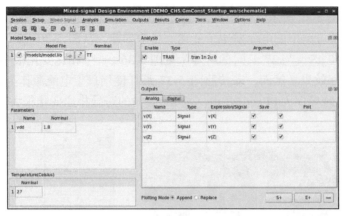

图 5-41　设置完成的 MDE 窗口

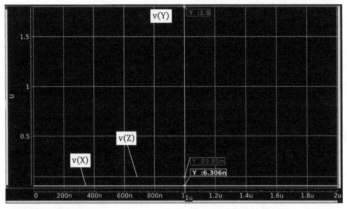

图 5-42　无启动电路的偏置电路的仿真结果

　　然后，针对带启动电路的情况进行仿真。在图 5-34 所示电路中添加图 5-43（a）所示的启动电路，并在偏置电路的节点 X 处添加一个由晶体管 NM10 实现的补偿电容，如图 5-43（b）所示，NM10 的参数 m、l、w 分别设置为 5、10 u、10 u。仿真设置与图 5-40、图 5-41 中的相同，生成网表并运行仿真。

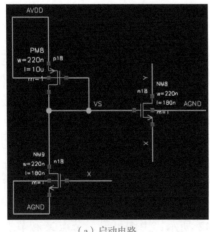

（a）启动电路

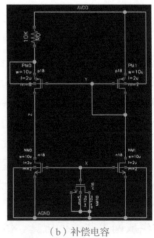

（b）补偿电容

图 5-43　添加的启动电路和补偿电容

仿真结果如图 5-44 所示，在初始时刻，电路中的 MOSFET 工作在截止区，在启动电路的作用下，偏置电路在 600 ns 之后得以工作在正常状态。注意到在刚启动时电路产生了振荡，但经过一段时间后电路进入稳定状态。

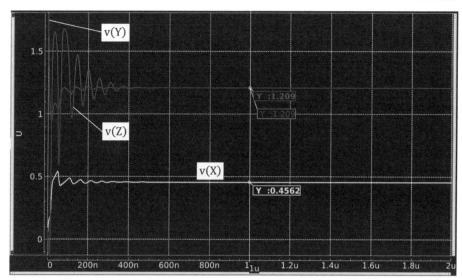

图 5-44　带启动电路的偏置电路的仿真结果

3. 实验总结

本次实验直观展示了恒定跨导偏置电路的工作原理及该电路受电源电压、温度的影响。此外，本次实验对启动电路进行了仿真，论证了启动电路的必要性及补偿电容的重要性。

5.5　课后练习

1. 仿照第 4 章的思路，分析五管 OTA 的大信号特性，并进行仿真验证。

2. 本章 5.4.2 小节中对两个特定温度下的恒定跨导偏置电路进行了仿真，请尝试使温度从 –40 ℃到 125 ℃变化，仿真偏置电路支路的电流变化情况，并对结果进行分析。

3. 在 5.4.2 小节的最后一个实验中，请尝试将补偿电容删除，然后进行仿真，观察并分析仿真结果。

第 6 章　频率响应

到目前为止，本书对各种电路结构的分析仅集中在直流分量上，因此在对电路系统进行分析时也略过了晶体管或负载的容性特征。事实上，电路的带宽（即运行速度）作为模拟电路的核心指标之一，与增益、功耗等其他性能互相制约，脱离带宽来评价模拟电路是没有意义的。通过本章的学习，读者会看到一个电路系统的带宽主要受其内部或负载上的电容影响，通过分析不同电容的影响从而判定电路的频率特性是学好模拟集成电路的必备技能。

本章将先简单介绍频域分析的基础理论，并讲解如何通过硬件语言描述一个带有零极点的系统；随后，以共源放大电路为例，讨论频率响应的分析方法以及近似估计方法；最后，分析通过电路仿真验证近似估计方法的精度。

6.1　频域分析的基础理论

6.1.1　零点和极点

通过电路分析的方法，读者应该已经了解电路元件的伏安关系在复频域中可以通过拉普拉斯变换来表示，即电阻元件中 $V = R \cdot I$，电感元件中 $V = s \cdot L \cdot I$，电容元件中 $I = s \cdot C \cdot V$，其中符号 $s = \sigma + j\omega$ 为拉普拉斯变换符号，表示信号被定义在 s 域中。根据拉普拉斯变换的定义：

$$F(s) = \int_0^{+\infty} f(t) e^{-st} dt = \int_0^{+\infty} f(t) e^{-\sigma} e^{-j\omega t} dt \tag{6-1}$$

可以看到，符号 s 的实部 σ 决定了函数究竟是不断增大还是逐渐收敛；虚部 $j\omega$ 的存在从形式上等同对函数 $f(t) e^{-\sigma}$ 进行傅里叶变换，将获取函数的频率分量。

对于零点和极点的定义，可以严谨地描述为在信号处理系统中，存在一个输入频率使得系统在输入幅值不为零时输出为零，此输入频率值即零点；存在一个输入频率使得系统输出为无穷大（稳定破坏，发生振荡），此频率值即极点。当然一般更常见的直观理解是在某系统传递函数即式（6-2）中，使得分子部分 $N(s)$ 为零的解为零点，使得分母部分 $D(s)$ 为零的解为极点。

$$H(s) = \frac{N(s)}{D(s)} \tag{6-2}$$

1.　一阶极点

以一阶系统为例进行分析，假设一个线性系统存在一个极点 $p_1 = \sigma_1 + j\omega_1$，其传递函数可以表示为

$$H(s) = \frac{K}{s - p_1} \tag{6-3}$$

式中，K 为直流增益。则根据拉普拉斯逆变换，我们可以知道其在时域上对阶跃函数的响应为

$$f(t) = K \cdot e^{p_1 t} = K \cdot e^{\sigma_1 t} \cdot c^{j\omega_1 t} \qquad (6\text{-}4)$$

不难看出，当实部 σ_1 为负数时，函数在时域上将逐渐收敛至零，系统稳定；而虚部 $j\omega_1$ 决定了系统振荡的频率。因此读者可以根据极点的位置快速判断系统在时域上的表现，如图 6-1 所示。同时也可以简单认为系统极点出现在 s 域的负半轴时，该系统可以保证稳定。这里需要指出的是，电路系统普遍使用负反馈结构，使得极点可能出现在 s 域的任意位置，因此当读者在设计一个电路时，需要格外注意分析极点的位置，本书也将在后文详细阐述这一点。

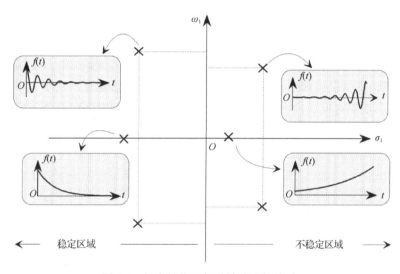

图 6-1　极点的位置与时域响应的关系

2. 一阶零点

如果一个系统中只有一个单独出现的零点，我们可以将其传递函数描述为式（6-5）的形式，零点为 z_1，

$$H(s) = K(s - z_1) \qquad (6\text{-}5)$$

式（6-5）中，K 仍为直流增益。根据拉普拉斯变换的衰减定理及微分定理，该系统在时域上的表达形式可以推导为式（6-6）的形式：

$$f(t) = K \cdot \delta'(t) \cdot e^{z_1 t} \qquad (6\text{-}6)$$

对比极点所产生的时域响应公式，单一零点的公式在数学上无法直观地转换为一个指数函数或三角函数，同时狄拉克函数 $\delta(t)$ 本身在电路中没有物理意义，从而使读者对零点的直观理解较为困难。在此，读者可以尝试借用一个简单的电路模型去想象零点的作用。在图 6-2 所示的单端口网络中，考虑其电流和电压的关系，可以发现它的传递函数正好符合一个一阶零点的表达式：

$$V_{\text{in}} = I_{\text{in}} \cdot (sL_1 + R_1) \qquad (6\text{-}7)$$

式中的零点 $z_1 = -R_1 / L_1$。分析该系统的压电关系，将输入电流 I_{in} 看成系统输入量，输入电

压 V_{in} 看成系统输出量，可以发现只有当输入电流保持直流通量时，输入电压才有相应的输出值。换言之，存在一个零点意味着系统从输入到输出的直接驱动，读者将在后文的电路中看到这种情况。同时，电感中的电流不能瞬间变化，因此该电路的阶跃响应在数学上将是一个幅值无穷大的阶跃，这在物理上没有实际意义。当然，以上讨论主要针对单独出现的零点，如果零点和极点一起出现，情况则会复杂很多。

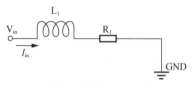

图 6-2　模拟零点作用的单端口网络

6.1.2　波特图

读者已经了解如何通过拉普拉斯变换从数学上解释一阶极点和一阶零点对系统在时域响应的影响，那么又该如何去分析它们在频域上造成的影响呢？对于一个在 s 域上的传递函数 $H(s)$，我们可以通过以下公式得到其幅值 $|H(s)|$ 和相位 $\Phi(s)$ 的通解。

$$|H(s)| = \sqrt{\Re\{H(s)\}^2 + \Im\{H(s)\}^2} \tag{6-8}$$

$$\Phi(s) = \arctan\left(\frac{\Im\{H(s)\}}{\Re\{H(s)\}}\right) \tag{6-9}$$

式中，$\Re\{\}$ 表示对一个复数取实部，$\Im\{\}$ 则表示对其取虚部。对于式（6-3）的一阶系统，我们已知其有一个极点 $p_1 = \sigma_1 + j\omega_1$，则根据式（6-8）和式（6-9）可得该系统的幅频和相频特性分别如式（6-10）和式（6-11）所示。

$$|H(s)| = \frac{1}{\sqrt{(\sigma - \sigma_1)^2 + (\omega - \omega_1)^2}} \tag{6-10}$$

$$\Phi(s) = \arctan\left(\frac{\omega - \omega_1}{\sigma - \sigma_1}\right) \tag{6-11}$$

我们希望能够有一种直观的形式可以帮助我们理解该极点在某个频率下造成的幅值和相位的影响，因此我们选择通过几何图解法快速判断其特性。在此我们以图 6-3 所示情况为例进行解释。图 6-3 中，单极点系统中极点恰好为一负实数极点 $p_1 = \sigma_1$，而系统输入频率 ω 从直流到高频的变化，在零极点图中的对应就是沿着 y 轴从 0 增至正无穷。对于某一特定频率 ω_1 下的频率响应，只要对比式（6-10）、式（6-11）和图 6-3，不难看出其幅值就是图中极点 p_1 到频率点 ω_1 的直线距离 L_1 的倒数，而相位则是两点间连线与横轴的夹角度数 Φ_1。

根据几何学知识我们可以推导出，在频率从低频到高频变化的过程中，极点 p_1 到频率点 ω_1 的直线距离 L_1 的值先由横轴决定，而后由纵轴决定，其中的转折点在 ω/p_1 处，且此时两点距离 L_1 为直流（$\omega = 0$）时距离的 $\sqrt{2}$ 倍。当 $\omega < P_1$ 时，距离 L_1 的变化较为缓慢且约等于横轴距离，而当 $\omega < P_1$ 时，输出幅值的变化较快速且约等于纵轴。因此，我们可以在波特图上将幅值响应近似简化成两段折线，如图 6-4 所示，在极点之前近似为一条斜率为零的直线，在极点之后近似为一条斜率为 $-20\,\mathrm{dB/dec}$ 的直线，其中斜率的表达形式主要由纵轴的单位所决定。

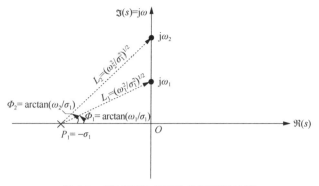

图 6-3　通过零极点图的几何图解估算

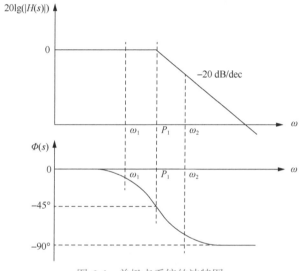

图 6-4　单极点系统的波特图

　　根据之前分析，既然相位的变化就是极点 p_1 与频率点 ω 连线与横轴的夹角度数，那么很容易得到频率在直流情况下相位的变化为 $0°$，在无穷大时相位的变化为 $90°$，而在转折点 $\omega = p_1$ 处，相位的变化是 $45°$。同时根据定义，不难判断负极点和正零点产生的相位移动（相移）都是负数，因此可以将负极点 p_1 的相频响应归纳为一个负极点将总共产生 $90°$ 的相移，其中在极点频率处产生 $45°$ 的相移。与幅值不同的是，零极点对相位的影响范围较大，在零极点频率大约 1/10 处就开始产生相移，且该相移作用要到 10 倍零极点频率处才逐渐结束。

　　零点与极点的作用恰好相反，因此可以互相抵消，但是需注意零极点的正负号虽然不会影响幅值的变化趋势，但是会影响相移的方向，这在几何意义上可从零极点图中看出。零极点对频率响应的具体影响如表 6-1 所示。

表 6-1　零极点对频率响应的具体影响

点位	幅值影响	相移影响
负极点	−20 dB/dec	−90°
正极点	−20 dB/dec	+90°
负零点	+20 dB/dec	+90°
正零点	+20 dB/dec	−90°

6.1.3 仿真实验：二阶系统的幅频响应

1. 实验目标

① 了解不同零极点位置对系统频率响应的影响。

② 了解通过 Verilog-A 语言对系统进行理想建模的方法。

③ 了解 Empyrean Aether 中 AC 仿真工具 AC Analysis 的使用方法。

2. 实验步骤

（1）Verilog-A 语言

Verilog-A 是一种模拟电路的行为级描述语言，设计人员可以通过它用系统中的模块搭建出理想模型。该语言从 IEEE 1364 Verilog HDL 演化而来，因此在某些地方能看出其与 Verilog HDL 的相似之处。该语言的目的是让模拟集成电路的设计者在更高的层次上去设计、封装和测试电路模块的功能和行为，而模块内部的描述主要通过数学公式进行。同时，由于 Verilog-A 语言可以对电气信号和非电气信号做出相应的定义，该语言也被广泛应用于描述传感器系统中的机械信号、流体动力学信号和热力学信号。

Verilog-A 语言中对系统的求解遵循基尔霍夫电压定律和电流定律，因此它描述的系统可以和 Spice 或 Spectre 网表进行直接连接。也正因如此，研究人员在对系统进行采用 Verilog-A 语言的设计时也应首要考虑上述两种特性，以免出现仿真收敛问题。

（2）创建二阶系统的 Verilog-A 模型单元

在 Design Manager 中通过 File→New Cell/View 创建一个新的单元，在 View Type 中选择 VerilogA，此时默认的 View Name 将自动变成 veriloga，如图 6-5 所示。单击 OK 按钮后我们将得到一个空白的 Verilog-A 描述文件。

在描述文件中定义输入、输出端口，在本实验案例中读者只需要定义输入 V_{in} 和输出 V_{out}。首先需要在模组定义的语句中加上两个端口（见图 6-6 中第 7 行），然后需要定义其端口的方向（显然 V_{in} 应该是输入 input，V_{out} 应该是输出 output）。上述两个端口的定义与数字集成电路中 Verilog 语言的语法相同，然而在 Verilog-A 语言中我们还需要定义端口信号的特性，例如本例中这两个端口均为电气信号 electrical（见图 6-6 中第 10 行）。

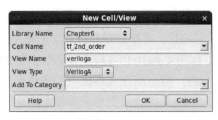

图 6-5　创建一个 veriloga 文件

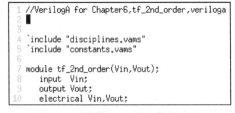

图 6-6　系统输入、输出信号定义

（3）通过自带函数描述系统传递函数

在描述系统时，我们使用内建的 laplace_nd 函数来实现想要的传递函数，该函数的语法通过定义传递函数分子（Numerator）和分母（Denominator）的系数来定义描述整个系统。

$$laplace\_nd(expr, \boldsymbol{n}, \boldsymbol{d}) \tag{6-12}$$

在式（6-12）中，n 是由 $M+1$ 个系数 $n_0, n_1, \cdots, n_M$ 组成的向量，向量中每个数代表着传递函数分子部分不同幂次 s 算子的系数，系数的顺序从低次向高次排序。同理，d 是 $N+1$ 个分母系数 $d_0, d_1, \cdots, d_N$ 组成的向量。一个由 n 和 d 向量定义的传递函数 $H(s)$ 的通用表达形式是

$$H(s) = \frac{\sum_{k=0}^{M} n_k s^k}{\sum_{k=0}^{N} d_k s^k} \qquad （6-13）$$

例如，当某个设计人员通过式（6-14）描述了一个二阶系统：

$$V(\text{out}) <+ \text{laplace\_nd}\big(V(\text{in}), [0,1], [-1,0,1]\big) \qquad （6-14）$$

其定义的传递函数用拉普拉斯变换后的表达式即式（6-15）。

$$H(s) = \frac{s}{s^2 - 1} \qquad （6-15）$$

在此，读者可以定义一系列变量作为传递函数的系数，以便之后快速、便捷地修改它们。譬如图 6-7 中的第 12~16 行，通过 parameter 语句定义了一系列的参数变量。不难看出该组系数的默认传递函数为 1，它将不对输入信号做出任何改变。值得注意的是，在 Verilog-A 中，信号的映射通常是通过贡献运算符（Contribution Statements）来实现的，代码第 19 行中的 "<+" 符号就是一个贡献运算符，更多关于该符号和 Verilog-A 的语法请读者自行查阅相关技术手册。

```
12    parameter real n0=1;
13    parameter real n1=0;
14    parameter real d0=1;
15    parameter real d1=0;
16    parameter real d2=0;
17
18    analog begin
19      V(Vout) <+ laplace_nd(V(Vin),[n0,n1],[d0,d1,d2]);
20    end
21
22  endmodule
```

图 6-7　veriloga 文件中对系统的描述

（4）生成 symbol

在完成模型的搭建后，读者可以按照图 6-8（a）所示通过右击该 veriloga 文件并选择 Generate Symbol View，软件会根据 veriloga 中端口的定义自动生成 symbol。之后我们就可以为该模型搭建测试台，验证系统的频率特性，如图 6-8（b）所示。

（a）自动生成 symbol 操作

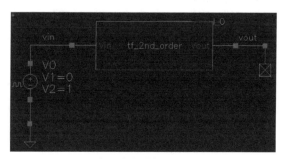

（b）生成后的 symbol

图 6-8　veriloga 文件 symbol 的生成

（5）搭建测试台，设置仿真配置

因为读者在本实验中将使用 veriloga 文件进行仿真，而不是系统默认的 schematic，因此还需要在测试台中创建并加载一个配置文件。在 Design Manager 中通过 File→New Cell/View 创建一个新的单元，并在 View Type 中选择 Config，注意单元的名字与我们的测试台名字应相同，系统展示的界面将如图 6-9 所示。

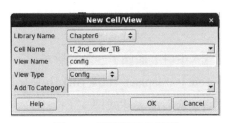

图 6-9　系统展示的界面

单击 OK 按钮后，可在图 6-10（a）所示的弹出窗口中单击 Template 按钮并选择 SpectreVerilog 作为模板，不同的模板定义了不同文件的优先顺序，读者应尝试在后续的设计工作中按需改动其中的优先关系。根据配置文件的定义，可以在图 6-10 中看到 veriloga 被用作"tf_2nd_order"这个单元的仿真文件。

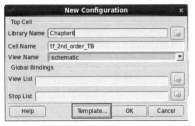

（a）config 文件设置方法

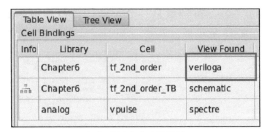

（b）配置成功后的效果

图 6-10　使用 config 配置将 veriloga 设置为仿真器调用的文件

（6）加载配置文件进行 AC 仿真

为了使仿真器正确调用之前创建的 config 配置文件，读者还需要在 MDE 仿真工具中通过 Setup→Design 选择我们之前创建的配置文件，如图 6-11 所示。

之后在 MDE 中正确添加仿真库，并在 Analysis 中添加 AC 仿真，频率范围选择 1 Hz 到 1 GHz，在扫描点数里我们选择 Dec，并设置 Points Per Dec 为 10，这表明每 10 倍频率中我们将扫描 10 个点，仿真设置界面如图 6-12 所示。

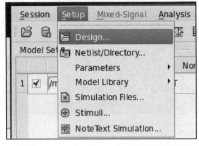

图 6-11　在 MDE 中选择配置文件

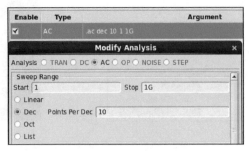

图 6-12　仿真设置界面

AC 仿真同时需要合理设置输入信号源。在输入信号源的属性中，有一项名为 ACMAG 的属性，它表示 AC 仿真输入的幅值，其设置界面如图 6-13 所示。仿真器将 ACMAG 的值作为输入信号的强度，从而计算产生输出信号，因此 ACMAG 设置将直接影响 AC 仿真输出的值。

例如，在图 6-8（b）所示的测试台中，若读者将 ACMAG 设置成 1 V，那么输出信号 V_{out} 的幅值将也是 1 V；而如果将 ACMAG 设置成 0.1 V，那么输出信号 V_{out} 的幅值也将下降为 0.1 V，如图 6-14 所示。由于系统的传递函数是输出信号与输入信号之比，无论将 ACMAG 设置为多少，输出和输入的比例是不会变化的。通常为了计算的方便，设计人员都会将 ACMAG 直接设置成 1 V（差分输入时设置为 ± 0.5 V），此时得到的输出电压可直接表示为系统的传递函数。这里还需要澄清的一点是，在 AC 仿真中仿真器会假设一个输入信号的幅值，而不会真的产生 1 V 的信号，因此电路和系统中的静态工作点不会受到其影响。

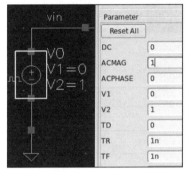　　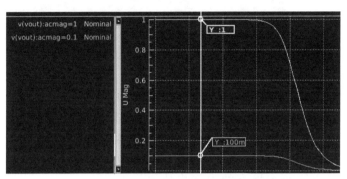

图 6-13　AC 仿真输入的设置界面　　　　图 6-14　AC 仿真中输出信号与输入信号的关系

（7）调整参数观察传递函数

接下来读者可按照表 6-2 所示修改该 veriloga 模型单元的参数，从而使得设计的系统在 10 kHz 和 100 MHz 时拥有两个极点，而在 1 MHz 时有一个零点。进行 AC 仿真后，在获得的输出信号波形图（见图 6-15）中右击 y 轴，并选择 DB20 Scale。该选择可以对幅值 A 自动进行 $20\lg A$ 的数学转换，这也与工程设计人员熟悉的波特图 y 轴坐标尺度一致。

表 6-2　veriloga 系统参数设定

参数	数值
n_0	1
n_1	$\frac{1}{2\pi} \times 10^{-6}$
d_0	1
d_1	$\frac{1}{2\pi} \times 10^{-3}$
d_2	$\frac{1}{4\pi^2} \times 10^{-12}$

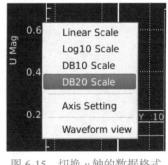

图 6-15　切换 y 轴的数据格式

在仿真得到的波特图（见图 6-16）中可以看到：在第一个极点 1.006 kHz 的地方信号幅值下降为 -3.041 dB，相移为 -45°。在经过极点后，信号幅值以 -20 dB/dec 的速度下降，直到一个零点的出现消除了这个下降的趋势。同时由于我们设定的是负零点，相位的偏移也得到了相应的补偿。最后，当第二个极点出现时，幅值和相位继续开始变化。

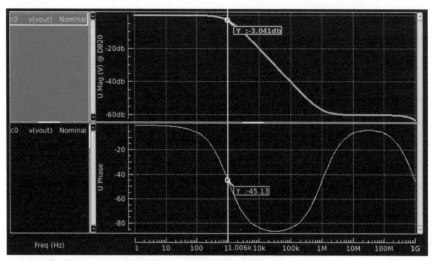

图 6-16　表 6-2 参数对应的仿真结果

表 6-3　veriloga 系统参数设定

如果在系统中设计了 10 kHz 和 1 MHz 两个极点，而没有零点，即按照表 6-3 修改该 veriloga 模型单元的参数。可以在仿真结果（见图 6-17）中得出，两个极点的出现将使幅值以 -40 dB/dec 的速度下降，同时相位的偏移也将直接累加，并最终造成-180° 的变化。

参数	数值
n_0	1
n_1	0
d_0	1
d_1	$\frac{1}{2\pi} \times 10^{-3}$
d_2	$\frac{1}{4\pi^2} \times 10^{-10}$

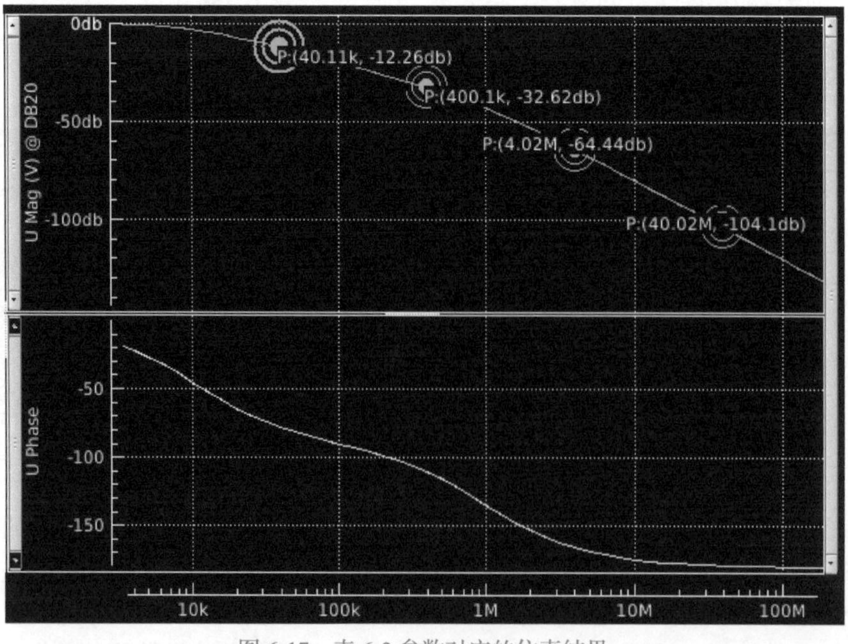

图 6-17　表 6-3 参数对应的仿真结果

3. 实验总结

通过上述几个实验，读者可以掌握模拟系统及其传递函数的建模和 AC 仿真方式，并且通过仿真验证零点和极点对系统频率响应的影响。当然实验中的零点和极点位置相距较远，且均为实数零极点，特性分析比较直观，相互作用也以线性叠加为主。在此，读者可以有意识地改动系统参数，创造出共轭零极点、正极点、正零点等其他形式，并通过仿真验证自己对这些零极点的预估是否准确。

6.2　共源放大器的频率特性

6.1 节介绍了一个理想模型频率响应的原理、建模和仿真方式，本节将以简单的共源放大器电路为例，分析 MOSFET 中影响频率特性的几个关键因素及它们的影响。

6.2.1　MOSFET 电容

根据物理学中的简单理论知识，两个导体不接触或被绝缘体隔绝时将形成一个电容。类推到 MOSFET 上，不难发现 MOSFET 的 4 个端子中的任何两个之间都将存在一个寄生电容，因此，理论上 MOSFET 应该有 $C_4^2 = 6$ 个电容。实际中，漏极和源极之间的电容由于衬底的阻断可忽略不计；同时当 MOSFET 的栅极电压高于阈值电压从而进入反型区后，栅极和衬底之间的电容由于沟道形成的阻断也可忽略不计。因此，设计人员通常只需要考虑 4 个主要的寄生电容，由此可以完善饱和区 MOSFET 的小信号等效电路，得到更加完整的小信号等效电路，如图 6-18 所示，这也被称为高频小信号等效电路，与此相对，可将前文中提到的电路称为低频小信号等效电路。

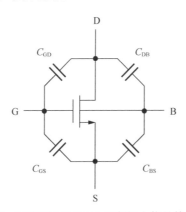

图 6-18　饱和区 MOSFET 的高频小信号等效电路

6.2.2　小信号分析法

共源结构能够在直流情况下提供无穷大的输入阻抗和较为理想输出电流（即跨导），且在配合一定的输出负载时能够提供较大的增益，因此是模拟集成电路中最常用的结构之一。研究它的幅频特性不仅有利于理解模拟集成电路在高频下的工作特性，也可以更好地将频率响应的分析思路推广至其他结构。

图 6-19（a）所示是一个共源放大器在考虑高频特性时的模型，将其与低频时的共源放大器模型[见图 6-19（b）]进行比较，发现其主要包括负载电容 C_L、寄生电容 C_{GS} 及 C_{GD}。当电路没有额外负载电容时，C_L 的主要成分是寄生电容 C_{DB}。电阻 R_S 是信号源的输出电阻，之前的直流分析中栅极有无穷大的输入电阻，因此未加讨论。但是，在高频交流的情况下由于栅极电容的存在，R_S 会影响电路极点的大小，不能简单将其忽略，后续我们将定性地对其进行分析。

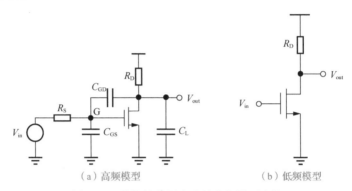

（a）高频模型　　　　　　　　（b）低频模型

图 6-19　晶体管共源电路的高频模型变换

通过对图 6-19（a）所示模型的小信号等效分析，我们可以将其转换成图 6-20 所示形式，通过联立方程组并消除中间项后可得到共源放大器的高频传输函数，如式（6-16）所示。

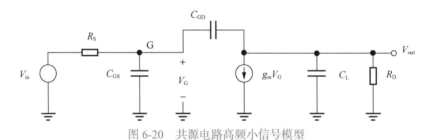

图 6-20　共源电路高频小信号模型

$$\frac{V_{out}}{V_{in}}(s) = \frac{(sC_{GD} - g_m)R_D}{R_S R_D C_T s^2 + \left[R_S(1 + g_m R_D)C_{GD} + R_S C_{GS} + R_D(C_{GD} + C_L)\right]s + 1} \quad (6\text{-}16)$$

式中，$C_T = C_{GS}C_{GD} + C_{GS}C_L + C_{GD}C_L$。通过式（6-16），读者不难发现该传递函数是一个二阶系统，两个极点的位置由输入、输出的电阻和电容共同决定，如果不对这些参数进行合理的预估，那么进行该传递函数的分析将较为困难。对于 MOSFET 寄生电容的数值，设计人员通常会根据经验值进行合理的预估，例如当其工作在饱和区时，栅源极电容 C_{GS} 和栅漏极电容 C_{GD} 可分别估计为

$$C_{GS} = \frac{2}{3}WLC_{OX} + WC_{OV} \quad (6\text{-}17)$$

$$C_{GD} = WC_{OV} \quad (6\text{-}18)$$

式中，C_{OV} 是栅极与源极、漏极交叠区域的单位宽度电容，C_{OX} 是单位面积栅氧化层电容，W 和 L 分别为晶体管的沟道尺寸。显而易见，由于交叠区的长度远小于晶体管沟道的长度，

C_{GD} 的值将远小于 C_{GS} 的值。通过之前的学习可知，式（6-16）中的 $g_m R_D$ 的部分为该共源放大器的直流放大系数。共源放大器通常工作在较高的增益下，即公式中 $g_m R_D = A_0 \gg 1$。为了更精确地比较仿真结果与理论值的差距，令 $A_0' = A_0 + 1$，从而使式（6-16）在增益较小时仍然精确。基于以上假设，式（6-16）中的分母可以被简化为式（6-19）的形式。

$$R_S R_D C_{GS} \left(C_{GD} + C_L \right) s^2 + \left[R_S \left(A_0' C_{GD} + C_{GS} \right) + R_D \left(C_{GD} + C_L \right) \right] s + 1 \qquad （6-19）$$

遗憾的是，该公式的参数仍旧无法使读者们对系统有一个直观的理解，且信号源输出电阻 R_S 和放大电路的负载电容 C_L 由电路外部环境决定而无法确定，因此在分析上述电路时仍需对该参数进一步分类讨论。在此，读者只需要了解两种特殊情况：一是当 R_S 足够大而 C_L 足够小时，主极点将由图 6-20 中输入节点 G 主导；二是当 R_S 足够小而 C_L 足够大时，主极点由图 6-20 中输出节点 V_{out} 主导。

第一种情况在一个多级放大器中较为常见，信号源通常为上一级的放大电路（如差分对），因此可认为其输出电阻 R_S 相对较大；同时放大器的增益放大电路通常不会直接驱动大负载电容，这也是可以理解的，因为高放大倍数需要较高的阻抗配合跨导完成，如果直接驱动大电容势必造成带宽的大幅下降，因此可认为 C_L 足够小［注意：此处"足够小"指的是负载电容小到足以使式（6-19）进行合理的简化，而不是指其绝对数值很小］。在该种情况下式（6-19）可以被进一步简化成式（6-20）的形式：

$$R_S R_D C_{GS} \left(C_{GD} + C_L \right) s^2 + R_S \left(A_0' C_{GD} + C_{GS} \right) s + 1 \qquad （6-20）$$

考虑到 A_0' 的值较大，系统将存在一个主极点 $\omega_{p,d}$ 和一个次极点 $\omega_{p,nd}$。

$$\omega_{p,d} \approx -\frac{1}{R_S \left(A_0' C_{GD} + C_{GS} \right)} \qquad （6-21）$$

$$\omega_{p,nd} \approx -\frac{A_0' C_{GD} + C_{GS}}{R_D C_{GS} \left(C_{GD} + C_L \right)} \qquad （6-22）$$

在后文中，读者会看到设计人员会人为地在栅极和漏极之间添加补偿电容，使 $A_0' C_{GD}$ 这一项远大于 C_{GS}，从而更进一步简化系统中极点的预估。

与第一种情况相反的是，如果负载电容过大，会使式（6-19）简化成式（6-23）的形式：

$$R_S R_D C_{GS} C_L s^2 + R_D C_L s + 1 \qquad （6-23）$$

而主、次极点也将分别变成：$\omega_{p,d} \approx -\dfrac{1}{R_D C_L}$ 和 $\omega_{p,nd} \approx -\dfrac{1}{R_S C_{GS}}$。显然该种情况下主极点由于负载电容的存在出现在输出节点 V_{out} 上，信号的放大受到了限制。此种情况也是之后密勒定理无法适用的情况，本书将在后文介绍其中的原理。

最后从式（6-16）中，不难推出该传递函数存在一个零点，即 $z_1 = \dfrac{g_m}{C_{GD}}$，本书也将在 6.2.3 小节的近似分析中去阐述该零点的意义。

6.2.3　近似分析

正如之前所介绍的，实际电路中多数情况下主极点将出现在输入节点 G 处（即 6.2.2 小节介绍的第一种情况），因此晶体管的放大功能未受影响，而在该条件下设计人员可以利用密勒定理快速地近似分析整个电路的频率特性。

1. 密勒定理

图 6-21（a）中的悬浮阻抗 Z 可以通过密勒定理等效为图 6-21（b）所示的两个接地阻抗。

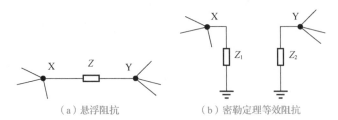

（a）悬浮阻抗　　　　　（b）密勒定理等效阻抗

图 6-21　密勒效应对悬浮阻抗的等效变换

假设悬浮节点 X 到 Y 存在增益 $A_v = V_Y / V_X$，则节点 X 处的输入阻抗可表达为

$$Z_X = \frac{V_X}{I_X} = \frac{V_X}{(V_X - V_Y)/Z} = \frac{V_X}{(V_X - A_v \cdot V_X)/Z} = \frac{Z}{1 - A_v} \qquad (6\text{-}24)$$

同理可推导出节点 X 处的输出阻抗，则图 6-21（b）中用密勒定理等效后的两个阻抗值可表达为

$$Z_1 = \frac{Z}{1 - A_v} \qquad (6\text{-}25)$$

$$Z_2 = \frac{Z}{1 - A_v^{-1}} \qquad (6\text{-}26)$$

用密勒定理进行分析的主要好处是，可以断开电路中节点与节点的相互作用，从而直接在节点处估计极点的大小。譬如，设计人员可以将图 6-19 中跨接在 MOSFET 输入和输出两端上的电容 C_{GD} 拆分开，从而使得电阻和电容的网络分别分布在晶体管的两侧，以便快速估算，如图 6-22 所示（注意晶体管栅极至漏极的小信号增益为反向放大 $-A_0$）。

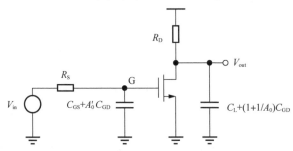

图 6-22　采用密勒定理近似得到的等效电路

不难看出，该电路中的主极点在晶体管输入栅极 G 处，次极点在输出端 V_{out}，它们的表达式分别为

$$\omega_{p,d} = \omega_G = -\frac{1}{R_S\left[(A_0 + 1)C_{GD} + C_{GS}\right]} \approx -\frac{1}{R_S\left(A_0' C_{GD} + C_{GS}\right)} \qquad (6\text{-}27)$$

$$\omega_{p,nd} = \omega_{V_{out}} = -\frac{1}{R_D\left[\left(1 + A^{-1}\right)C_{GD} + C_L\right]} \approx -\frac{1}{R_D\left(C_{GD} + C_L\right)} \qquad (6\text{-}28)$$

对比通过小信号分析并近似得到的极点［见式（6-21）］，通过密勒定理近似得到的主极点与之前的结果完全一致；而非主极点的估计与之前的相比相差一个系数 $1 + \left(A_0' \cdot C_{GD}\right)/C_{GS}$，

该系数已经大到无法忽略的地步。其主要原因是在高频时放大电路已无法再保持节点 G 至节点 V_{out} 的增益，即运用密勒定理等效变换的基础已不再适用。本书将在第 9 章中进一步展开讲解这一知识点。

同时读者或许已经发现，在前述的密勒定理中从栅极节点 G 到输出端 V_{out} 的增益 A_0 被认为是恒定不变的，而该假设只有当整个电路的主极点在 G 点时才成立，即 6.2.2 小节描述的第一种情况。

2. 零点的预估

读者可以通过小信号分析便捷地找到系统中的零点，但是公式的推导无法很好地帮助设计人员理解零点出现的原因，所幸倘若我们回顾零点的定义就不难理解其中的奥秘。零点是当系统输入幅值不为零且系统输出为零时的频率。如图 6-23 所示，从节点 G 到节点 V_{out} 存在两条通路，如果假设节点 V_{out} 电压固定而观察该节点的电流信号，不难得到通过 M_1 晶体管的电流信号为 $-g_m \cdot V_G$，而通过电容 C_{GD} 的电流信号为 $s \cdot C_{GD} \cdot V_G$。那么根据零点的定义可以得知零点出现在两个电流信号之和为零的时候，即

$$sC_{GD}V_G - g_mV_G = 0 \tag{6-29}$$

$$s = \frac{g_m}{C_{GD}} \tag{6-30}$$

该估算结果与小信号分析结果完全一致。通过对这个电路的分析，也不难看出零点的存在意味着系统输入端到输出端的直接作用，在本电路中该作用通过跨接的电容实现。

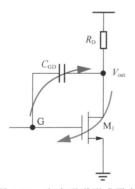

图 6-23　电容通道形成零点

在这里还需要注意一点是电容 C_{GD} 既是输出节点 V_{out} 到输入节点 G 的反馈电容，又是输入节点 G 到输出节点 V_{out} 的前馈电容，两者同时存在、同时作用。当然，由于反馈回路需要晶体管 M_1 的参与，反馈作用受到晶体管带宽的影响，而前馈作用则在全频带均能实现。

6.2.4　特征频率

由于晶体管中寄生电容的存在，一个晶体管的最高工作频率将受到限制，我们通常将晶体管共源偏置且漏极交流短路时电流放大能力下降到 1 的频率定义为特征频率（Transition Frequency），用 f_T 表示。根据定义所描述的偏置方式及高频小信号模型，我们将电路等效为图 6-24 所示情况，且联立公式使其满足 $|I_{in}| = |I_{out}|$。

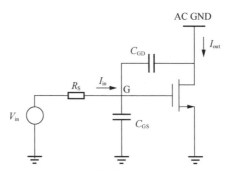

图 6-24   特征频率定义下的电路模型

$$\begin{cases} I_{out} = (g_m - sC_{GD})V_G \\ I_{in} = (sC_{GD} + sC_{GS})V_G \end{cases} \quad (6\text{-}31)$$

$$f_T = \frac{g_m}{2\pi\sqrt{(C_{GS} + C_{GD})^2 - C_{GD}^2}} \quad (6\text{-}32)$$

从式（6-32），可以发现，f_T 由晶体管的跨导 g_m 和栅源电容 C_{GS} 及栅漏电容 C_{GD} 共同决定，而与信号源的输出电阻 R_S 无关，本书会在后面的仿真中验证这一点。对于大多数晶体管而言，C_{GS} 的值都远大于 C_{GD} 的值，因此式（6-32）可以被进一步简化成：

$$f_T \approx \frac{g_m}{2\pi(C_{GS} + C_{GD})} \quad (6\text{-}33)$$

根据特征频率 f_T 的定义，晶体管的漏极连接的是交流短路，其漏极交流输出电压被限制为交流的零，因此电容 C_{GD} 将不会有密勒效应。

6.2.5   仿真实验：共源放大器的频率响应

1. 实验目标

① 了解在 AC 仿真中进行其他参数扫描的方法。
② 掌握共源晶体管放大电路的幅频特性，以及快速近似估计的方法。
③ 掌握晶体管特征频率的分析方法并通过仿真进行验证。

2. 实验步骤

（1）搭建测试台

在 Schematic Editor 中搭建图 6-25 所示的共源放大器仿真电路，将其中负载电阻 R_1 设置为 40 kΩ，信号源输出电阻 R_S 为 200 kΩ，负载电容 C_L=0。晶体管尺寸设置为 1 μm/ 180 nm。

（2）确认静态工作点

扫描输入电压的直流偏置量 v_{dc}，使得输出电压 vout=0.9 V，从而使晶体管工作在饱和区内，之后的仿真将都在该直流偏置下进行。

通过 OP 仿真，确认并记录该工作状态下晶体管的跨导 g_m、内阻 r_O（$1/g_{ds}$）和寄生电容的值，如 C_{GS}、C_{GD}、C_{DS} 等。仿真工具给出的参数中，cgtot、cdtot 和 cstot 分别表示在栅极、漏极和源极上的总寄生电容，如图 6-26 所示。

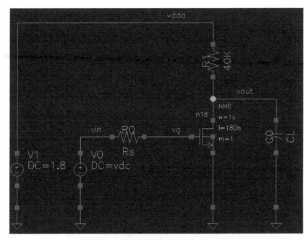

```
[ NM0 ]
region = Saturati
Id = 2.2994e-05
ibs = -3.8719e-21
ibd = -2.0415e-12
vgs = 6.0000e-01
vds = 8.8023e-01
vbs = 0.0000e+00
vth = 4.6836e-01
vdsat = 1.3101e-01
vod = 1.3164e-01
gm = 2.3824e-04
gds = 6.1017e-06
gmb = 5.8553e-05
cdtot = 1.1206e-15
cgtot = 1.8501e-15
cstot = 2.4134e-15
cbtot = 2.3015e-15
cgs = 1.2335e-15
cgd = 3.4179e-16
```

图 6-25　共源放大器仿真电路　　　　　　图 6-26　晶体管静态工作点

（3）频率特性仿真

在此读者可以利用 AC 仿真的结果验证密勒定理近似结果的准确性。通过对静态工作点的分析，不难得到该电容 DC 增益 $A_0 = g_m(R_D \parallel r_O) \approx 9.53$。在此情况下，可以估算出该电路的主极点、次极点和零点的频率分别为

$$\omega_{p,d} = \frac{-1}{R_S\left(A_0'C_{GD} + C_{GS}\right)} \approx 1.04 \text{ Grad/s} \qquad （6\text{-}34）$$

$$\omega_{p,nd} = \frac{-1}{R_D\left[\left(1 + A^{-1}\right)C_{GD} + C_{DB}\right]} \approx 21.5 \text{ Grad/s} \qquad （6\text{-}35）$$

$$\omega_z = \frac{g_m}{C_{GD}} \approx 700 \text{ Grad/s} \qquad （6\text{-}36）$$

式中，$C_{DB} = C_{dtot} - C_{gd}$。用 AC 仿真获得输出点 vout 的交流信号，如图 6-27 所示，读者可以直接看出带宽的位置，以及次极点和零点造成的斜率变化。

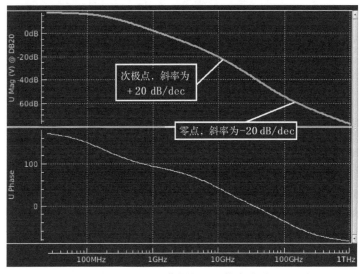

图 6-27　vout 信号的 AC 仿真波形

　　为了确定电路具体的频率特性指标，我们可以放大波形后观察-3 dB 增益时的具体频率，从图 6-28 中可以看到该电路-3 dB 点 PB 的频率为 173 MHz，即带宽为 173 MHz（1.09 Grad/s），比我们估算的数值略大一点。次极点和零点在幅频曲线上较难准确计算，因此可以从相位入手。根据极点和零点的相移特性，在相频曲线上分别找到相位等于 45°和 -45°的两个点，由图 6-29 可知此次极点和零点分别为 9.131 GHz（57.5 Grad/s）和 129.3 GHz（800 Grad/s）。其中零点的预估较为准确，而次极点的估算偏差较大，其中缘由已在理论章节中有所阐述。

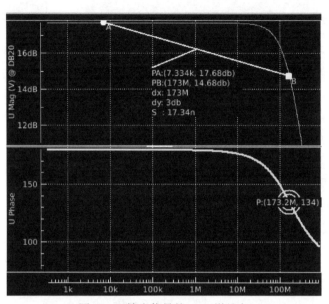

图 6-28　输出信号的-3dB 增益点

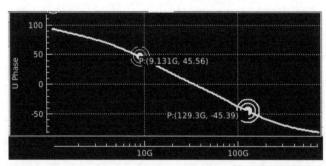

图 6-29　通过相位寻找次极点和零点

（4）参数扫描

　　接下来读者可观察在负载电容 C_L 逐渐变大过程中频率响应的变化。在 AC Analysis 的设置中，单击 More Options 展开更多功能选项。如图 6-30 所示，在扫描参数 Sweep Variable 中选择负载电容的参数，并设置将负载电容从 1 fF（1 fF=10^{-15}F）逐步增加到 100 fF。可以自行改动具体的扫描点数，设置完成后单击 OK 并重新仿真。

　　仿真结果如图 6-31 所示，在负载电容逐步从 1 fF 增加到 3.3 fF 的过程中，电路的主极点仍在栅极输入处，因此带宽的变化较小；在电容从 3.3 fF 增加到 33 fF 过程中，栅极输入和漏极输出形成两个距离相近的极点，且位置互相关联，因此带宽的变化较之前更大，但也没有达到电容变化的比例；而在电容从 33 fF 增加到 100 fF 的过程中，主极点已经出现在漏极输出处，因此带宽的变化量接近于电容的变化量。

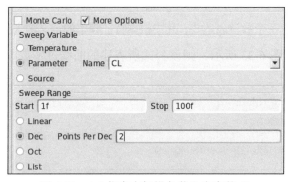

图 6-30　AC 仿真中扫描负载电容参数 C_L

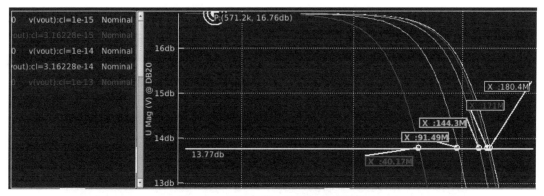

图 6-31　不同负载电容下的仿真结果

（5）特征频率仿真

为了能在仿真中验证特征频率，读者首先需要修改晶体管的偏置方式：将电阻负载换成交流接地。为了保证晶体管的静态工作特性与之前仿真的一致，可以直接在漏极连接一个 0.9 V 的电压源，如图 6-32 所示。

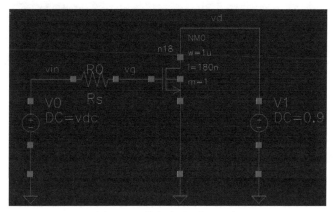

图 6-32　特征频率测试电路

根据之前得到的静态工作参数和特征频率计算公式,我们预期得到的特征频率为 20 GHz 左右。

$$f_{\mathrm{T}} = \frac{g_m}{2\pi C_{\mathrm{G,tot}}} = 20.5 \text{ GHz} \tag{6-37}$$

在输出窗口中新建一个数学表达式,其中根据特征频率的定义输入公式 $\mathrm{abs}\big(i(\mathrm{NM0}/\mathrm{G})\big) - \mathrm{abs}\big(i(\mathrm{NM0}/\mathrm{D})\big)$,如图 6-33 所示,则该公式所表述的曲线过零点即特征频率点。

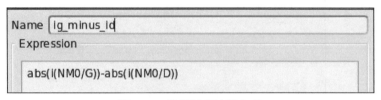

图 6-33　特征频率计算公式

除此之外,读者可以在 AC 仿真中设置扫描信号源输出电阻 R_{s} 的阻值,根据之前的公式推导,该阻值不会影响特征频率的数值。最终的仿真结果如图 6-34 所示,特征频率为曲线穿过 0 的点,约为 20 GHz,与预估结果相符。同时,仿真结果中不同输出电阻 R_{s} 的曲线均穿过同一个点,这很好地印证了特征频率与信号源输出电阻无关的结论。

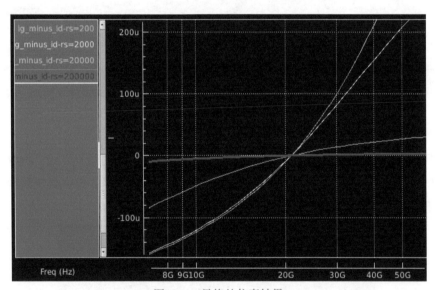

图 6-34　最终的仿真结果

3. 实验总结

通过上述实验,本小节首先分析了一个共源电路中影响频率特性的几个因素,并通过近似估计和仿真验证分析方法的准确性。其中测试了密勒定理近似结果的精度,我们发现在特定条件下其精度可以得到保证。随后在对输出负载进行扫描的过程中,不断增加的输出电容逐步破坏了使用密勒定理的要求,因此电路的频率特性也逐渐无法用密勒定理进行近似。电路中的其他因素如信号源输出电阻对频率的影响在上述内容中并未涉及,读者可以自行改变其值并观察输出曲线的变化。在特征频率的仿真中，本小节通过仿真很好地证明了该频率的计算公式，并且验证了其与信号源输出电阻无关的这一结论。

6.3　课后练习

1. 在 6.1.3 小节的仿真实验中，创建一个拥有共轭极点的二阶系统，并观察其频率响应曲线。

2. 在 6.2.5 小节的仿真实验中，若想进一步提升特征频率，该从哪些方面着手?

第 7 章　MOSFET 的进阶特性

在之前的学习中，通常认为 MOSFET 的工作状态主要有截止区、线性区和饱和区，这是一种比较简单且过于理想的划分。在大多数应用中，MOSFET 被用作放大器，因此在本章中暂且不考虑其在线性区的情况。然而，即使假设 MOSFET 的 V_{DS} 始终足够大（MOSFET 不会落入线性区），其事实上的工作状态仍远比上述的区分要复杂：当栅源电压 V_{GS} 小于阈值电压 V_{TH} 时，MOSFET 也并非完全截止，而是处于"弱反型区"（Weak Inversion）中，也可称为亚阈值区（Sub-Threshold）；而当 V_{GS} 比 V_{TH} 大很多（例如大 1 V）时，由于电子的迁移速度达到饱和，MOSFET 的跨导无法按照之前介绍的模型变化，这就需要通过另外一个模型，即"速度饱和区"的模型来进行分析。与之相对的，本书之前章节定义的线性区或饱和区准确来说均泛指一般的强反型区。新的 MOSFET 工作状态划分如图 7-1 所示。

图 7-1　MOSFET 工作状态划分

在本章的内容中，读者将首先了解弱反型区和速度饱和区的基本理论与模型；然后通过仿真实验来进一步分析这两种工作区域的特性；最后介绍基于 g_m / I_D 的模拟集成电路设计方法基本原理及使用方法。

7.1　弱反型区

7.1.1　理论分析与模型

在之前对 MOSFET 电压-电流模型的分析中，我们一直假设：当其栅源电压 V_{GS} 下降到低于阈值电压 V_{TH} 时，晶体管会突然关断。实际上当 $V_{GS} \approx V_{TH}$，一个"较弱"的反型区仍然存在，并存在源漏电流 I_{DS}。甚至当 $V_{GS} < V_{TH}$，源漏电流 I_{DS} 并不会消失，而是与 V_{GS} 呈现出一种指数关系，这种效应被称为亚阈值导电。

本小节中用漏极电流 I_D 代替源漏电流 I_{DS}，在大多数情况下这是一个合理的假设。一般认为 I_D 由漂移电流 I_{drift} 和扩散电流 $I_{diffusion}$ 组成。在强反型区中，I_D 主要由漂移电流决定，此时 I_D 与沟道电压呈平方律关系：其中漂移速度与沟道电压呈线性关系，沟道深度与沟道电压也呈线性关系，因此整体上呈现平方律关系；而在弱反型区中，I_D 主要由扩散电流决定，而载流子浓度和偏置电压的关系呈现出指数形式，因此 I_D 与沟道电压呈指数律关系，如图 7-2 所示。

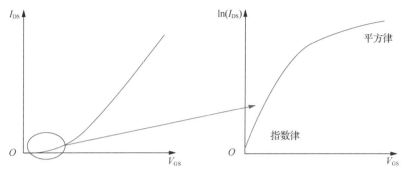

图 7-2　弱反型区中电流的指数律关系

其具体模型如式（7-1）所示。

$$I_D = I_{D0} \frac{W}{L} \exp\left(\frac{V_{GS}}{\eta V_T}\right)\left[1 - \exp\left(-\frac{V_{DS}}{V_T}\right)\right] \tag{7-1}$$

式中，I_{D0} 是与工艺有关的参数，V_T 为温度的电压当量（热电压，Thermal Voltage），即 kT/q，η 是亚阈值斜率因子，通常情况下，$1 < \eta < 3$。当 V_{GS} 满足 $V_{GS} < V_{TH} - \eta kT/q$ 时，一般认为 MOSFET 进入弱反型区域；而当 $V_{GS} > V_{TH} + \eta kT/q$ 时，可认为 MOSFET 工作在强反型区。

更精准而言，强反型区和弱反型区的划分也是对 MOSFET 实际工作状态的一种近似，只是比之前的一阶近似更加准确而已。从公式上分析，强反型区和弱反型区之间存在着电流不连续的问题。为了解决这一问题，也为了建立更加精确的 MOSFET 模型，在这两个区域之间又定义了中等反型区，本书不对此展开介绍，感兴趣的读者可自行查阅相关资料。

由式（7-1）可知，偏置在弱反型区 MOSFET 的跨导为

$$g_{m,wi} = \frac{I_D}{\eta V_T} \tag{7-2}$$

回顾强反型区的跨导公式，可表示为

$$g_{m,si} = \frac{2I_D}{V_{GS} - V_{TH}} \tag{7-3}$$

在此可以利用强反型区和弱反型区的电流表达式和跨导表达式来求出两区域的转变点。假设将转换点的栅源电压 V_{GS} 命名为 $V_{GS,t}$，则在该点时式（7-2）和式（7-3）应该同时有效，那么令式（7-2）和式（7-3）相等，则可得到：

$$V_{GS,t} - V_{TH} = 2\eta \frac{kT}{q} \tag{7-4}$$

虽然因为 η 值的不确定，我们无法准确得出此转换点的确定数值，但是通常可以采用一个近似值，即 70～80 mV，以估算电路状态。这就意味着晶体管在 $V_{GS} = V_{TH} + 70$ mV 左右时进入了强反型区。更为重要的是 $2\eta kT/q$ 的值在目前可见的 CMOS 工艺发展中并未发生显著改变，因此设计人员可放心认为 $V_{GS,t}$ 的数值与工艺无关。这一特性使得设计人员在未来的很长一段时间里都可以一直选用典型值 $V_{GS} - V_{TH} \approx 0.2$ V 来保证晶体管工作在强反型区。根据上述描述，已知强反型区中 $V_{GS} - V_{TH} > 2\eta V_T$，也就意味在相同的偏置电流下弱反型区的跨导比强反型区的跨导更大，即单位能耗下效率更高，这对设计人员设计低功耗电路提供了参考方向。

最后需要注意，真正的 MOSFET 仍并不完全遵循弱反型区与强反型区的模型划分，在

两个模型间有一个平滑过渡带将它们衔接在一起。为了更好地表达这个过渡区域的特性，人们尝试通过拟合寻找可以同时表述两个反型区域及其过渡区域的一个公式，比较常用的就是 EKV 模型（该模型由 Enz、Krummenacher 和 Vittoz 这 3 位学者提出，因此被命名为 EKV 模型），表达如式（7-5）所示，模型的拟合过程读者可自行查阅相关文献。

$$I_{D} = \frac{1}{2}\mu C_{OX}\frac{W}{L}\left(V_{GS,t} - V_{TH}\right)^2 \cdot \ln^2\left(1 + e^v\right), \qquad v = \frac{V_{GS} - V_{TH}}{V_{GS,t} - V_{TH}} \qquad （7-5）$$

式（7-5）中前半部分与 MOSFET 的偏置状态无关，而偏置电压对电流的影响均在对数项 $\ln^2\left(1 + e^v\right)$ 中体现。在弱反型区公式中，由于 I_D 值不确定所带来的计算不便也可通过此模型尝试解决，即利用强反型区的估算结果代入 EKV 模型来进行弱反型区参数的估算，在后续的实验中读者将会实践这种方法。

7.1.2　仿真实验：MOSFET 的弱反型区

1. 实验目标

① 进一步熟练掌握使用 Empyrean Aether 中的 DC 仿真和 AC 仿真工具进行 MOSFET 的特性仿真。

② 进一步理解 MOSFET 的弱反型区特性，了解如何分辨晶体管的工作区域，对比晶体管在各个工作区域下的特性差异，分析其适用情况。

③ 对处于弱反型区 MOSFET 的跨导 g_m、内阻 r_O 等各项参数进行估算并仿真验证估算结果以评估弱反型区模型的准确性。

2. 实验步骤

（1）绘制弱反型测试电路

在 Schematic Editor 中搭建图 7-3 所示的共源放大器仿真电路，所用元件的各参数设置如图中所示。

（2）NMOS 晶体管弱反型区特性曲线仿真

添加 Analysis，进行 DC 仿真，并扫描变量 vin，其仿真设置如图 7-4 所示。

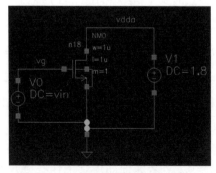

图 7-3　共源放大器仿真电路

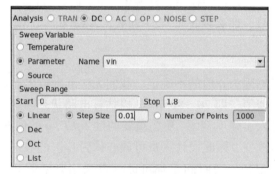

图 7-4　输入扫描的仿真设置

之后将想要观察的信号（例如漏极电流 I_D）加入输出栏 Outputs 中。在仿真后可以得到该 NMOS 晶体管的转移特性曲线，如图 7-5 所示。该曲线就是读者很常见的转移特性曲线的形态，可以根据曲线的斜率从中观察到阈值电压 V_{TH} 的大致位置。

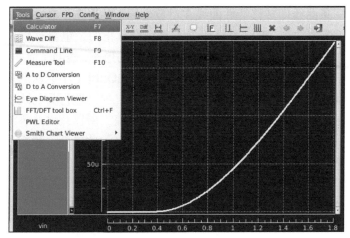

图 7-5　NMOS 晶体管的转移特性曲线

接下来利用 Empyrean Aether 的表达式（Output→Add Expression）或计算器工具（Tools→Calculator）对仿真的结果进行计算，为了方便调整参数后对结果的多次计算，更建议使用表达式的方式。在表达式中输入图 7-6 所示的公式，可输出该晶体管跨导 g_{m}-V_{GS} 及跨导 g_{m} / I_{D}-V_{GS} 的曲线。

Output Setting		
Name	Type	Expression/Signal
I(NM0/D)	Signal	I(NM0/D)
gm	Expression	deriv(i(NM0/D))
gm_ov_Id	Expression	deriv(i(NM0/D))/i(NM0/D)

图 7-6　跨导 g_{m} 和跨导效率 g_{m} / I_{D} 的求解表达式

在进行仿真后，读者可以看到表达式设置的 I_{D}、g_{m} 和 g_{m} / I_{D} 同时出现在波形结果中，在此可以通过改变纵轴的刻度为对数刻度以获得更佳的显示效果。仿真结果如图 7-7 所示。

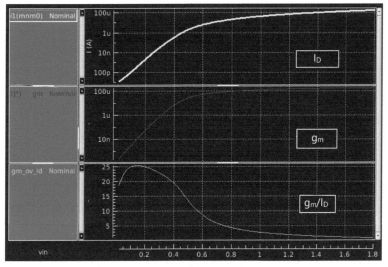

图 7-7　仿真结果

　　图 7-7 中第一条曲线即转移特性曲线在对数坐标下的形态，观察其电流值，不难发现在 V_{GS} 小于通常所认为的 V_{TH} 时，晶体管并不是完全截止的，也会有较小的电流存在，即弱反型区电流。电流曲线在对数坐标下呈现近似直线的形态，表明了其与电压的指数关系，其中亚阈值斜率因子 η 可以通过曲线估算得到。因为 MOSFET 不会从弱反型区瞬间进入强反型区，其转移曲线也不会呈现出从指数函数行为向二次函数行为的跳变，在这两个极端之间有一个平滑的过渡，其中漂移和扩散均会产生电流，所以我们并不能很明显地在图中区分两个区域，我们将在课后练习中进一步研究探讨。除此之外，我们还能看到该晶体管的跨导效率在栅源电压约为 150 mV 时达到峰值。

　　（3）MOSFET 的特性参数估算

　　以 NMOS 晶体管为例，由图 7-5 和图 7-7 所示可以大致判断，当 $V_{GS} = 0.4$ V 时，晶体管处于弱反型区中，当 $V_{GS} = 0.7$ V 时，晶体管处于强反型区中。

　　首先读者可根据熟悉的强反型区公式对进行晶体管特性进行估算，通过对模型参数的查询（见图 7-8）和前期仿真结果的拟合，我们得到以下参数：

$$\mu_n C_{OX} = 280 \ \mu A / V^2 \tag{7-6}$$

$$V_{En} \approx 40 \ V / \mu m \ （厄利电压，由仿真结果近似获得） \tag{7-7}$$

$$V_{TH} \approx 0.4 \ V \ （由仿真结果近似获得） \tag{7-8}$$

```
* GENERAL PARAMETERS
*
+CALCACM   = 1
+LMIN      = 1.5E-7            LMAX     = 1.0E-5            WMIN     = 1.9E-7
+WMAX      = 1.0E-4            TNOM     = 25.0             VERSION  = 3.24
+TOX       = '3.87E-09+DTOX_N18'  TOXM  = 3.87E-09         XJ       = 1.6000000E-07
+NCH       = 3.8694000E+17     LLN      = 1.1205959         LWN      = 0.9200000
* THRESHOLD VOLTAGE PARAMETERS
*
+VTH0      = '(0.39+DVTH_N18)*(1+0.05*Sigma)'   WVTH0  = -2.9709472E-08   PVTH0
+K1        = 0.6801043         WK1      = -2.4896840E-08    PK1      = 1.3000000E-15
* MOBILITY PARAMETERS
*
+VSAT      = 8.2500000E+04     PVSAT    = -8.3000000E-10    UA       = -1.0300000E-09
+LUA       = 7.7349790E-19     PUA      = -1.0000000E-24    UB       = 2.3666682E-18
+UC        = 1.2000000E-10     PUC      = 1.5000000E-24     RDSW     = 55.5497200
+PRWB      = -0.2400000        PRWG     = 0.4000000         WR       = 1.0000000
+U0        = '(3.4000000E-02)*(1+0.05*Sigma)'   LU0   = 2.3057663E-11    WU0
+DVT1      = 0.5771635         DVT2     = -0.1717554        DVT0W    = 0.00
```

图 7-8　本书所用工艺的 NMOS 晶体管模型参数（部分）

　　根据经典强反型区公式，不难得到当 $V_{GS} = 0.7$ V 时：

$$I_{D,0.7 \ V} = \frac{1}{2} \mu C_{OX} \frac{W}{L} (V_{GS} - V_{TH})^2 = 12.6 \ \mu A \tag{7-9}$$

$$g_{m,0.7 \ V} = \mu C_{OX} \frac{W}{L} (V_{GS\text{-}} V_{TH}) = 84 \ \mu A / V \tag{7-10}$$

$$r_O = \frac{V_{En} \times L}{I_{DS}} \approx 3.2 \ M\Omega \tag{7-11}$$

　　随后，读者可以使用跨区域的 EKV 模型估算弱反型区中 MOSFET 的性能表现。已知弱反型区-强反型区的 EKV 模型公式如式（7-12）所示：

$$I_{DS,wi} = \frac{1}{2} \mu C_{OX} \frac{W}{L} (V_{GS,t} - V_{TH})^2 \cdot \ln^2 \left(1 + e^\nu\right), \ \nu = \frac{V_{GS} - V_{TH}}{V_{GS,t} - V_{TH}} \tag{7-12}$$

式中，

$$V_{\mathrm{GS,t}} - V_{\mathrm{TH}} = 2n\frac{KT}{q} \approx 70 \text{ mV} \tag{7-13}$$

根据强反型区电流估算结果 $I_{\mathrm{D,0.7\,V}} = 12.6 \text{ μA}$ 及 $V_{\mathrm{GS}} - V_{\mathrm{TH}} = 0.3 \text{ V}$ ，可以得到式（7-12）的对数项为

$$\ln^2\left(1 + \mathrm{e}^v\right)_{0.7\,\mathrm{V}} \approx 4.28^2 \approx 18.3 \tag{7-14}$$

当晶体管进入弱反型区后，如 $V_{\mathrm{GS}} = 0.4 \text{ V}$ 时，过驱动电压 $V_{\mathrm{OV}} = 0 \text{ V}$ ，则可得到此时的对数项为

$$\ln^2\left(1 + \mathrm{e}^v\right)_{0.4\,\mathrm{V}} = \ln^2(2) \approx 0.7^2 = 0.49 \tag{7-15}$$

强反型区和弱反型区均符合式（7-12），可认为 $\frac{1}{2}\mu C_{\mathrm{OX}}\frac{W}{L}\left(V_{\mathrm{GS,t}} - V_{\mathrm{TH}}\right)^2$ 是定值，因此弱反型区的静态电流约为

$$I_{\mathrm{DS,wi}} = I_{\mathrm{DS,si}} \cdot \frac{\ln^2\left(1 + \mathrm{e}^v\right)_{0.4\,\mathrm{V}}}{\ln^2\left(1 + \mathrm{e}^v\right)_{0.7\,\mathrm{V}}} \approx 0.34 \text{ μA} \tag{7-16}$$

代入式（7-2）可得 MOSFET 在此偏置状态下的弱反型区跨导约为

$$g_{\mathrm{m,wi}} \approx 6.8 \text{ μA / V} \tag{7-17}$$

由于流经晶体管的电流 I_{D} 缩小为原来的 1/37 左右，此时可粗略近似估计输出电阻增大 37 倍约为 118.4 MΩ 。

（4）EKV 模型仿真验证

下面通过仿真来验证在理论建模中对 MOSFET 弱反型区几个重要特性参数的分析是否正确。首先进行 OP 仿真查看不同工作电压下晶体管的静态工作点，其 OP 静态仿真结果如图 7-9 所示。

[NM0]	[NM0]
region = Cutoff	region = Saturati
id = 329.8676n	id = 12.9769u
ibs = -5.5618e-23	ibs = -2.1864e-21
ibd = -187.1600p	ibd = -2.8580n
vgs = 400.0000m	vgs = 700.0000m
vds = 1.8000	vds = 1.8000
vbs = 0.0000	vbs = 0.0000
vth = 404.6495m	vth = 404.6616m
vdsat = 62.8860m	vdsat = 261.9176m
vod = -4.6495m	vod = 295.3384m
gm = 7.1183u	gm = 78.3552u
gds = 21.1201n	gds = 298.4982n
gmb = 2.1055u	gmb = 22.6287u
cdtot = 976.5497a	cdtot = 976.9014a
cgtot = 5.0950f	cgtot = 7.3556f
cstot = 4.2734f	cstot = 7.8072f
cbtot = 4.4738f	cbtot = 4.5240f
cgs = 2.6441f	cgs = 5.6599f
cgd = 343.2131a	cgd = 343.3347a

图 7-9　两种偏置情况下的 OP 静态仿真结果

从图 7-9 的静态工作点中，读者可以直接得到两种偏置情况下的电流 I_{D} 、跨导 g_{m} 和输出电阻 r_{O} 的数值（输出电阻值通过公式 $r_{\mathrm{O}} = 1/g_{\mathrm{ds}}$ 得到）。简单比较可以发现，之前所使用的 EKV 模型能够较为准确地预估了晶体管从强反型区到弱反型区的直流特性。其中仿真电流稍大于预测电流，这里的部分原因是对测试电路施加了较大的漏源电压 V_{DS} ，其造

成的沟道调制效应被我们主动忽略了。

至此读者可以得到估算值与仿真值的对比情况，如表 7-1 所示。

表 7-1　MOSFET 模型在强反型区和弱反型区中精度对比情况

驱动电压 V_{GS}/V	g_m/μA		r_O/MΩ	
	估算值	仿真值	估算值	仿真值
0.4	6.8	7.1	118.4	47.3
0.7	84	78.4	3.2	3.4

由表 7-1 所示可知，仿真值跟估算值在数量级上较为一致，存在少许偏差也在可以接受的范围之内，在后续的电路设计中设计人员将主要依赖于仿真工具精准调试，而手动估算主要是为了帮助设计者快速确立一个合适的静态工作区间。

3. 实验总结

通过上述实验，读者进一步掌握了使用 Empyrean Aether 中的 DC 仿真和 AC 仿真工具进行 MOSFET 特性仿真的基本操作，进一步理解了 MOSFET 弱反型区的模型及工作特性，并通过对参数的估算及仿真验证了解模型的精度。模型精度的验证可以便于设计人员更好地运用晶体管的这一工作状态来满足不同的设计需求。

7.2　速度饱和区

7.2.1　理论分析与模型

在前文提到的晶体管饱和区模型中，电流 I_D 会随着栅源偏置电压 V_{GS} 的增大呈二次平方项的形式快速增加，然而在实际电路中，该二次平方关系只能在一个很小的区间中保持。一般而言，电子在半导体材料中的载流子速度 $v = u \cdot E$，式中 E 为电场强度，u 为载流子迁移率；可当沟道电场达到临界值（可根据载流子间碰撞的散射效应计算得出）时，载流子速度不再受源漏方向上电场强度的影响［请注意源漏方向上的电场强度在饱和区中为 $E = (V_{GS} - V_{TH}) / L_{eff}$，与 V_{GS} 成正比，由于沟道夹断效应与 V_{DS} 无关，L_{eff} 为有效沟道长度］，载流子的速度将会达到上限，不再随电场增大而增大，载流子速度不再随着电场增大而提高。这种现象称为速度饱和效应，在硅材料中由于速度饱和效应载流子速度上限约为 $1 \times 10^7 \, \mathrm{cm/s}$。

因此在速度饱和效应的作用下，当 V_{GS} 大到一定程度后，继续增大 V_{GS} 只能增加晶体管中的沟道深度，而载流子速度不会继续提高，此时电流与驱动电压呈一次线性关系而非二次平方关系，跨导也相对平稳（斜率稳定），如图 7-10 所示。

因此，设计人员同样需要另一个不同的模型来描述该区域的特性，并尝试寻找强反型区和速度饱和区之间的转换点。由上述分析可知，速度饱和区最终的电流 I_D 相对于 V_{GS} 的表达式是线性的，则其电流和跨导公式可表示如下：

$$I_{D,vs} = \frac{1}{2} W C_{OX} v_{sat} \left(V_{GS} - V_{TH} \right) \tag{7-18}$$

$$g_{m,vs} = \frac{1}{2} W C_{OX} v_{sat} \tag{7-19}$$

式中，v_{sat} 为载流子饱和速度，代替了原饱和区公式中的 $\mu (V_{GS} - V_{TH}) / L$。

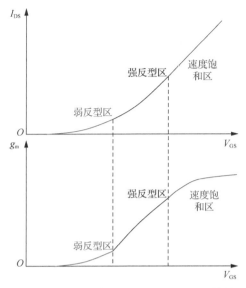

图 7-10　电流和跨导在速度饱和区上的特性

由式（7-19）可知，速度饱和区跨导 $g_{m,vs}$ 与栅源电压 V_{GS} 不再相关，$g_{m,vs}$ 为一个常数，且是该 MOSFET 能够获得的最大跨导。当 V_{GS} 进一步增大时，跨导将不再增加，但是消耗的源漏电流还在增长，这与高效率的设计思想不符。故在实际的模拟设计中一般不让晶体管工作在这一区域，而是将 V_{GS} 的最大值在接近于速度饱和区的强反型区中取值以获得更大的跨导，那么这里又涉及如何确定强反型区与速度饱和区之间转换点的问题。

与之前寻找弱反型区与强反型区转换点的思路相同，此时同样可以令强反型区和速度饱和区的跨导表达式相等以求出两区域的转换点，回顾前文已知强反型区的跨导公式可表示为

$$g_{m,si} = \mu C_{OX} \frac{W}{L} \left(V_{GS} - V_{TH} \right) \tag{7-20}$$

令式（7-19）与式（7-20）相等，可得转换点为

$$V_{GS,t} - V_{TH} = \frac{L \cdot v_{sat}}{2\mu} \tag{7-21}$$

很显然，与之前弱反型区-强反型区转换点不同，强反型区-速度饱和区的转换点电压并不是固定不变的，它随着沟道长度的缩短而减小。当然这也很容易理解，沟道长度越短，相同过驱动电压产生的电场强度越大，载流子也越容易达到饱和速度。对于本书采用的 NMOS 晶体管，代入其最小沟道长度（ $L_{min} = 0.18\ \mu m$ ）和载流子迁移率（ $\mu = 0.034\ m^2 / Vs$ ），我们可以得到最小的转换点大约在超出阈值电压 0.27 V 处。因此可以认为 NMOS 晶体管在沟道长度为 0.18 μm 时，$V_{GSN,t} = V_{TH} + 0.27\ V$ 。对于 PMOS 晶体管而言，其空穴的移动速度相对较低，与 NMOS 晶体管相比更不容易进入饱和速度区，此时的转换点留给读者去寻找。

同样，实际电路中这两个区域的转换也是平滑过渡的，通常可将两个区域的跨阻 $1/g_{m,si}$ 和 $1/g_{m,vs}$ 并联以获得包含两个区域总跨阻的表达式，如式（7-22）所示。该公式可以理解为总的跨导将小于两区域中较小的那个值。

$$\frac{1}{g_m} = \frac{1}{g_{m,\text{si}}} + \frac{1}{g_{m,\text{vs}}}$$

（7-22）

7.2.2　仿真实验：MOSFET 的速度饱和区

1. 实验目标

① 熟练使用 Empyrean Aether 中的 DC 仿真和 AC 仿真工具进行 MOSFET 的特性仿真。

② 进一步理解 MOSFET 的速度饱和效应及速度饱和区的特性。

③ 对处于速度饱和区 MOSFET 的 g_m、r_O 等各项参数进行估算并仿真验证估算结果，以验证速度饱和区模型的准确性。

2. 实验步骤

（1）特性曲线绘制及分析

在 7.1.2 小节的仿真实验中，读者已经绘制了 MOSFET 电压-电流的转移特性曲线，在此不再重复实验。但是由于之前仿真中晶体管的长度 L 取值为 1 μm，沟道长度较长，其速度饱和效应并不明显。因此，在本仿真实验中首先将晶体管长度设定为最小尺寸，即工艺特征尺寸 $L_{\text{min}} = 0.18$ μm。得到晶体管转移特性曲线，如图 7-11 所示。

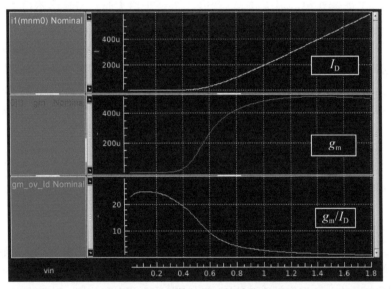

图 7-11　晶体管转移特性曲线

此时读者主要关注较大栅源电压下的情况，因此纵轴刻度可以仍旧使用线性刻度标尺。由图 7-11 所示可以看出，仿真结果与理论分析部分所述一致，g_m 的值在速度饱和效应下，会逐渐上升达到峰值，随后趋于一个较为恒定的值，并不跟随 I_D 的增大而增大（在图 7-11 中大致表现为 $V_{\text{GS}} > 1$ V 的区间）。同样可以直观地看到，跨导的电流效率，即 g_m / I_D 在进入速度饱和区之后减小得尤为明显——这不是设计人员想要的结果。由于区域之间的平滑过渡，通常只能大致从图像上分辨各区域。在实际的设计中，读者既可以采用典型值来判断晶体管所处的工作区域，也可根据图像进行大致估计，从而根据 MOSFET 各工作区域的不同特性来更好地实现预期中的工作效果。

（2）MOSFET 特性参数估算

继续以最小沟道长度的 NMOS 晶体管为例，由图 7-11 所示可以大致判断，当 $V_{GS}=1.2$ V 时晶体管开始进入速度饱和区，本书也将以此偏置电压为例对 MOSFET 的漏极电流 I_D、跨导 g_m 和内阻 r_O 进行估算。由式（7-19）可知，在速度饱和区中，晶体管中电子移动速度已到达上限，因此其跨导只与晶体管宽度有关，与其长度无关。假设电子的饱和速度 $v_{sat}=10^7$ cm/s，单位栅极电容 $C_{OX}=9.6$ mF/m^2，可得：

$$I_{DS,1.2\,V} = \frac{1}{2}WC_{OX}v_{sat}(V_{GS}-V_{TH}) = 384\ \mu A \tag{7-23}$$

$$g_{m,1.2\,V} = \frac{1}{2}WC_{OX}v_{sat} = 480\ \mu A/V \tag{7-24}$$

$$r_O = \frac{V_{En}\cdot L}{I_{DS}} = 18.8\ k\Omega \tag{7-25}$$

（3）参数仿真验证

下面通过仿真来验证 7.2.1 小节对 MOSFET 速度饱和区几个重要特性参数的分析是否正确。首先进行 OP 仿真，查看 $V_{GS}=1.2$ V 时，晶体管的静态工作点，其仿真结果如图 7-12 所示。

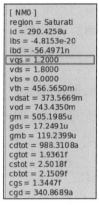

```
[ NM0 ]
region = Saturati
id = 290.4258u
ibs = -4.8153e-20
Ibd = -56.4971n
vgs = 1.2000
vds = 1.8000
vbs = 0.0000
vth = 456.5650m
vdsat = 373.5669m
vod = 743.4350m
gm = 505.1985u
gds = 17.2491u
gmb = 119.2399u
cdtot = 988.3108a
cgtot = 1.9361f
cstot = 2.5018f
cbtot = 2.1509f
cgs = 1.3447f
cgd = 340.8689a
```

图 7-12 速度饱和区下晶体管 DC 工作状态的仿真结果

与弱反型区类似，可以得到表 7-2 所示的估算值和仿真值的对比情况。

表 7-2 估算值和仿真值的对比情况

驱动电压 V_{GS}/V	I_D/μA		g_m/(μA·V^{-1})		r_O/kΩ	
	估算值	仿真值	估算值	仿真值	估算值	仿真值
1.2	384	290	480	505	18.8	58

由表 7-2 可知，漏极电流和跨导的仿真值与估算值较为接近，模型的精度较为理想；但是输出电阻仍然存在一定偏差，主要是本书在对输出电阻的估算上一直使用经典的饱和区模型，考虑到输出电阻对于电路设计考量的优先级较低，存在一定误差仍可接受。当然，除了没有考虑两个区域之间的平滑过渡外，电子迁移存在其他高阶的影响也未在本小节中考虑，因此模拟集成电路的设计人员通常只能用模型对预期中的设计进行初步的分析指导。

3. 实验总结

通过上述实验，读者将掌握使用 Empyrean Aether 中的 DC 仿真和 AC 仿真工具进行 MOSFET 高阶特性仿真的基本操作，进一步理解 MOSFET 各工作区域的模型及工作特性，并通过对参数的估算及仿真验证，了解模型的准确性程度。同时可以看到，在弱反型区和速度饱和区中 MOSFET 模型公式估算的结果与仿真结果仍存在一定的偏差，本书将在 7.3 节中针对这个问题介绍另外一种设计方法来予以弥补。

7.3　共源放大器的特征频率

7.3.1　跨区域特征频率估算

共源放大器晶体管特征频率的介绍已在"6.2 共源放大器的频率特性"中做了详尽的介绍以及仿真实验，此处不再重复。回顾前文，可知该结构的特征频率 f_T 表达式如式（7-26）所示。

$$f_T = \frac{g_m}{2\pi(C_{GS}+C_{GD})} \tag{7-26}$$

在上述的特征频率定义及公式推导过程中，并未涉及晶体管具体的工作区间，因此可以认为式（7-26）适用于本章中所介绍的弱反型区、强反型区、速度饱和区乃至它们中间的过渡区域。而在估算特征频率 f_T 时，设计人员的主要任务就是找到各区间所对应的跨导 g_m 及寄生电容 C_{GS} 和 C_{GD}。

对于式（7-26）可以根据情况进一步简化讨论，例如在大多数经典设计中，晶体管的沟道长度 L 会大于特征尺寸 L_{min}，寄生电容 C_{GS} 的值将远大于 C_{GD} 的值，因此式（7-28）可以被进一步简化成式（7-26）：

$$f_T = \frac{g_m}{2\pi(C_{GS}+C_{GD})} \approx \frac{g_m}{2\pi C_{GS}} \tag{7-27}$$

在强反型区中，跨导 g_m 和寄生电容 C_{GS} 可以被分别展开为晶体管尺寸 W 和 L 的形式，因此此时特征频率可以表达为

$$f_{T,si} \approx \frac{g_m}{2\pi C_{GS}} = \frac{\mu C_{OX}\frac{W}{L}(V_{GS}-V_{TH})}{2\pi \cdot \frac{2}{3}WLC_{OX}} = \frac{3\mu(V_{GS}-V_{TH})}{4\pi L^2} \tag{7-28}$$

不难看出，强反型区中的特征频率随过驱动电压（$V_{OV}=V_{GS}-V_{TH}$）线性变化，而与沟道长度的二次方呈反比例关系。显然当设计人员对特征频率有一定要求时，通常会尽可能缩短沟道长度并提高过驱动电压。聪明的读者可能很快就会想到，在逐渐提高过驱动电压的过程中，晶体管将快速进入速度饱和区，使得计算跨导需要切换到式（7-19），将其代入式（7-27）后可得到速度饱和区中的特征频率公式如下。

$$f_{T,vs} \approx \frac{g_m}{2\pi \cdot \frac{2}{3}WLC_{OX}} = \frac{\frac{1}{2}WC_{OX}v_{sat}}{2\pi \cdot \frac{2}{3}WLC_{OX}} = \frac{3v_{sat}}{8\pi L^2} \tag{7-29}$$

需要注意的是，当需要设计如此之高的特征频率时，设计人员通常都会使用最小的沟道尺寸，即 $L = L_{\min}$。此时的寄生电容 C_{GD} 将不可忽略，一般可认为其值约为 $\frac{1}{3}L_{\min}WC_{\mathrm{OX}}$，则式（7-29）所示的特征频率公式需调整为

$$f_{\mathrm{T},L_{\min}} = \frac{g_{\mathrm{m}}}{2\pi\left(C_{\mathrm{GS}} + C_{\mathrm{GD}}\right)} \approx \frac{g_{\mathrm{m}}}{2\pi WL_{\min}C_{\mathrm{OX}}} = \frac{v_{\mathrm{sat}}}{4\pi L_{\min}^2} \qquad (7\text{-}30)$$

当然，上述调整只是对系数的略微修正，不会对预估数据造成过大的差别，也并不影响正常的设计流程。读者如果对诸多公式感到困扰，可以选择记住一个通用性较好的公式，随后在设计中通过软件仿真获得最终的设计参数。根据之前介绍的一系列参数，如电子和空穴的迁移速率 $\mu_{\mathrm{n}} = 0.033\ \mathrm{m}^2 / (\mathrm{V \cdot s})$ 和 $\mu_{\mathrm{p}} = 0.0087\ \mathrm{m}^2 / (\mathrm{V \cdot s})$，以及电子饱和速度 $v_{\mathrm{sat}} = 10^7\ \mathrm{cm/s}$，我们可以得到不同尺寸及不同偏置情况下 NMOS 晶体管和 PMOS 晶体管的特征频率情况，如图 7-13 所示。

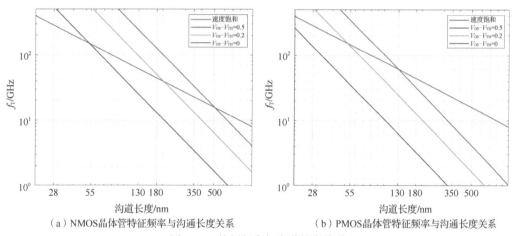

（a）NMOS晶体管特征频率与沟通长度关系　　　　（b）PMOS晶体管特征频率与沟通长度关系

图 7-13　特征频率与沟道长度关系

图 7-13 中标示了当前的几个典型工艺尺寸，包括本书所使用的 180 nm 工艺。首先可以看到，由于 NMOS 晶体管的跨导比 PMOS 晶体管的大 3～4 倍，其特征频率更容易受到速度饱和区的限制；其次，对于本书所使用的 180 nm 工艺，其最大的特征频率大约为 40 GHz（NMOS 晶体管），而若要兼顾能耗效率，该数值大约为 20 GHz。记住：这两个数值可以有效地帮助读者进行高频设计的参数预估。

当然，很多情况下（特别是生物电子或物联网领域中的低功耗应用中），设计人员并不需要如此高的特征频率，人们追求的是较高的能效，那么使晶体管工作在弱反型区中以获得较高的单位功耗跨导将是一个不错的选择，此时其特征频率公式也将变成：

$$f_{\mathrm{T,wi}} = \frac{g_{\mathrm{m,wi}}}{2\pi C_{\mathrm{GS}}} \approx \frac{\mathrm{gmovId} \cdot I_{\mathrm{D}}}{2\pi \cdot \frac{1}{4}WLC_{\mathrm{OX}}} \qquad (7\text{-}31)$$

式（7-31）对栅极电容 C_{GS} 在弱反型区中的数值进行了粗略估计，因为此时未完全形成反型层，所以其单位面积栅极电容要小于其在强反型区中的单位面积栅极电容，通常可以认为其大约为 $\frac{1}{4}WLC_{\mathrm{OX}}$；而式（7-31）中另一参数 gmovId 即单位电流跨导 $g_{\mathrm{m}} / I_{\mathrm{D}}$，一般可

认为其在弱反型区中恒等于 20，因此该公式可进一步推导为

$$f_{\text{T,wi}} \approx \frac{20 \cdot I_{\text{D}}}{0.5\pi WLC_{\text{OX}}} = \frac{40 \cdot I_{\text{D0}} \cdot \exp(20 \cdot V_{\text{GS}})}{\pi L^2 C_{\text{OX}}} \tag{7-32}$$

根据 7.1.2 小节的仿真实验可知，式中 $I_{\text{D0}} \cdot \exp(20 \cdot V_{\text{GS}})$ 在 $V_{\text{GS}} = V_{\text{TH}}$ 时等于 0.34 μA，则不难计算得到即使在弱反型区中，特征频率仍能达到 10 GHz 左右（见图 7-13 中紫线在 180 nm 处数值约为 10 GHz），这说明在绝大多数频率范围内设计人员均可使用弱反型区进行电路设计。总结晶体管（这里特指 180 nm 工艺特征尺寸下的 NMOS 晶体管，非特征尺寸或 PMOS 晶体管的特性可以根据上述归纳类推）3 个工作状态下的特征频率，可以粗略将其分成 3 段，如图 7-14 所示，在面对具体设计问题时可以根据要求选择合适的公式。

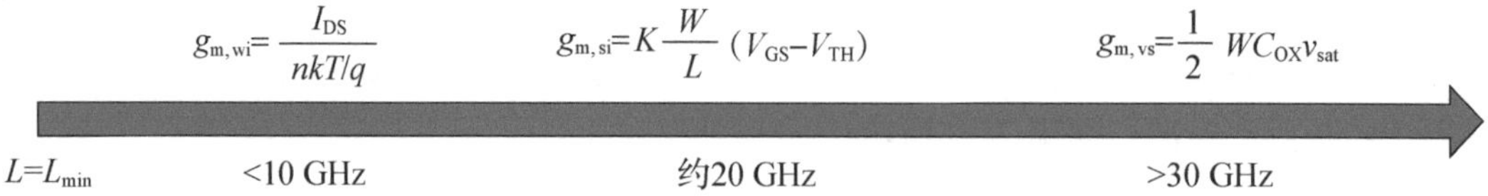

$$g_{\text{m,wi}} = \frac{I_{\text{DS}}}{nkT/q} \qquad\qquad g_{\text{m,si}} = K\frac{W}{L}(V_{\text{GS}} - V_{\text{TH}}) \qquad\qquad g_{\text{m,vs}} = \frac{1}{2}WC_{\text{OX}}v_{\text{sat}}$$

$L = L_{\text{min}}$　　　　　<10 GHz　　　　　　　　约20 GHz　　　　　　　　>30 GHz

图 7-14　180 nm 工艺特征尺寸下 NMOS 晶体管的特征频率

7.3.2　仿真实验：共源放大器的特征频率

1．实验目标

① 了解在 AC 仿真中进行其他参数扫描的方法。

② 掌握共源晶体管放大电路的幅频特性，以及快速近似估计的方法。

③ 掌握高速共源放大器的设计方法并通过仿真进行验证。

2．实验步骤

设计目标：假设有一个 NMOS 单级共源放大器，需设计偏置电流和晶体管尺寸，以满足 15 GHz 的特征频率和 50 倍的本征增益，并尽可能优化功耗。

（1）搭建测试台

为了能在仿真中验证特征频率，首先需要修改晶体管的偏置方式，将漏极负载换成交流接地。为了方便对比分析，令晶体管的静态工作特性与之前仿真的一致，即在漏极连接一个 1.8 V 的电压源，如图 7-15 所示。

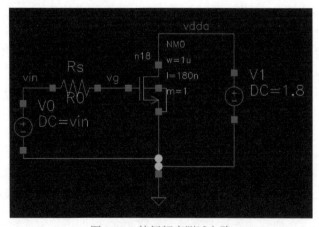

图 7-15　特征频率测试电路

（2）设计晶体管参数

根据之前对特征频率在不同工作区间的分析，可以发现 15 GHz 的特征频率要求晶体管离开弱反型区，因此我们也将以强反型区的公式入手设计该电路。回顾强反型区中的特征频率公式：

$$f_{\mathrm{T,si}} \approx \frac{g_{\mathrm{m}}}{2\pi C_{\mathrm{GS}}} = \frac{\mu_0 C_{\mathrm{OX}} \dfrac{W}{L}(V_{\mathrm{GS}} - V_{\mathrm{TH}})}{2\pi \dfrac{2}{3} W L C_{\mathrm{OX}}} = \frac{3\mu_0 (V_{\mathrm{GS}} - V_{\mathrm{TH}})}{4\pi L^2} \qquad (7\text{-}33)$$

尝试以 $V_{\mathrm{GS}} - V_{\mathrm{TH}} = 0.2\ \mathrm{V}$ 的典型偏置开始，如式（7-33）所示，可以初步得到晶体管长度的上限 $L_{\max} = 0.32\ \mu\mathrm{m}$。假设厄尔利电压 $V_{\mathrm{E}} \approx 40\ \mathrm{V/\mu m}$，在 $L = 0.32\ \mu\mathrm{m}$ 时该共源放大器的本征增益约为 128，满足要求［计算公式由式（7-34）给出］。

$$A_0 = \frac{2 \cdot V_{\mathrm{E}} \cdot L}{V_{\mathrm{GS}} - V_{\mathrm{TH}}} \approx 128 \qquad (7\text{-}34)$$

接下来还需要确定晶体管的宽度 W 及偏置电流 I_{D}。此时读者难免有些疑惑：本书在讨论特征频率时似乎从未考虑过宽度 W？回顾前述原理推导，可以找到其中的根本原因：特征频率是晶体管自身的属性，它的产生源自自身的寄生电容，而该电容与晶体管宽度成正比；因此在我们增加宽度以提升跨导的同时，增加的寄生电容刚好抵消了跨导的提升，这在公式中体现为参数 W 同时出现在分子和分母中。当宽度 W 作为一个自由变量时，设计人员当然趋向于使用尽可能小的数值，因此可先假设 $W = 0.3\ \mu\mathrm{m}$。这里需要注意的是，大多数电路的负载均为额外的负载电容，因此需要特别注意宽度的选择。在确定完宽度后，晶体管的偏置电流可以按照典型的强反型区公式进行推导。

$$I_{\mathrm{D}} = \frac{1}{2} \mu_{\mathrm{n}} C_{\mathrm{OX}} \frac{W}{L}(V_{\mathrm{GS}} - V_{\mathrm{TH}})^2 \approx 5.25\ \mu\mathrm{A} \qquad (7\text{-}35)$$

（3）确定晶体管偏置

由于晶体管具体的阈值电压未知，设计通常都是先设计偏置电流，再利用电路的负反馈架构令电路自行寻找合适的偏置点。然后在本实验中，共源放大器处于开环工作状态下，因此需要读者扫描输出电压 vin，并观察漏极电流 I_{D}。最终选取令漏极电流 $I_{\mathrm{D}} = 5.2456\ \mu\mathrm{A}$ 时的偏置电压进行后续仿真，如图 7-16 所示。

```
[ NM0 ]
region = Saturati
Id = 5.2456u
Ibs = -1.0969e-21
Ibd = -2.4386n
vgs = 578.0000m
vds = 1.8000
vbs = 0.0000
vth = 407.8030m
vdsat = 162.8811m
vod = 170.1970m
gm = 49.1116u
gds = 444.1996n
gmb = 12.9720u
cdtot = 391.9620a
cgtot = 1.0381f
cstot = 1.1719f
cbtot = 1.2073f
cgs = 619.8487a
cgd = 103.1659a
```

图 7-16 扫描栅极电压获得预期的偏置电流

（4）仿真验证

根据上述步骤搭建电路后，进行 OP 和 AC 仿真。按照 6.2.5 小节中的特征频率计算方法，仿真求解该电路的特征频率。

除此之外，同样可以在 AC 仿真中设置扫描信号源输出电阻 R_S 的阻值。根据之前公式推导，该阻值的大小不会影响特征频率的数值。最终的仿真结果如图 7-17 所示，特征频率为曲线穿过 0 的点，约为 7.5 GHz，为预估数值的一半，电路需要进一步优化。

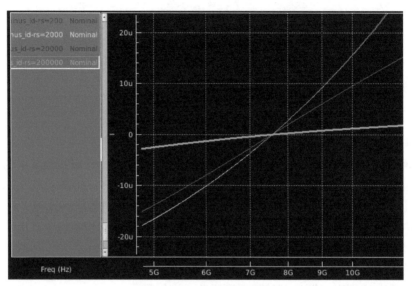

图 7-17　最终的仿真结果

（5）设计迭代优化

在 OP 仿真中（见图 7-16），我们推出该电路的本征增益达到了约 110（g_m / g_{ds}），高于设计目标。但是从特征频率的仿真结果来看，与设计目标差距甚远，显然手动计算偏离了电路的实际情况。根据式（7-33）可知，提升特征频率有效的方式就是缩短晶体管的沟道长度，因为仿真结果大致为目标数值的 50%，因此可以尝试将长度降低为 $L = 0.32 \ \mu m \times \sqrt{0.5} = 0.22 \ \mu m$。此时电路本征增益预计将降低至 61，仍高于目标数值，如图 7-18 所示。

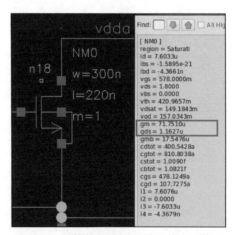

图 7-18　晶体管尺寸调整后的静态工作点

此时新尺寸下的共源放大器特征频率为 14.2 GHz（仿真图不再重复给出），已十分接近预期指标，后续只需继续优化调整即可在增益和特征频率上均实现设计要求，该部分将以课后练习的形式留给读者。

3. 实验总结

通过上述的实验，读者学习到了快速估计晶体管特征频率的方法，并通过实验验证了晶体管的特征频率与信号源电阻无关。同时读者经过实验也应该发现公式的初步预估结果与实际仿真结果有一定的差距。这再次表明在现今集成电路设计中，最终的设计定型都需要通过仿真实现，而电路理论则可帮助设计人员在正确的方向上更好地优化电路。这也是为何本书大量地引入了仿真案例并且强调理论设计与仿真结果的互相参照。

7.4　跨区域的工程设计方法论

7.4.1　g_m/I_D 方法论

在先进工艺的 CMOS 模拟集成电路设计中，如果不使用非常复杂的模型，其电路行为是很难准确预测的，且这种复杂性随着工艺从水平栅极进入鳍栅甚至环栅工艺而骤升。一方面，将复杂的模型纳入手动计算对于设计者来说将是十分痛苦的过程；而另一方面，手动计算的精度持续降低，与电路仿真结果的偏差不断增大，手动计算只能起到初步预估的作用。那么既然对于模拟集成电路设计而言，手动计算本身就不是一种精确设计，设计人员为何不直接使用更偏工程的方法呢？因此，本书将在此小节介绍由 Jespers 所提出的 g_m/I_D 方法论来设计模拟集成电路。此方法类似于查表法，利用预先仿真得到的数据，通过简单图像对比计算得出设计需要的参数。

首先需要回答的问题：为什么将 g_m/I_D 作为设计起点呢？根据之前的分析，读者们应该已经知道晶体管在强反型区中跨导与电流的关系如式（7-36）所示。

$$g_{m,si} = 2I_D/(V_{GS}-V_{TH}) \tag{7-36}$$

显然在强反型区中 g_m/I_D 直接由该晶体管的过驱动电压 $(V_{GS}-V_{TH})$ 决定，而晶体管的一些其他特性也与过驱动电压有直接关系（如特征频率等）。因此在强反型区中 g_m/I_D 代表了该晶体管的偏置状态，且能直观地体现当前的单位电流跨导效率。除此之外，使用 g_m/I_D 作为设计参数主要的好处在于它的定义适用于晶体管的任何工作区域，也就是说通过 g_m/I_D 的设计方式，设计人员无须再顾虑晶体管需要工作在强反型区还是弱反型区，更无须面对工作区域落入两者过渡区域的麻烦。该设计方法的另一个好处是 g_m/I_D 的数值在晶体管从弱反型区进入强反型区，再进入速度饱和区的过程中，呈现单调下降的趋势，且其数值变化范围相对较小，一般而言在 2～25 的区间内（见图 7-7），因此十分便于设计人员进行参数的快速估算。通常而言，选择大的 g_m/I_D，电路偏向高增益、高能效但带宽较低；选择小的 g_m/I_D，电路偏向高带宽但增益较低、功耗偏大。最后一点是，g_m/I_D 作为一个设计方法，适用于绝大多数半导体工艺节点，无论是设计传统的 180 nm 工艺或是（模拟领域中）先进的 28 nm 工艺，使用该方法都是一个较好的通用设计习惯。因此，掌握该设计方法将极大地帮助读者深入了解模拟集成电路设计领域。

7.4.2　仿真实验：g_m/I_D 工程设计方法

1. 实验目标

了解 g_m/I_D 工程设计思想，并初步掌握设计流程。

2. 实验步骤

本小节以一个单级共源放大器为例，并假设需要的放大器有以下指标：跨导 $g_m = 1\,\mathrm{mA/V}$，晶体管本征增益 $A_0 = 200$，以及尽可能小的功耗。首先设计人员需要考虑从满足哪个设计指标开始。为了回答这个问题首先请想象一下，当两个完全相同的共源放大器并联在一起时，全新的电路会呈现出何种状态？不难发现，新电路的跨导将变成原电路的两倍，然而由于内阻在并联后减半了，最终的本征增益没有变化。因此，读者可以先通过增益的要求找到合适的 g_m/I_D，然后根据跨导的要求进行相应的同比例扩增。

图 7-19 展示了本书所用 180 nm 工艺下，1 μm 宽、不同长度的 NMOS 晶体管在不同 g_m/I_D 的数值下所能达到的本征增益 $g_m \cdot r_O$。根据 $A_0 = 200$ 的要求，设计人员可以初步选择 $W/L = 1\,\mu\mathrm{m}/450\,\mathrm{nm}$ 的尺寸，而在综合考虑能效和增益表现后选择 $g_m/I_D = 16$，即图中标星处。

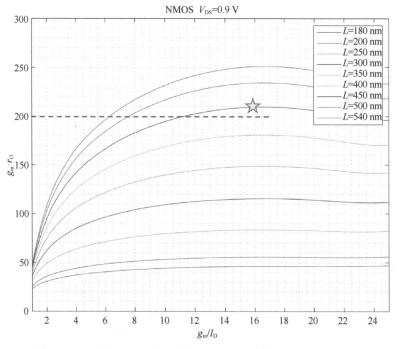

图 7-19　本征增益与不同沟道长度 NMOS 晶体管 g_m/I_D 的关系

由图 7-20 可以看出，在 $g_m/I_D = 16$ 时，该工艺下单位尺寸晶体管所需要的偏置电流不因具体尺寸变化而变化，大致均为 1.5 μA。再根据设计指标中的跨导要求 $g_m = 1\,\mathrm{mA/V}$ 及跨导效率 $g_m/I_D = 16$，可得到该共源放大器共需要偏置电流 62.5 μA。已知单位尺寸下的偏置电流约为 1.5 μA，不难得出所需宽长比：

$$\frac{W}{L} = \frac{I_D}{I_{\mathrm{square}}} \approx 42 \tag{7-37}$$

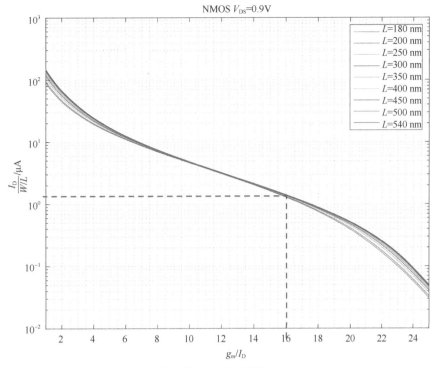

图 7-20　单位尺寸电流与跨导效率的关系

因此，可调整该放大器尺寸为 $W/L=18.9\ \mu m/450\ nm$ ，此时偏置电流为 $62.5\ \mu A$ ，仿真结果如图 7-21（a）所示，其中跨导约为 $1.0\ mA/V$ ，满足要求，而本征电压增益约为 193，仍需进一步优化。因其跨导已经满足要求，且 g_m/I_D 的取值已较高，读者可采取同比放大 W 和 L ，该举措将在不改变 g_m/I_D 的同时增加内阻从而获得更高的增益。根据现有增益和题目要求，将放大器尺寸同比放大至 $W/L=21\ \mu m/500\ nm$ ，可以看到最终的仿真结果同时满足了跨导和增益的要求，如图 7-21（b）所示。

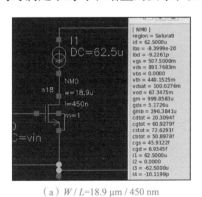

（a）W/L=18.9 μm / 450 nm

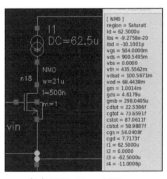

（b）W/L=21 μm / 500 nm

图 7-21　同比例不同尺寸 NMOS 晶体管在 g_m/I_D = 16 时的工作状态

3．实验总结

通过上述实验，读者可初步掌握使用 g_m/I_D 作为设计首要参数的方法，并以共源放大器为例进行了查表设计。实验过程中出现了增益不足的情况，读者可相应地根据参数进行进一步优化，最终快速地完成了目标设计任务。从该实验不难看出，g_m / I_D 工程设计方法可以最大限度地摆脱工作区间和相应公式在电路设计中造成的困扰，极大方便了设计人员，读者应在后续的各类电路结构设计中尝试使用该方法，并熟练掌握。g_m / I_D 工程设计方法所需的基础仿真结果图将在附录 A 给出。

7.5 课后练习

1. 在 7.1.2 小节的仿真实验中，分别估算本书所使用工艺 NMOS 和 PMOS 晶体管亚阈值系数的值；通过对仿真结果的分析，大致寻找弱反型区与强反型区之间的过渡区域。

2. 通过查找资料，分析为何晶体管的跨导在进入速度饱和区后会有一定程度的下降。

3. 在 7.3.2 小节的仿真实验中，进一步迭代优化电路，使其满足特征频率为 15 GHz 以及本征增益为 50 的要求。

4. 使用 g_m / I_D 工程设计方法，实现 7.3.2 小节的仿真实验中的设计目标，并尽可能优化功耗和面积。

第 8 章　反馈与稳定性

运算放大器是在模拟电路中应用非常广泛的电路模块，搭配合适的反馈回路，运算放大器可以实现各种功能。例如负反馈可用于对小信号的放大，正反馈则可用于振荡器等。与此同时，掌握反馈是深入理解模拟电路设计的必要技能，很多经典的电路，如共源共栅电流镜，都可以站在反馈的角度来理解。本章只介绍有关负反馈的知识和用法，后文中所提到的反馈在没有特殊强调的情况下均指负反馈。

在本章的学习和仿真中，读者将首先学习一般的反馈理论和反馈所带来的稳定性问题；然后将在五管 OTA 电路案例中讨论反馈和稳定性理论的应用特例。

8.1　反馈与稳定性问题

8.1.1　开环增益、闭环增益与环路增益

图 8-1 所示为一个典型反馈系统，正如图中箭头标示的 $G(s)$ 和 $H(s)$ 对信号流向的影响，$G(s)$ 被称为前馈网络，$H(s)$ 被称为反馈网络，根据这个关系可以列出输入和输出之间的关系：

$$\left[X(s) - H(s)Y(s) \right] \cdot G(s) = Y(s) \tag{8-1}$$

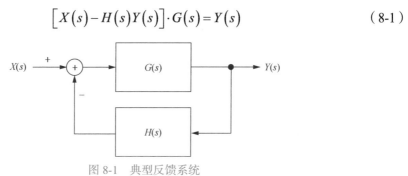

图 8-1　典型反馈系统

通常人们将系统在形成负反馈时从输入到输出的传递函数定义为**闭环传递函数**（Close Loop Transfer Function），$T(s) = X(s)/Y(s)$，对式（8-1）进行恒等变换可得：

$$T(s) = \frac{Y(s)}{X(s)} = \frac{G(s)}{1 + G(s)H(s)} \tag{8-2}$$

式中分子部分 $G(s)$ 也被称为**开环传递函数**（Open Loop Transfer Function），其基本含义是指系统在没有反馈的情况下信号的运行方式。在对环路功能进行划分时，通常可以将运算放大器等有源或有方向指向的电路认定为开环传递函数的组成部分，并将其划归前馈网络；而电阻等无源元件一般会被划归反馈网络。当然一个电路前馈和反馈的划分方式并不是唯一的，读者只需要按照最便于分析的方式来划分即可。

　　式（8-2）中分母的主要组成部分 $G(s)H(s)$ 即整个反馈环路的**环路增益**（Loop Gain），它是由前馈网络和反馈网络级联构成的传递函数。环路增益是分析反馈系统的一个非常重要的参数，在分析系统稳定性时将发挥举足轻重的作用。这里需要特别注意区分开环传递函数、闭环传递函数与环路增益，切勿混淆。图 8-2 展示了 3 个传递函数所表示的不同信号路径：环路增益表示前馈网络和反馈网络的级联；开环传递函数表示前馈网络的传递函数；闭环传递函数表示的是整个反馈系统的传递函数。

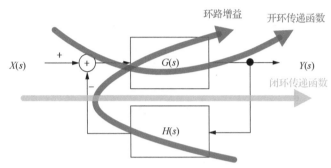

图 8-2　3 个传递函数所表示的不同信号路径

8.1.2　运算放大器的反馈

1. 反馈系数

　　将运算放大器与反馈的系统框图相结合，可以得到一个简单的反馈系统。图 8-3 所示的反馈系统是图 8-1 所示的典型反馈系统的特殊简化，其中前馈网络由运算放大器构成，A 表示运算放大器的开环传递函数；反馈网络是一个由无源元件构成的衰减网络，β 是反馈网络的传递函数，β 在所关心的频率范围内通常是一个常数，因此 β 也被称为反馈系数。由于反馈网络由无源元件组成，$0 \leqslant \beta \leqslant 1$。接下来本书将以图 8-3 所示的反馈系统为基础讲解反馈理论在运算放大器中应用。

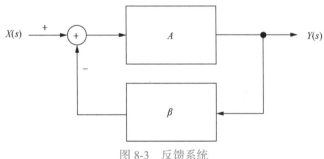

图 8-3　反馈系统

　　正如前文所提到的，频率响应是模拟电路系统的重要性能指标，而频率响应中主要的两个部分就是低频增益和带宽。下面将分别介绍反馈会对低频增益和带宽产生怎样的影响。

2. 反馈对低频增益的影响

　　根据式（8-2），可以得到图 8-3 所示反馈系统的闭环传递函数如式（8-3）所示。

$$T(s) = \frac{Y(s)}{X(s)} = \frac{A}{1+\beta A} = \frac{1}{\beta} \cdot \frac{1}{1+\dfrac{1}{\beta A}} \tag{8-3}$$

由于运算放大器的低频增益通常较大（$A_0 > 60\ \mathrm{dB}$），通常情况下反馈系统中的环路增益也能远大于 1，即 $\beta A \gg 1$，从而得到 $1/(\beta A) \ll 1$。因此可以对式（8-3）进行泰勒级数展开并近似得到式（8-4）。

$$T(s) \approx \frac{1}{\beta}\left(1 - \frac{1}{\beta A}\right) \tag{8-4}$$

从式（8-4）中可以看到，环路增益 βA 的值越大，系统的闭环传递函数 $T(s)$ 越接近于 $1/\beta$，反馈网络对闭环传递函数的决定性越强。反馈网络是由无源元件构成的，因此反馈网络通常拥有有较好的线性度。同时反馈系数 β 通常由电阻分压或电容分压产生，其数值由相同元件的数值比例决定，受温度、供电电压等外界环境影响较小，能在各种工况下保持稳定。因此虽然整个系统的闭环增益减小了，但是其健壮性大大增加。总而言之，β 越大，系统负反馈的强度越高，整体闭环增益越小。若 βA 越大，系统与无源线性元件的相关性越强，系统健壮性越强。此时不难看出系统的高增益和高健壮性通常难以同时获得，这也体现了模拟集成电路设计中折中的思想。

3. 反馈对带宽的影响

在讨论反馈对整个反馈系统带宽的影响之前，需对系统中每个部分的频率响应做出合理的假设。由于反馈网络中的元件均为无源元件且本书不涉及射频等超高频率的讨论，可假设反馈网络的频率响应为常数 β。前馈网络由一个运算放大器构成，此时暂且假设该运算放大器为一个单极点系统，且极点位于 ω_0，直流增益为 A_0，则其传递函数为式（8-5），其波特图如图 8-4 所示。

$$A(s) = \frac{A_0}{1+\dfrac{s}{\omega_0}} \tag{8-5}$$

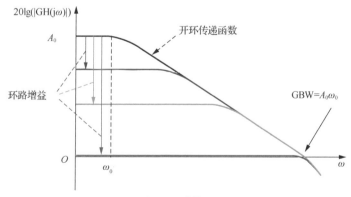

图 8-4 波特图

由式（8-5）和式（8-2）可以得到该反馈系统的闭环传递函数为

$$T(s) = \frac{\dfrac{A_0}{1+\dfrac{s}{\omega_0}}}{1+\beta\dfrac{A_0}{1+\dfrac{s}{\omega_0}}} = \frac{\dfrac{A_0}{1+\beta A_0}}{1+\dfrac{s}{(1+\beta A_0)\omega_0}} \tag{8-6}$$

从式（8-6）中可以推出闭环传递函数的极点为 $(1+\beta A_0)\omega_0$，是反馈前开环传递函数极点的 $(1+\beta A_0)$ 倍，所以反馈使系统的带宽提高了 $(1+\beta A_0)$ 倍；而系统的直流增益变为 $A_0/(1+\beta A_0)$，降低至 $1/(1+\beta A_0)$。在此不难得出一个初步结论：通过引入反馈，系统闭环传递函数的增益和带宽一降一升，调节反馈网络可以令系统在增益和带宽之间进行取舍。同时不难发现，两者变化的幅值恰好相等，因此它们的乘积不会因反馈系数的变化而变化，我们可称其为增益带宽积（Gain-Bandwidth Product，GBW）。反馈系统对增益和带宽的调节系数 $(1+\beta A_0)$ 在大多数情况下可近似为系统的闭环传递函数 βA_0，这可以进一步帮助读者理解开环传递函数、闭环传递函数以及闭环增益之间的关系。

在图 8-4 中，红、绿、蓝 3 条曲线分别代表了不同反馈系数下的闭环传递函数，其中直流增益下降的部分约为系统的环路增益，而 3 条曲线最终的增益带宽积均不发生变化。图中红线所示为运算放大器的一个特殊应用，即在深度负反馈后形成缓冲器（Buffer）结构（见图 8-5），这时反馈系数 β 达到最大值 1，环路增益 βA_0 等于开环传递函数 $A(s)$ 的直流增益 $\beta A_0 = A_0$，因此闭环传递函数 $T(s)$ 的增益约等于 1，而此时系统获得了最大的带宽。由于增益带宽积在不同反馈环路中恒定，它成为标定运算放大器的一个重要的性能指标。

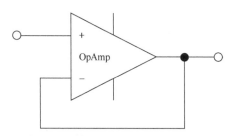

图 8-5　运算放大器的深度负反馈连接

8.1.3　运算放大器的稳定性

1. 稳定性判据

本小节中所提到的稳定是指输入输出稳定，即对一个有界的输入，系统的输出也是有界的。回顾式（8-2）给出的闭环传递函数，这是一个分式的形式，如果分式的分母等于 0，分式的值将是无穷大，那么这就不是一个稳定的系统。

分母等于零等价于 $G(s)H(s)|_{s=j\omega} = -1$，即环路增益在某一个复频率下的频率响应为 -1。这个判定条件也被称为巴克豪森稳定性准则：当信号从输入到输出再反馈回输入时的相差为 360°，且增益为 1 时系统将会振荡（从直观上理解，该条件意味着一个脉冲输入系统后不会有任何衰减，经过反馈后会原封不动地重新出现在输入端，系统永远无法稳定）。

由于负反馈的形式已经引入了180°的相差，只要再有180°的相差就会产生振荡，因此对于环路增益而言，上述两个条件可表示为两个数学等式，

$$\left|GH\left(j\omega\right)\right|=1 \tag{8-7}$$

$$\angle GH\left(j\omega\right)=180° \tag{8-8}$$

换言之，如果在相差达到180°时增益已经小于 1，或者当增益等于 1 时相差还不到180°，系统都将是稳定的。在之前的章节中，读者已经了解一个负极点会引入 90°的相差。因此单极点系统永远是稳定的，而多极点系统由于有多个极点的存在，会引入超过 90°的相差，这是造成系统不稳定的潜在威胁。虽然运算放大器每增加一级都会带来增益的提升，但从式（8-5）可知每增加一级放大电路，就会增加一个频率较低的极点，众多的极点会威胁到运算放大器在反馈系统下的稳定性，因此通常运算放大器的级数不会超过 3 级。

2. 相位裕度和增益裕度

从上述分析可知设计人员最关心的两个频率就是增益等于 1 的频率和相差达到180°的频率。其中增益等于 1 的频率被称为剪切频率（Gain Crossover，GX），即幅频曲线穿越 0 dB 线时的频率。该频率还有一个更方便记忆的名称叫作单位增益频率（Unit Gain Frequency，UGF），本书也将更多地使用该名称。而相差达到180°的频率称为穿越频率（Phase Crossover，PX），即相频曲线穿越 −180°线的频率。

如图 8-6 所示，ω_c 表示剪切频率，ω_k 表示穿越频率。同时根据上述分析可知图 8-6 中的系统是一个不稳定的系统，因为当相位差已经达到180°的时候增益仍然大于 1，或者说当增益等于 1 时，相差已经大于180°。

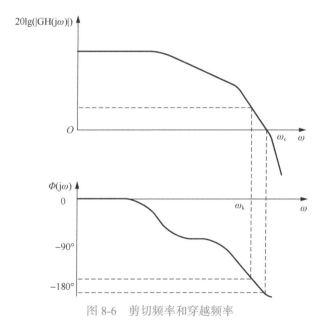

图 8-6　剪切频率和穿越频率

由稳定性判据可知，如果在剪切频率处相差小于180°，那么系统是稳定的，相差距离180°越远，稳定性越好。同理，在穿越频率处，增益越小，稳定性越好。因此为了定量判断系统稳定性的好坏，人们定义了两个参数：相位裕度（Phase Margin，PM）和增益裕度

（Gain Margin，GM）。这两个参数可以十分直观地从相频和幅频曲线上获得。

增益裕度定义为在穿越频率处（相移达到180°）增益与 0 dB 的差值；相位裕度定义为在剪切频率处（增益下降至 1 时）相移距离-180°的距离。因为通常设计人员更习惯于使用相位裕度来衡量稳定性，读者应该对其有更深入的了解，其在数学上可表达为

$$\mathrm{PM} = 180° - \angle GH(\mathrm{j}\omega)\big|_{|GH(\mathrm{j}\omega)|=1} \tag{8-9}$$

图 8-7 给出了一个多极点系统的幅频曲线和相频曲线，并在图中标示出了相位裕度和增益裕度。这是一个稳定的系统，因为它在剪切频率处相差小于180°，在穿越频率处，增益小于 1。

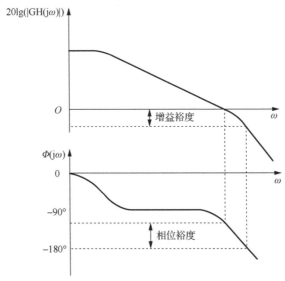

图 8-7 多极点系统的幅频曲线和相频曲线

图 8-6 和图 8-7 所示的情况都是多极点系统，但是一个是不稳定系统，另一个是稳定系统，这里就有必要比较一下两者的区别。根据第 6 章的知识，读者已经了解次极点的出现意味着系统将有180°的相移，因此从主极点到次极点之间的增益下降决定了系统能否稳定：如果在两个极点之间的某个频率上增益可以下降到 0 dB（即单位增益）以下则系统稳定。而在假设直流增益不变的情况下，增益下降又由两个极点的横坐标距离决定（斜率确定为-20 dB/dec）。因此对多极点系统而言主、次极点的距离越远就越有利于系统稳定。仔细观察它们的幅频和相频曲线可以发现，图 8-7 中系统的次极点与主极点的距离就比图 8-6 中系统次极点与主极点的距离更远，因此该系统能够稳定。

3. 两极点系统的稳定性

为了保证运算放大器的稳定性，设计人员首先需要考虑如何设置放大器中次极点的位置。读者可能会奇怪：稳定性不是由主极点和次极点的距离决定的吗，为何我们不去考虑主极点的位置呢？这里就要回到运算放大器的常见使用场景——反馈。当放大器工作在负反馈条件下时，其稳定性取决于环路增益 $GH(\mathrm{j}\omega) = A(s)\beta$。当反馈系数 β 取最大值 1 时，系统的稳定性就直接取决于放大器自身的稳定性 $A(s)$。假设该放大器直流增益为 A_0，带宽为 ω_0，且增益降至 0 dB 前未出现次极点，那么可以大致估计该运算放大器的剪切频率

处（增益下降至 0 dB）有其增益带宽积：

$$\omega_C \approx A_0 \cdot \omega_0 = \text{GBW}_0 \qquad (8\text{-}10)$$

可见，对于运算放大器而言，影响稳定性的不是单独的增益或带宽，而是两者的乘积增益带宽积。通常一个运算放大器的带宽和增益指标要求是由具体的使用场景决定的，因此设计人员首先使用的设计参数是次极点频率与增益带宽积的比值 f_{nd}/GBW。接下来，可定量分析次极点频率与增益带宽积比值对系统稳定性的影响。假设一放大器连接成单位增益负反馈的形式，如图 8-5 所示，且其自身的直流增益、带宽、增益带宽积和次极点分别为 A_0、ω_0、GBW_0 和 $\omega_{\text{p,nd}}$（均为角频率），则其开环传递函数为

$$H(s) = A_{\text{OL}} = \cfrac{A_0}{\left(1+\cfrac{s}{\omega_0}\right)\left(1+\cfrac{s}{\omega_{\text{p,nd}}}\right)} \approx \cfrac{\text{GBW}_0}{s\left(1+\cfrac{s}{\omega_{\text{p,nd}}}\right)} \qquad (8\text{-}11)$$

则形成闭环后的传递函数为

$$T(s) = A_{\text{CL}} = \cfrac{\text{GBW}_0}{\cfrac{1}{\omega_{\text{p,nd}}}s^2 + s + \text{GBW}_0} \qquad (8\text{-}12)$$

将闭环增益的二阶响应函数[见式（8-12）]与二阶控制系统函数（$H(s) = s^2 + 2\zeta\omega_n s + \omega_n^2$）进行对应转换，可得到该闭环响应的阻尼系数 ζ：

$$\zeta = \frac{1}{2}\sqrt{\frac{\text{GBW}_0}{\omega_{\text{p,nd}}}} \qquad (8\text{-}13)$$

不难发现次极点与增益带宽积的相对位置 $\omega_{\text{p,nd}}/\text{GBW}$ 的数值与阻尼系数有着一一对应的关系，从控制理论而言，其直接代表着系统对阶跃输入响应的振荡情况。为了更加直观地衡量电路的稳定性，可以找到该相对位置与相位裕度的对应关系，并以此为依据设计电路与系统。次极点的相对位置与阻尼系数、相位裕度及其他参数的关系如表 8-1 所示。

表 8-1　次极点的相对位置与阻尼系数、相位裕度及其他参数的关系

$\dfrac{f_{\text{nd}}}{\text{GBW}}$	相位裕度/°	阻尼系数 ζ	幅频响应峰值 P_f/dB	阶跃响应峰值 P_t/dB
0.5	27	0.35	3.59	2.31
1	45	0.5	1.25	1.34
1.5	56	0.61	0.28	0.73
2	63	0.71	0	0.37
3	72	0.87	0	0.04
4	76	1	0	0

图 8-8 展示了次极点在不同相对位置下的幅频响应，其中的峰值数据对应表 8-1 中幅频响应峰值。可以看到当次极点 $\omega_{\text{p,nd}}$ 离增益带宽积不够远时，系统的二阶响应处于欠阻尼状态，幅频曲线上出现尖峰。当次极点 $\omega_{\text{p,nd}}$ 为两倍增益带宽积时，系统处于临界阻尼状态（$\zeta = 0.71$），幅频曲线较为平坦。而此时的相位裕度为 63°，因此该相位裕度是一个常用的设计取值。

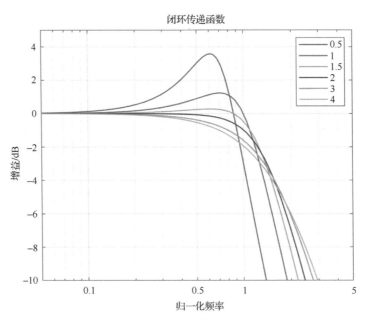

图 8-8　次极点在不同相对位置设下的幅频响应

　　除了幅频响应，时域响应也是设计人员所关心的指标。系统在单位阶跃激励下的响应称为单位阶跃响应，从单位阶跃响应的结果中可以看出系统的稳定性和快速性。图 8-9 展示了不同相位裕度下的单位阶跃响应。与预想的一样，欠阻尼的系统在时域上会表现出振荡现象；而与幅频响应不同的是，想要在时域上完全消除振荡，次极点 $\omega_{p,nd}$ 需要达到 3 倍的增益带宽积。而此时的相位裕度为 72°，因此该相位裕度也是一个常用的设计取值。

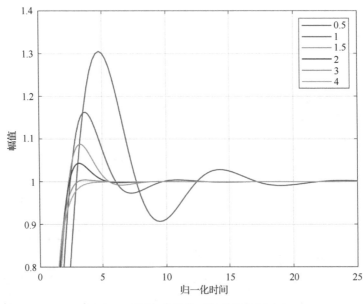

图 8-9　不同相位裕度下的单位阶跃响应

　　当次极点远离增益带宽积时，系统拥有较大的相位裕度，系统的稳定性可以得到保障。当然，实现一个较远的次极点频率需要更高的功耗，而这不是设计人员期望看到的情况。

因此在设计放大器时，大量的经验告诉我们相位裕度为 70° 左右可以较好地满足动态响应、功耗、面积等多方面要求，与之对应的就是次极点和增益带宽积的 3 倍关系。读者在之后的学习和练习中将经常用到，需要牢记形成该关系的缘由。

8.1.4　仿真实验：相位裕度的测量

1. 实验目标

① 理解增益带宽积与次极点相对位置和相位裕度的关系。
② 了解 iWave 中的计算器（Calculator）的使用方法。
③ 掌握 iWave 属性的高级调节方式。

2. 实验步骤

（1）搭建反馈系统

在 6.1.3 小节的仿真实验中读者已经学习到如何用 Verilog-A 语言构建一个理想的传递函数，本实验中将继续使用该方法探讨系统在反馈下的表现。按照图 8-10 所示的电路连接前馈网络和反馈网络，分别得到一个闭环系统和一个开环系统。图中压控电压源 E1 将模拟反馈网络 β，其传递函数用变量 beta 表示。压控电压源 E0 将输入和反馈信号做差，并将差值传递给系统，从而形成一个闭环回路。

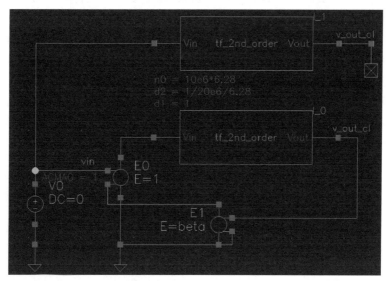

图 8-10　由二阶系统组成的电路

随后根据前馈网络的直流增益、极点频率以及反馈网络系数计算相应的传递函数参数，并按照"laplace_nd"函数的语法填写二阶系统 Verilog-A 模型的参数。回顾该语法公式，

$$H(s) = \frac{\sum_{k=0}^{M} n_k s^k}{\sum_{k=0}^{N} d_k s^k} \qquad (8\text{-}14)$$

可供参考的模型参数如表 8-2 所示。

表 8-2　可供参考的模型参数

设置参数	对应参数	数值
n0	增益带宽积	$10^6 \times 2\pi$
n1	N/A	0
d0	增益带宽积	0
d1	N/A	1
d2	次极点倒数	$\dfrac{1}{2 \times 10^7 \times 2\pi}$

对比式（8-11）和式（8-14）不难发现，系数 n0 即代表（角频率下的）增益带宽积，而 d2 就等于（角频率下）次极点的倒数，因此可以通过表 8-2 所示数值体现前馈网络（即运算放大器）的基本数值，其中 GBW = 10 MHz，次极点 $f_{\text{p,nd}}$ = 20 MHz。

（2）设置仿真配置并处理仿真数据

同样根据 6.1.3 小节，首先创建 config 配置文件，并在 MDE 仿真工具中选择配置文件。之后在 MDE 中添加仿真库并在 Analysis 中添加 AC 仿真，并设置从 1 Hz 到 1 GHz 的仿真区间，其中每 10 倍频率扫描 100 个点。将反馈系数 beta 设置为 1，此时该反馈系统形成深度负反馈，可作为缓冲器使用。在 Outputs 设置中输出开环系统和闭环系统的幅频和相频响应。配置完成的 MDE 界面如图 8-11 所示。最后配置信号源将其 ACMAG 设置成 1V，然后即可开始仿真。

首先观察开环传递系数，得到仿真波形图后，将 y 轴切换为 dB20 Scale 的格式，得到图 8-12 所示的环路增益。然后使用 iWave 工具的游标功能，可以找到剪切频率为 9.29 MHz，并得到相位差。最终结果如图 8-12 所示。

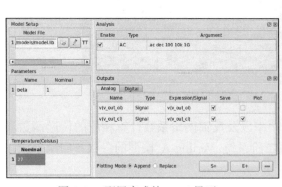

图 8-11　配置完成的 MDE 界面

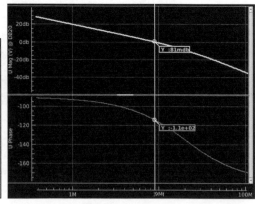

图 8-12　环路增益

观察图 8-12 发现结果只有两位有效数字，不足以获得准确的相位裕度。如图 8-13 所示，双击（或右击）游标更改游标的属性，在数字精度 Number Accuracy 处使其显示 4 位有效数字，得到准确相位差。随后即可更精准根据相差计算相位裕度，如图 8-13 所示，该放大器的相位裕度为 $180^\circ - 114.3^\circ = 65.7^\circ$。

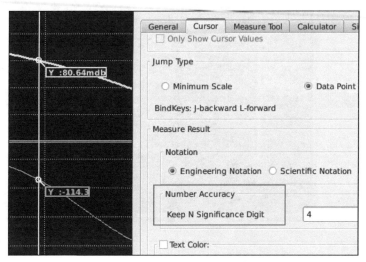

图 8-13　更改游标有效位数

同时观察闭环传递函数，可以在图 8-14 中看到，在此情况下，闭环传递函数的波特图十分平缓，未出现尖峰，系统没有稳定性问题。

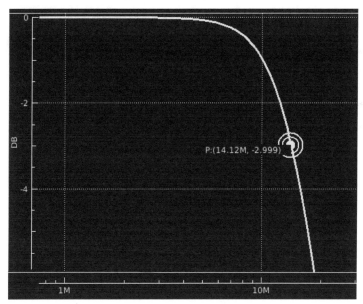

图 8-14　闭环传递函数的波特图

（3）通过 iWave 中的计算器处理仿真结果

通过游标获得数据是一种简单的对仿真结果进行处理的方式，但是使用游标获得的数据仍需要手动计算，且每次仿真后均需重复工作。这里本书将介绍使用仿真工具自带的计算器处理数据的方法。首先在 iWave 中通过 Tools→Calculator 找到计算器，如图 8-15 所示。

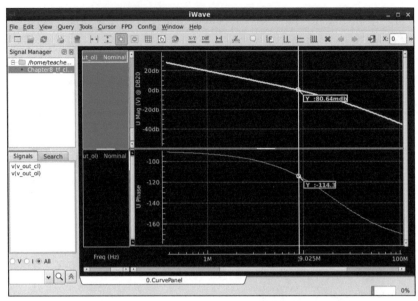

图 8-15 打开计算器工具

读者需要使用计算器工具中的 cross 函数和 yvalue 函数。cross 函数可以帮助设计人员确定幅频响应何时穿过 0 dB 线，yvalue 函数可以帮助设计人员获取剪切频率处相频响应的值。函数的具体操作手册在单击选中函数后将出现在计算器工具的下方，如图 8-16 所示，在此建议读者多尝试，熟悉软件自带的各种函数工具，帮助自身更好地进行电路设计。

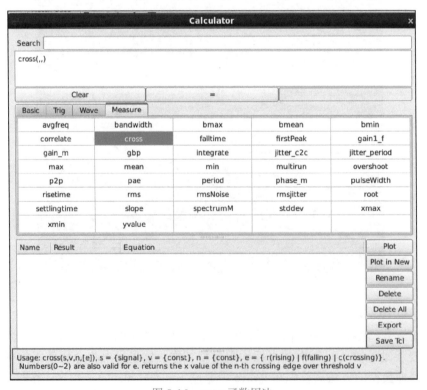

图 8-16 cross 函数用法

如图 8-17 所示，单击 Results→Direct Plot→AC dB20 并选中我们想要观察的节点后，系统将在 iWave 显示波形图的同时在 Calculator 中给出该波形的表达式，而这时读者单击 cross 函数会对产生的波形进行计算。

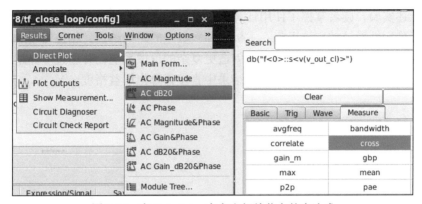

图 8-17　在 Calculator 中产生相关节点的表达式

在使用 cross 函数计算出剪切频率后，即可继续使用 yvalue 函数得到剪切频率处的相移，最后将相差与-180°相减可得相位裕度。根据函数的使用语法，最终的表达式如图 8-18 所示，单击 "=" 可以得到表达式计算的结果（65.53°）。图 8-18 中也显示了计算剪切频率和相差，计算结果和使用游标的计算结果相同。

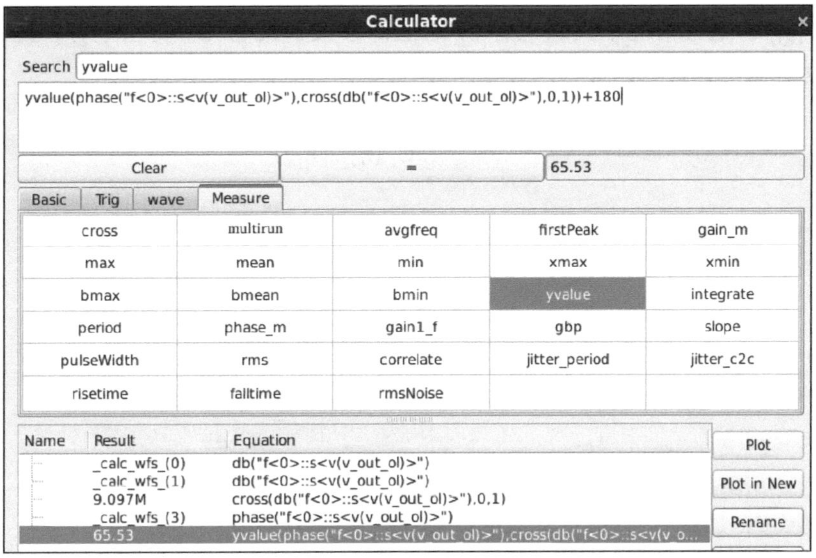

图 8-18　最终的表达式

使用这种方法计算相位裕度的优点在于：如果电路有调整，不用每次都手动测量相位裕度，只要不关闭计算器工具，每次仿真完成单击等号即可得到最新的结果。同时，可以将该表达式加入 MDE 的 Output 窗口，这样即使关闭软件后也能在下次使用时将计算公式调出。

（4）改变次极点位置

改变运算放大器（二级传递函数）的次极点位置，令其与增益带宽积的相对关系

$\omega_{f,nd}$ / GBW 分别为 1 和 1.5，再次进行仿真验证，观察其相位裕度发生的变化。同时观察闭环传递函数发生的变化。

3. 实验总结

通过上述实验，读者掌握了使用计算器创建复杂表达式处理仿真结果的方法。通过仿真，验证了稳定性设计的指导思想：主极点和次极点的距离越远，相位裕度越大，稳定性越好。在此，读者可以改变系统参数，创造更复杂的反馈系统，并通过环路增益判断系统的稳定性；或者尝试通过计算器从仿真结果中直接计算出增益裕度。

8.2 有源负载差分对的稳定性

8.2.1 有源负载差分对

有源负载差分对电路（俗称五管 OTA 电路）是读者十分熟悉的电路，对于其直流特性前文已经进行了大量的讲解。本章将通过讲解它的频率特性，分析该电路的稳定性。根据之前所讲述的极点分析方法，并不难看出有源负载差分对中存在两个极点，如图 8-19 所示，其中主极点在输出端口 V_{out} 处，由该点的输出电阻 R_{out} 和输出电容 C_{out} 决定。同时根据之前的学习，读者可以快速估算出有源负载差分对的输出电阻 $R_{out} = r_{O2} \parallel r_{O4}$，输出电容 $C_{out} = C_L + C_{DB4} + C_{DB2} + C'_{GD2}$，其中 C'_{GD2} 是电容 C_{GD2} 经过密勒效应在输出端的等效电容，且约等于 C_{GD2}。通常情况下负载电容 C_L 的值都会大于其他几个寄生电容，因此主极点的位置很容易近似得到，

$$p_d = \frac{1}{C_L(r_{O2} \parallel r_{O4})} \tag{8-15}$$

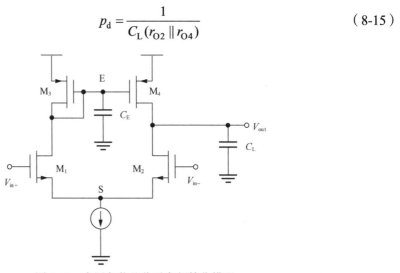

图 8-19   有源负载差分对高频简化模型

由于节点 S 对于差分输入信号而言是虚地，另外一个次极点只能出现在节点 E 处，该处的等效寄生电容 C_E 由 C_{GS3}、C_{GS4}、C_{DB3}、C_{DB1} 及 C'_{GD1} 共同组成，其中 C'_{GD1} 是电容 C_{GD1} 经过密勒效应在节点 E 处的等效电容。等效寄生电容 C_E 和该节点对地的阻抗 $1/g_{m3}$ 形成了次极点 g_{m3} / C_E。

读者可能就要开始担心了：既然系统中出现了两个极点，是否就会在电路仿真中看到相应的增益拐点和180°的相移呢？所幸答案是否定的，因为有源负载差分对电路的传递函数中还存在一个零点，同时该零点与次极点位置相近，形成了一个"零极点对"（Pole-Zero Doublet），从而消除了次极点的影响。可以通过小信号分析法，分析图8-19所示模型的传递函数，其表达式如式（8-16）所示，

$$\frac{V_{\text{out}}}{V_{\text{in}}} \approx \frac{g_{\text{mN}} r_{\text{ON}} \left(2g_{\text{mP}} + C_{\text{E}}s \right)}{2r_{\text{ON}} r_{\text{OP}} C_{\text{E}} C_{\text{L}} s^2 + 2g_{\text{mP}} r_{\text{ON}} r_{\text{OP}} C_{\text{L}} s + 2g_{\text{mP}} \left(r_{\text{ON}} + r_{\text{OP}} \right)} \tag{8-16}$$

式中r_{OP}和r_{ON}分别是图8-19中NMOS和PMOS晶体管的小信号内阻，g_{mP}是PMOS差分对的小信号跨导。对该传递函数进行进一步化简估计，可以得到两个极点分别为

$$\omega_{\text{p,d}} \approx -\frac{2g_{\text{mP}} \left(r_{\text{ON}} + r_{\text{OP}} \right)}{2g_{\text{mP}} r_{\text{ON}} r_{\text{OP}} C_{\text{L}}} = -\frac{1}{C_{\text{L}} \left(r_{\text{ON}} \| r_{\text{OP}} \right)} \tag{8-17}$$

$$\omega_{\text{p,nd}} \approx -\frac{2g_{\text{mP}} r_{\text{ON}} r_{\text{OP}} C_{\text{L}}}{2r_{\text{ON}} r_{\text{OP}} C_{\text{E}} C_{\text{L}}} = -\frac{g_{\text{mP}}}{C_{\text{E}}} \tag{8-18}$$

上述推导出的两个极点与之前预估的完全一致。除此之外，电路中的零点可由式（8-16）推出，

$$\omega_{\text{z}} = -\frac{2g_{\text{mP}}}{C_{\text{E}}} \tag{8-19}$$

可以看出该零点的位置将在次极点的两倍频率处，且该零点为负零点，其幅频和相频特性均与负极点的相反，可以直接消减负极点造成的影响。令人遗憾的是，小信号模型的推导虽然可以给出较为准确的数值结果，但是并无法帮助设计人员直观地理解该零点的出现，为此本书对电路进行了一定的等效变换。差分对电路结构的主要优点在于可以很好地控制静态电流及静态工作点，而差分对的源极节点S在小信号交流中可以被等效于接地，因此可以将图8-19中电路转换为图8-20中的形式。

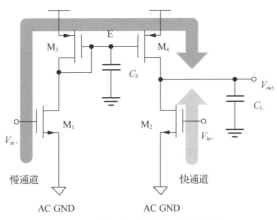

图 8-20　有源负载差分对信号通路

在图8-20中，信号的通路由两部分组成：其中"快通路"由晶体管M_2直接实现，而"慢通路"由晶体管M_1、M_3和M_4共同实现，最终输出信号由两条通路并联形成。显然快

通路仅经过一个极点，因此其传递函数可表示成 $H_\mathrm{F}(s) = A_0 / (1 + s/\omega_\mathrm{p,d})$ 的形式；而慢通路需要经过主、次两个极点，其传递函数应表示成 $H_\mathrm{S}(s) = A_0 / \left[(1 + s/\omega_\mathrm{p,d})(1 + s/\omega_\mathrm{p,nd}) \right]$。系统最终由两条支路并联形成，那么最终的传递函数可以由此推导成式（8-20）的形式，且同样可以看到系统将在次极点的两倍频率处出现一个负零点，与小信号模型推导的结果一致。

$$\frac{V_\mathrm{out}}{V_\mathrm{in}} = \frac{A_0}{1 + \dfrac{s}{\omega_\mathrm{p,d}}} + \frac{A_0}{\left(1 + \dfrac{s}{\omega_\mathrm{p,d}}\right)\left(1 + \dfrac{s}{\omega_\mathrm{p,nd}}\right)} = \frac{A_0\left(2 + \dfrac{s}{\omega_\mathrm{p,nd}}\right)}{\left(1 + \dfrac{s}{\omega_\mathrm{p,d}}\right)\left(1 + \dfrac{s}{\omega_\mathrm{p,nd}}\right)} \tag{8-20}$$

那么对于本电路中的"零极点对"，设计人员是否又可以简单认为该零点和极点不存在？答案是从相位上来看可以，而从幅值上看不可以。零点和极点的频率偏差一定会造成增益的改变，在本电路中零点滞后于极点，则增益一定会有损失。从数学上不难推导出，由于零点的位置在极点的两倍频率处，高频的增益只有低频增益的一半，如图 8-21 所示。其在电路上也很容易理解：在高频下"慢通路"已经失效，信号的输出只通过"快通路"，因此增益会下降一半。所幸的是，由于在电路系统中设计人员通常关心的是带宽内信号，而带宽又由主极点所决定，"零极点对"在高频幅值减半的特性并不关键。"零极点对"的存在对于设计人员主要的好处在于：当设计两级乃至三级放大器时，只要第一级采用了类似五管 OTA 这样的结构，那么就可以放心排除其中寄生电容带来的影响，而把设计重心放在其他次极点出现的位置。

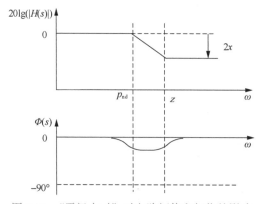

图 8-21　"零极点对"对电路幅值和相位的影响

这里仍需要指出的一点是虽然在幅频曲线上不明显，但是电路的瞬态响应和稳定时间会较大地受"零极点对"的影响，本书在此处不做展开，后续将在密勒运算放大器的设计中再详细分析并展示其影响。

8.2.2　仿真实验：有源负载差分对的频率特性

1. 实验目标

① 了解差分电路 AC 仿真的信号源设置方式。

② 理解、验证有源负载差分对的频率特性。

2. 实验步骤

（1）搭建测试台并确认静态工作点

在 Schematic Editor 中搭建图 8-22 所示的有源负载差分对电路，将其中负载电容 C0 设置为 10 pF，偏置电流源 I0 设置为 10 μA ，晶体管尺寸均设置为 1 μm / 1 μm 。

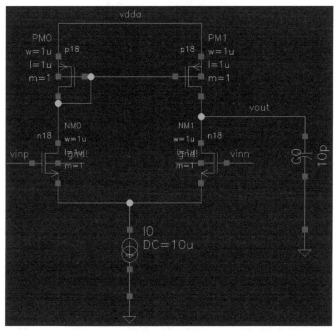

图 8-22　有源负载差分对电路

扫描直流差分输入电压使得输出电压 vout = 0.9 V，从而使所有晶体管工作在饱和区内，之后的仿真将都在该直流偏置下进行。通过 OP 仿真，确认并记录该工作状态下晶体管的跨导 g_m、内阻 r_O（$1/g_{ds}$）和寄生电容的大小，如 C_{GS}、C_{GD}、C_{DS} 等，具体参数如图 8-23 所示。

[NM1]	[PM1]
region = Saturati	region = Saturati
id = 5.0045u	id = -5.0045u
ibs = -1.4543a	ibs = 3.4462e-22
ibd = -26.9781a	ibd = 6.3718e-19
vgs = 648.8723m	vgs = -837.1213m
vds = 644.8470m	vds = -903.7753m
vbs = -251.3777m	vbs = 0.0000
vth = 476.0145m	vth = -422.6226m
vdsat = 176.2902m	vdsat = -356.7631m
vod = 172.8578m	vod = -414.4987m
gm = 49.2649u	gm = 21.8677u
gds = 243.5446n	gds = 132.4162n
gmb = 12.5888u	gmb = 7.0765u
cdtot = 1.1100f	cdtot = 1.3007f
cgtot = 7.1794f	cgtot = 7.2447f
cstot = 7.3379f	cstot = 8.4881f
cbtot = 4.3479f	cbtot = 4.2677f
cgs = 5.4480f	cgs = 6.2789f
cgd = 345.3917a	cgd = 413.7740a

图 8-23　具体参数

（2）差分输入仿真设置

如图 8-24 所示，设置差分信号源，并在信号源 V2 中设置交流幅值 ACMAG=0.5，由于压控电压源 E0 的增益系数为 –1，差分信号的幅值将刚好为 1（0.5 + 0.5），因此频率响应的结果仍然不用换算。

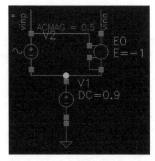

图 8-24　差分信号源的设置

通过对静态工作点的分析，我们不难推出该电路的直流增益如式（8-21）所示，

$$A_0 = g_{mN}(r_{OP} \parallel r_{ON}) = \frac{g_{mN}}{g_{dsP} + g_{dsN}} \approx 135 \tag{8-21}$$

预估该电路的带宽（主极点）和次极点的位置可分别由式（8-22）和式（8-23）得到。

$$\text{BW} = \frac{1}{2\pi C_L (r_{ON} \parallel r_{OP})} = 5.8\,\text{kHz} \tag{8-22}$$

$$\omega_{p,nd} = \frac{g_{mP}/2\pi}{2 \cdot C_{G,P} + C_{D,P} + C_{D,N}} = 206\,\text{MHz} \tag{8-23}$$

AC 仿真的结果如图 8-25 所示，不难看到仿真得到的带宽与本书预估的结果十分接近。

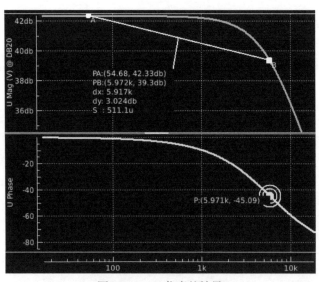

图 8-25　AC 仿真的结果

但是次极点和零点由于形成零极点对，不太容易在幅频曲线上被观察到，在图 8-26 的幅频曲线中，只能勉强看到曲线的斜率发生了微小的变化。所幸相频曲线可以给我们更清

晰的反馈。图 8-26 中可以明显看到相位的波动，读者大致可以判断该电路的零极点对出现在 200 MHz 左右，与之前的预测相符。

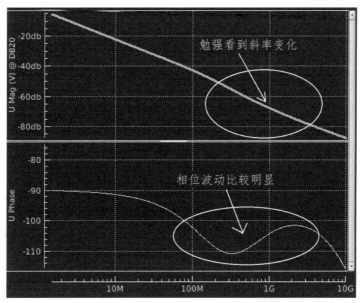

图 8-26　有源负载差分对中"零极点对"对频率响应的影响

为了使零极点对更加明显，读者可以尝试在节点 E 处人为添加一个电容，从而更好地观察零极点对对幅频特性的影响。

3. 实验总结

在本实验中，读者对有源负载差分对的频率特性进行了仿真验证，掌握了主极点的分析方法，使得理论和仿真互相印证。此外，还通过仿真验证了零极点对的存在及其影响，并证明其对相位变化的影响较小。

8.3　课后练习

1. 在 8.1.4 小节的仿真实验的基础上，修改次极点位置至 0.2 倍的 GBW 处，即 $\omega_{\mathrm{p,nd}}$ / GBW $= 0.2$，根据反馈原理，为使闭环传递函数的幅频响应不存在尖峰，求解最大可接受的反馈系数 β，并通过仿真验证。

2. 在 8.2.2 小节的仿真实验中，将五管 OTA 设置为负反馈的使用场景，并设置不同的反馈系数，观察闭环电路增益、带宽和增益带宽积的变化，并予以分析。

第9章　密勒运算放大器的系统性设计

运算放大器作为模拟电路的核心模块，理想情况下人们会希望它能够提供无穷大的增益和带宽。当然一个优秀的模拟集成电路设计人员不会在现实中去期待这一情况。通常而言，大于100 dB的直流增益即可基本满足现有的应用需求。但即使如此，100 dB也不是一个可以轻易实现的数值：之前的仿真实验告诉我们晶体管的本征增益在40 dB的数量级上，因此设计人员需要特定电路结构去满足增益为100 dB的要求。但是例如共源共栅等结构在提升增益的同时也将大幅减小输出电压的摆幅。与此同时，随着工艺节点尺寸的逐步降低，晶体管的特征尺寸进一步减小，其本征增益也随之下降，高增益运算放大器的设计越发困难。

将两个甚至多个运算放大器级联从而获得更高的增益显然是一个简单又直接的想法，实现这一美好愿景的主要障碍就是级联系统的稳定性问题。在本章的学习和仿真中，读者将首先分析两级运算放大器的稳定性问题，并学习经典的密勒补偿方法，二者构成的运算放大器结构即密勒运算放大器。随后本书将介绍一种密勒运算放大器的典型设计方法论，并通过仿真实验使读者加深理解。

9.1　两级运算放大器的稳定性问题

9.1.1　两级运算放大器的级联

为了满足运算放大器的高增益、高带宽需求，读者可以尝试将两个运算放大器（准确而言是OTA）级联，如图9-1所示。其中第一级运算放大器为M_1～M_5组成的一个五管OTA，第二级运算放大器是M_6形成的共源放大器（M_7为其提供偏置电流）。假设负载电容C_L在带宽上起决定性作用，根据前文介绍的知识，不难得出该电路的增益和带宽分别为

$$A = g_{m1}R_{net1} \cdot g_{m6}R_{net4} \tag{9-1}$$

$$BW = \frac{1}{2\pi \cdot R_{net4} \cdot C_L} \tag{9-2}$$

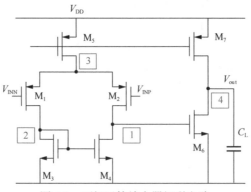

图 9-1　两级运算放大器级联电路

因此该电路的增益带宽积可以表示为 $\text{GBW} = A_1 \cdot g_{m6} / (2\pi C_L)$，式中 A_1 为五管 OTA 的增益。对比单级的共源放大器，该级联电路直接将增益带宽积提升了 A_1 倍。在模拟电路中，当如此"美好"的事情发生时，读者就要警惕其带来的问题。首先回顾一下放大电路实现电压放大的本质：晶体管跨导产生的变化电流在高阻点由于欧姆定律表现为放大的变化电压。因此两级电路的级联就意味着电路中出现了两个高阻点，而伴随高阻点而来的是系统中的两个极点。回顾图 9-1，读者应该已经能轻松推出两个高阻点为节点 1 和节点 4（蓝色方框表示），由此产生的极点分别为

$$\omega_{p,1} = \frac{1}{R_{net1} \cdot C_{GS6}} \qquad (9\text{-}3)$$

$$\omega_{p,2} = \frac{1}{R_{net4} \cdot C_L} \qquad (9\text{-}4)$$

即使负载电容 C_L 决定了系统的整体带宽，寄生电容 C_{GS6} 通常也无法达到足够小的值来使两个极点的距离足够远，随之带来的问题即系统中的相位迅速降低到-180°，相位交点 PX 出现在增益交点 GX 之前（相位裕度为 0），系统闭环反馈出现振荡现象，如图 9-2 所示。

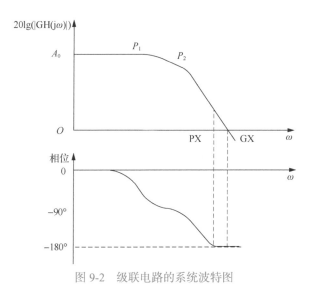

图 9-2　级联电路的系统波特图

9.1.2　极点分离技术

为了消除上述极点距离过近引起的稳定性问题，需要引入一种极点分离（Pole Splitting）技术来使两个极点的距离足够远，从而留出足够的空间令增益在次极点出现前下降到 0 dB。密勒补偿技术是一种典型的极点分离实现方法，其具体实现如图 9-3 所示，将一个补偿电容 C_C 插入第二级运算放大器的输入节点和输出节点之间。

由于共源放大器的输入输出呈现反相极性，补偿电容 C_C 将体现出密勒效应。因此在节点 1 处，该电容可被等效为一个接地的大电容，其值为 $C_{net1,eq} \approx A_{0,6}C_C$。由于晶体管 M_6 具有较大的本征增益，节点 1 将成为整个系统的主极点节点。假设补偿电容 C_C 与负载电容 C_L

在一个数量级上，则相比未补偿的电路，密勒补偿后电路新的主极点频率 $\omega_{\mathrm{p,d}}$ 将下降为之前的 $1/A_0$ 左右（A_0 为晶体管的本征增益）。

$$\omega_{\mathrm{p,d}} = \frac{1}{R_{\mathrm{net1}} \cdot A_{0,6} C_{\mathrm{C}}} \tag{9-5}$$

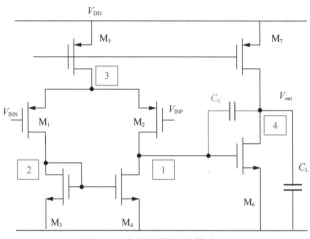

图 9-3　密勒补偿的具体实现

　　而次极点的变化则略微复杂一点。在考虑次极点时读者不能简单地将密勒电容等效拆分到节点 4 处，其根本原因在于密勒效应只在运算放大器的带宽内有效，而在高频时运算放大器 M_6 本身就失去了放大能力，也就谈不上是密勒定理等效电路了。传统方法是利用小信号模型分析该电路的次极点，由于第二级的输入端是容性电路，需要考虑第一级的输出电阻，其小信号模型如图 9-4 所示。

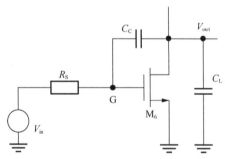

图 9-4　密勒补偿电容下的小信号模型

　　通过对电路的简单分析，我们可以得到联立方程组：

$$\begin{cases} (V_{\mathrm{in}} - V_{\mathrm{G}})g_S = I_{\mathrm{in}} \\ (V_{\mathrm{G}} - V_D)sC_{\mathrm{C}} = I_{\mathrm{in}} \\ V_{\mathrm{G}}g_{m6} + V_D Y_{\mathrm{L}} = I_{\mathrm{in}} \end{cases} \tag{9-6}$$

式中的 g_{S} 是信号源输出阻抗 R_{S} 的倒数，Y_{L} 是节点 4 上的总电导，且 $Y_{\mathrm{L}} = g_{\mathrm{L}} + sC_{\mathrm{L}}$。消除中间项后可以得到添加密勒补偿电容后电路的传递函数为

$$H(s)_{2nd} = \frac{V_D}{V_{in}} \approx \frac{g_S(sC_C - g_{m6})}{g_Sg_L + sg_{m6}C_C + s^2C_LC_C} \tag{9-7}$$

式（9-7）首先描述了系统的主极点位置，即 $1/(A_{0,6}R_SC_C)$，与之前定性分析的结果一致；其次，式（9-7）也显示了密勒补偿后的次极点位置。

$$\omega_{p,nd} \approx \frac{g_{m6}}{C_L} \tag{9-8}$$

比较式（9-4）和式（9-8），显然次极点的位置与密勒补偿前的相比增大了 $A_{0,6}$ 倍（g_{m6}/g_{L6}）。一个优秀的模拟集成电路设计人员应该能直观理解次极点往高频移动背后的主要原因。在此读者可以想象补偿电容在高频时呈现出优异的电导性，从而变成了一根导线，因此晶体管 M_6 在高频时可被看成二极管连接的电路（栅极和漏极短接）。此时，输出节点 4 的阻抗就从 r_{O6} 变成了 $1/g_{m6}$，因此极点的位置由于阻抗的降低向高频方向移动，移动的量就是阻抗变化的量 $r_{O6} \cdot g_{m6} = A_{0,6}$。

极点分离后的系统波特图如图 9-5 所示，两个极点分别往低频和高频方向移动了约 A_0 倍，较宽的零极点间距保证了系统的稳定。

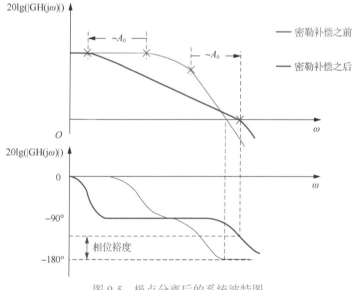

图 9-5　极点分离后的系统波特图

9.1.3　正零点补偿技术

重新审视式（9-7），不难发现该传递函数中还存在一个正零点 $z = g_{m6}/C_C$，而正零点不仅会延缓增益下降的趋势，同样还会造成-90°的相移，从而影响系统的稳定性。因此消除正零点也是两级密勒运算放大器设计的关注点之一。

根据第 6 章中的分析，补偿电容 C_C 的密勒效应来自运算放大器对输入信号进行反相放大并反馈回输入端的机制，如图 9-6（a）所示。而对于第一级的输出信号而言，补偿电容 C_C 同时起到直接导通的前馈作用，此时信号的传输与第二级运算放大器无关，如图 9-6（b）所示。系统中正零点的出现正是源于电容在输入输出点间的直接连接。

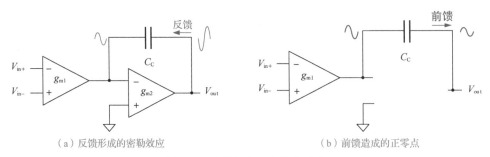

（a）反馈形成的密勒效应　　　　　　　　　（b）前馈造成的正零点

图 9-6　补偿电容对电路的影响

因此，要想在保留补偿电容密勒效应的同时消除其带来的零点，一个简单的办法就是令补偿电容 C_C 上的信号传递呈现单向性。如图 9-7 所示，在 C_C 旁串联一个单向的缓冲器，则电容只能传递反馈信号，能够隔绝前馈信号。缓冲器可以是像源极跟随器这样的电压缓冲器，也可以是如共栅放大器这样的电流缓冲器。

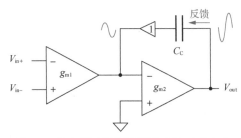

图 9-7　插入缓冲器以限制信号流动的方向

除了使用缓冲器外，设计人员还可以通过串联电阻来改变零点的位置，如图 9-8 所示。

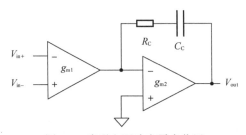

图 9-8　串联电阻改变零点位置

为了更好地理解串联电阻的效果，在此不再通过小信号模型进行分析，而是让我们重新回到零点的意义：系统在该零点处的输出应为 0。考虑图 9-3 中信号从节点 1 到输出节点 V_{out}（节点 4）的响应，零点频率需满足以下公式，

$$-g_{m2} + sC_C = 0 \tag{9-9}$$

式（9-9）所描述的现象是在零点频率时，晶体管 M_6 和前馈电容 C_C 并联后输出节点 V_{out} 上的信号相互抵消，从而输出为 0。在电容 C_C 串联电阻 R_C 后，旁路上的阻抗发生了变化，此时零点出现的频率变为

$$-g_{m2} + \cfrac{1}{\cfrac{1}{sC_C} + R_C} = 0 \tag{9-10}$$

$$\omega_z = \frac{1}{C_C \left(\dfrac{1}{g_{m2}} - R_C \right)} \tag{9-11}$$

根据式（9-11），假设设计人员将串联电阻 R_C 的值设为 $1/g_{m2}$，则公式的分母为零，意味着零点将被移至无穷远处，或者说零点被消除了。当然，如果进一步增大电阻 R_C 的值，使其超过 $1/g_{m2}$，则系统中将出现一个负零点，而负零点可以用来消除负极点，从而使系统获得更高的稳定性。例如式（9-12）及式（9-13）所示，令该负零点频率与系统中的次极点相同，那么会影响系统稳定性的将是第二个次极点。

$$\omega_z = \frac{1}{C_C \left(\dfrac{1}{g_{m2}} - R_C \right)} = \omega_{p,nd} = \frac{g_{m2}}{C_L} \tag{9-12}$$

$$R_C = \left(\frac{C_L}{C_C} - 1 \right) \frac{1}{g_{m2}} \tag{9-13}$$

由于电路的负载电容 C_L 经常会发生变化，在使用式（9-13）消除系统次极点时通常无法通过完美匹配来消除。这时读者可能会有个疑问，是否可以通过进一步增大电阻 R_C 的取值以确保负零点一定出现在负极点之前呢？其答案是否定的。

首先，负零点的出现会延缓增益下降的趋势，如图 9-9 所示。当原先完美匹配负极点的零点 z_0 前移至 z_0' 时，增益的下降停止了，最终系统的单位增益频率提升了。对于只有一个非主极点的二阶系统而言，这不会造成稳定性问题。但是，真实的电路中存在诸多由寄生电容和寄生电阻引起的极点，当系统的单位增益频率提升后，非主极点就可能带来潜在的稳定性问题。

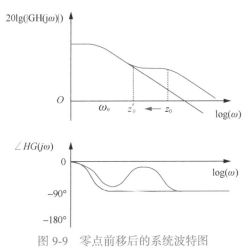

图 9-9　零点前移后的系统波特图

除此之外，更主要的问题是零点的前移不仅不能改善时域响应，反而会使得高精度时域响应更加缓慢。如图 9-10 所示，对于一个 GBW=100 krad/s 的系统，当其零点的出现拥有 10 Mrad/s 的单位增益频率时，其高精度的阶跃响应并没有变快。相反，如果要求 99% 的精度，该系统需要约 250 μs 的恢复时间，而一个 GBW=100 krad/s 的单极点系统只需要 50 μs（即 5 个时间常数），显然零点的引入使得系统响应速度变为之前的 $\dfrac{1}{5}$。具体的数学推导在此略过，读者只需要知晓负零点的设计有一定范围，通常在 2～3 倍增益带宽积处为佳。

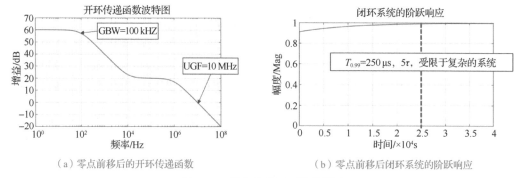

（a）零点前移后的开环传递函数　　　　　（b）零点前移后闭环系统的阶跃响应

图 9-10　零点前移对系统的影响

9.1.4　仿真实验：两级运算放大器中的密勒补偿

1. 实验目标

① 了解两级运算放大器级联时稳定性问题的原因。

② 掌握理想模型下密勒补偿的原理和效果。

2. 实验步骤

（1）搭建理想的两级系统模型

在 Schematic Editor 中搭建图 9-11 所示的两级运算放大器，其中采用理想压控电流源 G0 和 G1 模拟两个 OTA，电阻 R0 和 R1 用来模拟 OTA 的输出阻抗。将两个 OTA 的跨导分别设置为 31.4 μA / V 和 125.6 μA / V，因为输出阻抗的值在稳定性设计中不太重要，所以本实验中将其均设置为 1 MΩ。负载电容 C1 取 10 pF，第一级运算放大器输出端 vt1 处的寄生电容 CP 取 1 pF。将密勒补偿电容 C0 和零点消除电阻 R2 跨接在第一级的输出端 vt1 和第二级的输出端 vout 之间，实现极点分离的效果。这里需要注意的是，仿真工具对电流的流向做出了规定，其规定流入元件的电流为正电流、流出元件的电流为负电流，因此将输入信号 vin 加载在压控电流源 G0 的负输入端口上。

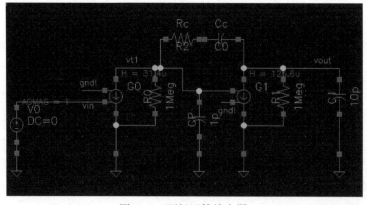

图 9-11　两级运算放大器

（2）两级系统的稳定性问题

将密勒补偿电容 C0 和零点消除电阻 R2 全部设置为 0，此时两级系统中没有任何的稳定性补偿设计。进行 AC 仿真后，可以轻松看到系统的相移很快达到了 180°，而相位裕度已经接近于 0，系统将不再稳定，如图 9-12 所示。

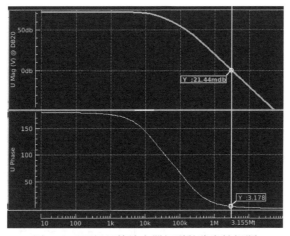

图 9-12　两级运算放大器级联的稳定性问题

（3）密勒补偿技术验证

随后在 AC 仿真中打开参数扫描，分别观察补偿电容 C0 为 2 pF、5 pF 和 8 pF 时，两级运算放大器的稳定性情况。从波特图中可以看出补偿电容的增加降低了系统的带宽，补偿电容越大，系统带宽越低，与此同时系统的单位增益频率就越低。如图 9-13 所示，在补偿电容分别为 2 pF、5 pF 和 8 pF 时，系统的单位增益频率分别等于 1.587 MHz、896.1 kHz 及 610.6 kHz。此时三者的相位裕度分别约为 31°、48° 和 56°。显然，通过增加补偿电容可以很好地改进反馈电路的稳定性，随之而来的代价即系统带宽的下降。

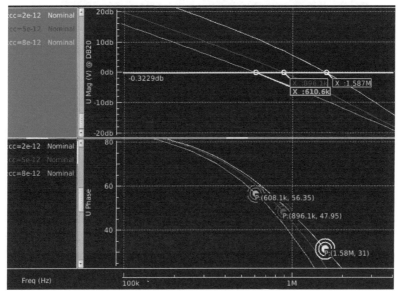

图 9-13　不同补偿电容下系统相位裕度的情况

　　倘若一个传递函数在到达单位增益频率前只有一个主极点，那么该传递函数的波特图在极点后将始终按照 –20 dB / dec 的斜率下降，此时该系统的增益带宽积就等于单位增益频率，设计人员也常将单位增益频率直接当作增益带宽积使用。但是读者需要谨记其前提是单位增益频率前只有一个主极点。回到上述实验中，以 5 pF 补偿电容为例，此时该系统的增益带宽积为

$$GBW = \frac{g_{m1}}{2\pi C_C} = 1\ \text{MHz} \qquad (9\text{-}14)$$

可以看到系统的增益带宽积与单位增益频率存在略微差异，其中主要的原因是次极点的存在加快了幅频曲线下降到 0 dB 的速度，从而使得单位增益频率略小于增益带宽积。

　　（4）零点消除技术验证

　　已知实验电路中第二级运算放大器跨导 $g_{m2} = 125.6\ \mu\text{A} / \text{V}$，且负载电容 C1 为 10 pF，可得到系统的次极点在 2 MHz 处。设置补偿电容 C0 为 5 pF，则在不添加串联补偿电阻 R2 时，系统将在 1 MHz 处存在一个正零点。根据式（9-13），只要将电阻 R2 设置为 7.96 kΩ，则由该电阻产生的负零点可以抵消次极点的存在，使系统更加稳定。

$$R_C = \left(\frac{C_L}{C_C} - 1 \right) \frac{1}{g_{m2}} \approx 7.96\ \text{k}\Omega \qquad (9\text{-}15)$$

在 AC 仿真中，设置串联补偿电阻 R2 为 8 kΩ，即可得到仿真结果，如图 9-14 所示，可以看到系统的相位裕度从图 9-13 中的 48° 提升至约 61°，基本满足了稳定性的要求。

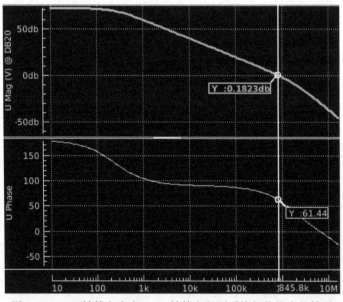

图 9-14　5 pF 补偿电容和 8 kΩ 补偿电阻下系统相位裕度的情况

　　同时，如果串联补偿电阻的阻值过大，将会过早引入负零点，进而暂停增益下降的趋势。如图 9-15 所示，补偿电阻 R2 分别为 8 kΩ、32 kΩ 和 128 kΩ，当 R2 = 128 kΩ 时（图中黄色曲线），传递函数的单位增益频率增大到 3.34 MHz，此时的相位裕度仅约为 30.4°，系统稳定性受到影响。

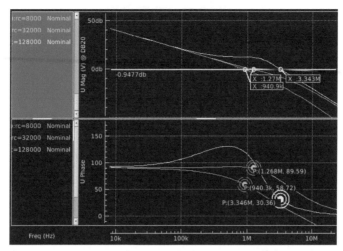

图 9-15　补偿电阻分别为 8 kΩ、32 kΩ 和 128 kΩ 时系统相位裕度的情况

3. 实验总结

在本实验中，读者通过理想器件模型对两级运算放大器级联产生的稳定性问题进行了仿真验证。仿真结果十分直接地显示了两级级联造成的稳定性问题。随后通过添加密勒补偿电容分离原有的主极点和次极点，从而重新建立稳定的系统。实验还仿真讨论了不同值补偿电容对两级运算放大器的影响，并且得出了一个简单的结论：补偿电容通过牺牲带宽换取了稳定性，且电容越大这种折中的力度越强。最后本实验还讨论了零点消除电阻的取值对稳定性的影响，通过仿真验证了适中的电阻取值是设计人员所希望的结果，过大或过小的电阻取值均无法起到预期的效果。

9.2　密勒运算放大器的系统性设计方法

9.2.1　运算放大器的系统性设计思路

1. 运算放大器的设计思路

根据前述知识点可知，对于图 9-16 所示的两级运算放大器而言，由于密勒补偿电容的存在，其增益带宽积和次极点分别为

$$\mathrm{GBW} = \frac{g_{\mathrm{m1}}}{2\pi C_{\mathrm{C}}} \tag{9-16}$$

$$f_{\mathrm{nd}} = \frac{g_{\mathrm{m6}}}{2\pi C_{\mathrm{L}}} \cdot \frac{1}{1 + C_{\mathrm{GS6}} / C_{\mathrm{C}}} \tag{9-17}$$

同时根据稳定性分析，一般要求次极点在增益带宽积的 3 倍左右，以达到 70° 的相位裕度。对于一个给定负载电容 C_{L} 的设计任务，设计人员需要初步确定 3 个变量的取值，即 g_{m1}、g_{m6} 和 C_{C}，而稳定性所要求的公式只有式（9-16）和式（9-17）两个，因此在该设计任务中有一定的设计自由度，具体设计步骤也没有固定格式。而在评估最终设计时，通常需要考量多个技术指标，例如功耗、面积和噪声等。在此本小节以功耗为例，分析一种常用的设计方法。

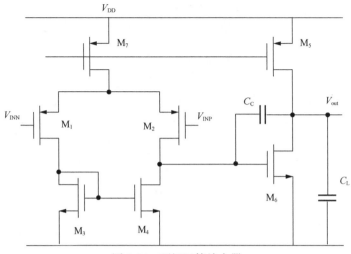

图 9-16　两级运算放大器

假设图 9-16 中晶体管的偏置状态基本一致，即单位电流下的跨导效率 g_m / I_D 基本一致，确定每一级跨导的值即可推算出该两级运算放大器的总功耗。在此情况下，可以从式（9-16）和式（9-17）看出两个跨导和补偿电容 C_C 的关系：当 C_C 增大时，由于对增益带宽积的要求不变，第一级跨导 g_{m1} 也需要同步增加；对于次极点而言，C_C 增大会使得公式中的第二项变大，因此对第二级跨导 g_{m6} 的要求将有所降低，图 9-17 展示了所需要跨导随补偿电容变化的情况。

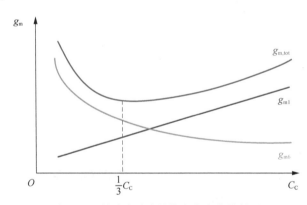

图 9-17　所需跨导随补偿电容变化的情况

具体定量分析，因为第一级运算放大器以差分对的形式呈现，故总功耗与每一级跨导的关系可以写成式（9-18）的形式。

$$P_{tot} \propto 2g_{m1} + g_{m6} \qquad (9\text{-}18)$$

为了更好地分析补偿电容取值的最优解，令总功耗对变量 C_C 求导并通过设导数为零寻找极值点。

$$\frac{\partial P_{tot}}{\partial C_C} \propto 2GBW - f_{nd}\frac{G_{GS6}}{C_C^2} \qquad (9\text{-}19)$$

$$\frac{\partial P_{tot}}{\partial C_C} = 0 \Rightarrow 2GBW - f_{nd}C_L\frac{G_{GS6}}{C_C^2} = 0 \qquad (9\text{-}20)$$

已知稳定性要求次极点位置为 2～3 倍增益带宽积处，则不难得到补偿电容对于功耗而言的最佳设计值，

$$C_C = \sqrt{C_L G_{GS6}} \sim \sqrt{\frac{3}{2} C_L G_{GS6}} \qquad (9\text{-}21)$$

综合考虑晶体管的尺寸、驱动能力及不同的偏置状态等因素，设计人员通常将 G_{GS6}、G_C 和 G_L 设定为比例系数为 $\frac{1}{3} \sim \frac{1}{2}$ 的等比序列，例如 $C_C \approx \frac{1}{3} C_L$ 及 $C_C \approx 3 C_{GS6}$（注意该比例关系并非唯一选择）。在该比例关系的设定下，读者可以推导出增益带宽积的另一种表达形式如式（9-22）所示，其中次极点的位置设置为 2 倍增益带宽积的位置。

$$\mathrm{GBW} = \frac{f_{nd}}{2} = \frac{1}{2} \cdot \frac{g_{m6}}{2\pi C_L} \cdot \frac{3}{4} = \frac{1}{16} \frac{g_{m6}}{2\pi C_{GS6}} = \frac{f_{T6}}{48} \qquad (9\text{-}22)$$

式（9-22）有意思的一点是一个两级密勒运算放大器所能达到的最大增益带宽积是由第二级晶体管的特征频率决定的，而与输出端的负载电容无关。读者可以尝试通过以下角度去理解这一点：假设晶体管自身的速率无穷大，那么当负载电容增大时，设计人员只需要按比例增大晶体管的宽度以及偏置电流即可；而当晶体管自身速率受限时，整个电路的速度也将受到限制。

式（9-22）同时也给出了某种工艺所能支撑的最高增益带宽积，譬如对于 180 nm 工艺而言，当晶体管选用最小长度且已经进入速度饱和区，它的特征频率为

$$f_{T,vs} = \frac{v_{sat}}{4\pi \cdot L_{min}} \approx 44\,\mathrm{GHz} \qquad (9\text{-}23)$$

也就是说即使是在 180 nm 工艺下，传统两级密勒运算放大器的增益带宽积也能达到 2 GHz 左右，这是比较令人满意的情况。假设现在需要利用此工艺设计一个负载电容为 10 pF、增益带宽积为 200 MHz 的两级运算放大器，那么设计人员该从哪里开始着手？

2. 运算放大器设计的典型步骤

运算放大器的设计有很多不同的方式，在此本小节给出一种较常见的设计方式，此处以负载电容为 10 pF、增益带宽积为 200 MHz 和相位裕度为 60° 为约束条件展开设计，其具体步骤如下。

第一步，根据对增益带宽积和相位裕度的要求，可知次极点的位置需要达到 400 MHz 以上，而根据式（9-17），不难得到第二级的最小跨导要求，

$$g_{m6} = f_{nd} \cdot 2\pi C_L \left(1 + \frac{C_{GS6}}{C_C}\right) = 33.5\,\mathrm{mA/V} \qquad (9\text{-}24)$$

第二步，根据负载电容为 10 pF，以及经验所得的 C_C、C_L、C_{GS} 比例关系，可得第二级晶体管的栅极电容 $C_{GS6} \approx 1.6\,\mathrm{pF}$，而根据已知的快速估算参数特征尺寸下栅极电容 $C_{GS,L_{min}} = 2W\,\mathrm{fF/\mu m}$，可设第二级晶体管 M6 的尺寸为 $W/L = 800\,\mu m / 0.18\,\mu m$。假设晶体管工作在典型状态，即过驱动电压 $V_{GS} - V_{TH} = 0.2\,\mathrm{V}$，那么此时偏置电流的值为

$$I_{D6,si} = \frac{1}{2} \mu_n C_{OX} \frac{W}{L} (V_{GS} - V_{TH})^2 = 25\,\mathrm{mA} \qquad (9\text{-}25)$$

200 MHz 的带宽指标将要求第二级运算放大器的特征频率达到约 3.2 GHz，此频率为典型偏置下 NMOS 晶体管特征频率 33 GHz 的约 1/10，也就是说使用跨导效率 $g_m/I_D = 10$ 的偏置

将可以轻松满足约束条件中的稳定性要求。因此，可先令第二级运算放大器的偏置电流为

$$I_{D6} = \frac{g_{m6}}{\text{gmovId}_6} \approx 3.4 \text{ mA} \qquad (9\text{-}26)$$

同样通过比例关系先设补偿电容 C_C 的值为 5 pF，那么根据 100 MHz 的增益带宽积要求不难得出第一级的跨导应为 6.28 mA / V。考虑到五管 OTA 电路中差分对的过驱动电压不能太大（考虑静态工作点），在此假设 $V_{OV,12} = 200$ mV，则跨导效率 $g_m / I_D = 10$，那么经过推算差分对需要的偏置电流为 630 μA，将晶体管尺寸根据惯例设为 $W / L = 90$ μm / 0.2 μm。

需要注意的是，上述设计流程只考虑了运算放大器的 3 个基本约束条件，真实的运算放大器设计至少还需考虑增益、噪声和失配等因素，设计过程需要灵活多变，且通常需要反复迭代。

9.2.2　仿真实验：运算放大器系统性设计方法

1. 实验目的

① 了解通过密勒补偿电容设计两级运算放大器的基本流程。

② 掌握两级运算放大器优化调试的基本方法。

2. 实验步骤

（1）搭建运算放大器电路

在 Schematic Editor 中搭建图 9-16 所示的运算放大器电路，偏置电流用电流镜的方式给予。其中电容负载为 10 pF，晶体管尺寸参数及偏置电流按 9.2.1 小节中的介绍设置。

（2）搭建仿真平台，进行 AC 仿真，观察环路增益情况

利用 Empyrean 的 AC 仿真工具，观察电路的环路增益。在前文实验中读者已经知道，一个正确的 AC 仿真要求正确的静态工作点，而由于两级运算放大器的高增益，开环状态下正确的静态工作点很难确定，且每次变动设计参数后都需要重新确定，因此本实验需要使用闭环电路进行设计。如图 9-18 所示，将电路接成单位增益负反馈的形式，此时环路增益约等于运算放大器的开环增益，即 $A(s) \cdot \beta = A(s)$。

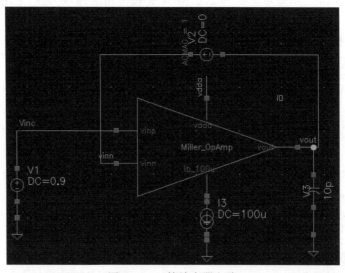

图 9-18　运算放大器电路

　　读者需要在反馈回路中插入一个直流电压为 0 的理想电压源（图中 V2），并令其交流小信号为 1，即 ACMAG=1。接着通过系统自带的计算器计算电压源两端电压比值 v(vout)/v(vinn) 即可得出环路增益，环路增益计算公式如图 9-19 所示。

Outputs		
Analog	Digital	
Name	Type	Expression/Signal
Loop_gain	Expression	v(vout)/v(vinn)

图 9-19　环路增益计算公式

　　按照之前估算的参数，读者可以初步得到该两级运算放大器的高频性能，如图 9-20 所示。从图中我们可以看到电路的单位增益频率为 166 MHz，相位裕度约为 70°。通过直流增益和带宽计算得出增益带宽积为 189 MHz，略高于单位增益频率。从仿真结果看，电路虽然相位裕度满足了要求，但是增益带宽积略有不足。

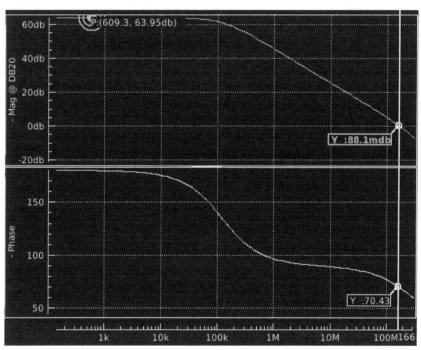

图 9-20　AC 仿真得到电路的高频性能

（3）电路优化调整

　　通过 OP 仿真观察晶体管的静态工作状态，发现第一级差分对的跨导 g_{m1} 为 6.6 mA/V，已满足设计需求，但是第二级共源放大器中晶体管 M_6 的寄生电容 C_{GD} 约为 0.3 pF，会略微提高密勒电容的值。当读者进一步分析时会发现，该差分对的跨导效率仅为 10，尚未达到弱反型的极限，因此可以继续增大晶体管的宽长比以实现提高跨导的效果。

　　除此之外，初始电路的相位裕度较高（约 70°），与实验要求的 60° 相比仍有一定的裕度。经过仿真，发现第二级运算放大器的跨导 g_{m6} 为 60.8 mA/V，足以使次极点在 10 pF 负载时达到 730 MHz，远大于 3 倍增益带宽积。因此我们可以降低第二级运算放大器的偏置电流以降低功耗。

电路的进一步改进或针对不同需求的设计需要读者在课后练习中去完成。

3. 实验总结

通过上述实验，读者初步掌握了一种根据设计指标和工艺极限设计两级运算放大器的系统性方法，该方法可以帮助设计人员初步选择补偿电容数值、晶体管的尺寸及晶体管偏置电流等。同时，读者需要掌握电路调整的基本思路，并能够最终通过仿真设计电路以满足指标要求。

9.3　课后练习

在 9.2.2 小节的仿真实验的基础上，加入零点补偿技术，并进一步调节电路中晶体管尺寸及偏置电流的大小，使得该运算放大器满足 200 MHz 增益带宽积、70°相位裕度和 70 dB 直流增益的要求。

第 10 章 噪声

噪声是电路与系统中设计人员不希望看到的随机信号，它限制了一个电路所能正确处理的最小信号幅值。现今的模拟集成电路设计者经常且必须考虑噪声的问题，因为噪声与功耗、速度及线性度之间呈现互相制约的关系。本章将阐述噪声现象及其在模拟集成电路中的影响，目的是使读者充分理解噪声带来的问题，以便在今后的电路设计中能够更加合理地处理噪声与其他系统参数之间的权衡。

首先，本章将介绍噪声的基本类型和噪声带宽的概念，以及噪声在电路和系统中的表达形式。然后，讲解 MOSFET 中的两种主要噪声，即闪烁噪声和热噪声；在通过实验讲解电路噪声的仿真方法后，进一步对它们进行定量分析和相互对比。最后，介绍噪声等效变换的方式，以及噪声优化的技巧，并以五管 OTA 为例进行优化，使读者进一步了解实际电路中的噪声情况及优化思路。

10.1 晶体管的噪声

10.1.1 热噪声

1. 电阻热噪声

在任何一个温度处于绝对零度以上的导体中，载流子都在做无规则的热运动，这种无规则热运动叠加在载流子有规则的运动之上，就引起了电流偏离平均值的起伏，从而引起电阻两端电压的起伏，这种无规则起伏的现象即热噪声。因此，热噪声功率与绝对温度成正比。如图 10-1 所示，电阻 R 上的热噪声可以用一个串联的电压源来模拟，其单边谱密度（单位带宽功率）为

$$S_v(f) = 4kTR, f \geqslant 0 \qquad (10\text{-}1)$$

式中玻耳兹曼常数 $k=1.38 \times 10^{-23}$ J/K。

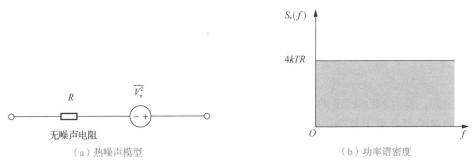

（a）热噪声模型　　　　　　　　　（b）功率谱密度

图 10-1　电阻的热噪声模型和功率谱

需要注意的是，因为该公式表述的是功率，因此其单位为 V^2/Hz。除此之外，电阻

热噪声也适用于诺顿等效变换 [式（10-2）]，可以用图 10-2 所示的电流源模型表示，单位为 A^2 / Hz。

$$\overline{I_n^2} = \frac{\overline{V_n^2}}{R} = \frac{4kT}{R} \qquad （10\text{-}2）$$

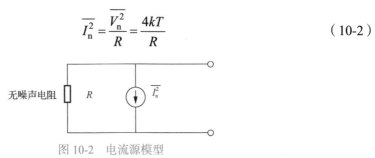

无噪声电阻

图 10-2　电流源模型

2. MOSFET 中的热噪声

热噪声的来源除了可以是天然的电阻外，也可以是其他电路表现出的等效电阻，例如 MOSFET 在沟道中产生的沟道电阻 R_{ch} 也能产生相应的热噪声。在不考虑各种短沟道效应时（通常特征尺寸为十几纳米时才需要考虑），一个长沟道 MOSFET 的沟道噪声可以用一个连接在栅极的电压源或连接在漏源两端的电流源来模拟，如图 10-3 所示。

（a）电压模型　　　　　　　　　　　　　　（b）电流模型

图 10-3　MOSFET 的热噪声模型

当 MOSFET 工作在饱和区时，其沟道电阻等效约为 $1 / g_m$，因此可以用并联在沟道上电流源表示其中的热噪声 [见图 10-3（b）]，其谱密度为

$$\overline{I_n^2} = \frac{4kT}{R_{ch}} = 4kT \cdot \gamma g_m \qquad （10\text{-}3）$$

式中 γ 为一个修正系数。对于长沟道 MOS 晶体管，其值通常由经验推导得到，约等于 $\frac{2}{3}$；对于亚微米 MOSFET，则需要一个更大值来代替，例如 1 到 1.5 之间的数。

将电流噪声等效变换至输入端时 [见图 10-3（b）]，通常称其为输入等效噪声（Input Referred Noise），其数值通过跨导的变化可表示成式（10-4），

$$\overline{V_n^2} = \frac{\overline{I_n^2}}{g_m^2} = \frac{4kT\gamma}{g_m} \qquad （10\text{-}4）$$

除此之外，因为 MOSFET 的栅、源和漏极的制备材料都有一定的电阻，所以其实际工作情况下的热噪声会更为复杂。对于一个相对较宽的晶体管，源极和漏极的电阻通常可以忽略，而栅极的分布电阻则很显著。所幸，通过在版图中对元件进行折叠可以有效减小栅极电阻的值，因此本小节之后的分析将忽略由于栅极电阻造成的热噪声。

3. 采样保持电路中的噪声

MOSFET 作为一种常用的开关电路，其最大的应用场景之一即采样保持电路，如

图 10-4 所示。其中开关由 MOSFET 组成，采样电容负责在开关断开后对输入信号进行保持。

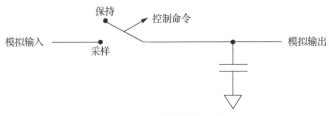

图 10-4　采样保持电路

由之前 MOSFET 的信号模型可知，任何晶体管的开关电路均有一定的内阻，因而难免产生噪声，该噪声会对采样的电容进行干扰。因此了解该噪声的影响对于一个高精度采样保持电路至关重要。由于热噪声本身是一种白噪声，且其谱密度可由式（10-1）表达，读者只需要分析采样保持电路的带宽即可。如图 10-5（a）所示，采样电路可被简单等效为一个 RC 分压电路，而其传递函数可表示为一个单极点方程，

$$H(s) = \frac{1}{1 + s \cdot RC} \tag{10-5}$$

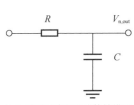

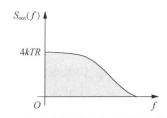

（a）采用保持电路的等效模型　　　　　　（b）经过采样保持电路后的噪声频谱

图 10-5　采样保持电路对热噪声的影响

白噪声形态的热噪声经过采样保持电路后呈现出低通的形态，如图 10-5（b）所示。为了探究此时电容上的总噪声，需要通过对功率谱的积分求解，

$$\overline{v_n^2} = \int_0^\infty 4kTR \cdot H^2(s)\,\mathrm{d}s \tag{10-6}$$

已知 $s = \mathrm{j}\omega$，则式（10-6）可进一步变换为

$$\overline{v_n^2} = 4kTR \int_0^\infty \frac{1}{1 + (\omega RC)^2}\,\mathrm{d}\omega \tag{10-7}$$

上述积分公式的求解有多种方式，这里不再展开，直接给出结论：

$$\int_0^\infty \frac{1}{1 + (\omega RC)^2}\,\mathrm{d}\omega = \frac{1}{2\pi RC}\big[\arctan(\infty) - \arctan(0)\big] = \frac{1}{4RC} \tag{10-8}$$

结合式（10-7）和式（10-8），可以得到该采样保持电路的总噪声为

$$\overline{v_n^2} = 4kTR \cdot \frac{1}{4RC} = \frac{kT}{C} \tag{10-9}$$

这里就得出了一个很有意思的结论：虽然晶体管开关的内阻产生了热噪声，但是由其组成的采样保持电路中的总噪声却是由采样电容决定的。牢记该公式十分重要，因为所有开关电容电路设计的第一步都是通过热噪声确定电容值。

10.1.2　闪烁噪声

闪烁噪声的成因目前有多种不同的机理解释，其中一个更被广大学者接受的是，在MOSFET 的栅氧化层和硅衬底的界面处存在一个硅单晶的边界，因而会出现许多悬空键，从而产生额外的能态，如图 10-6 所示。当电荷载流子运动到这个界面时，有一些被随机俘获，随后又被这些能态释放，其结果就是在漏极电流中出现了闪烁噪声。

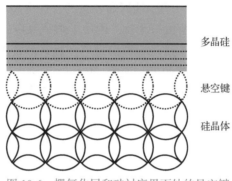

多晶硅

悬空键

硅晶体

图 10-6　栅氧化层和硅衬底界面处的悬空键

由前文描述可知，闪烁噪声与栅氧化层和硅衬底界面的状况相关，因此随着 CMOS 工艺的不同也会显著变化。闪烁噪声可以通过一个施加在栅极的电压源进行模拟，如图 10-7 所示，其数值可以用式（10-10）近似表示。

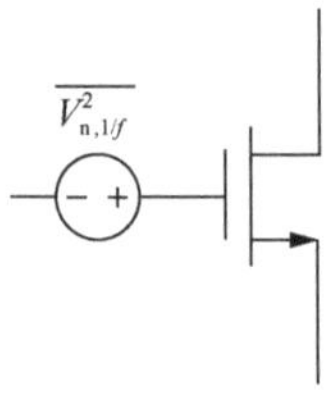

$$\overline{V_{n,1/f}^2} = \frac{K_F}{C_{OX}^2 WL} \cdot \frac{1}{f} \qquad （10-10）$$

图 10-7　闪烁噪声电压模型

式中 K_F 是一个与工艺有关的常量，数量级为 $10^{-27} C^2 / m^2$。由式（10-10）可知，闪烁噪声功率谱密度与频率成反比，所以闪烁噪声又称为 $1/f$ 噪声。在后续的仿真实验中，读者会看到其噪声与频率的关系并非完全的反比例关系，且 NMOS 晶体管和 PMOS 晶体管有截然不同的表现。同时，式（10-10）中噪声与晶体管沟道尺寸 W 和 L 的反比关系对设计人员的设计提出了直接指导：要减小闪烁噪声，就必须增加元件面积。最后，在式（10-10）中不难看出此式与偏置电流和温度等因素均无关系。所以，读者在低噪声应用中看到面积为几千平方微米的元件也就不足为奇。

在大多数实际应用中，一般不会包含非常低频的信号成分，因为如此慢的速率会使噪声与热漂移或元件老化不可区分，所以在选择频带时低端频率不必过于小。对于一个给定的元件，为了以热噪声作为参考对闪烁噪声进行量化，可以在同一坐标系中画出两个噪声谱密度，把图中两个噪声功率谱交叉点对应的频率称为闪烁噪声的转折频率（Corner Frequency，f_C），如图 10-8 所示。

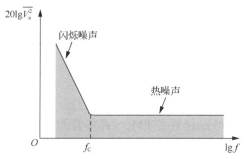

图 10-8　闪烁噪声转折频率的概念

这个交叉点可以作为一种度量单位，用来描述被闪烁噪声干扰最厉害的部分。根据 f_C 处热噪声与闪烁噪声相等的关系，可以列出式（10-11），最终得到 f_C 的表达式为式（10-12），式中 γ 取经验值 $\dfrac{2}{3}$。

$$\frac{4kT\gamma}{g_m} = \frac{K}{C_{OX}WL} \cdot \frac{1}{f_C} \tag{10-11}$$

$$f_C = \frac{Kg_m}{C_{OX}WL} \cdot \frac{3}{8kT} \tag{10-12}$$

由式（10-12）可知，f_C 一般由元件面积和偏置电流决定。

10.1.3　噪声带宽

电路中损坏信号的总噪声是由电路带宽内的所有频率成分产生的。考虑一个多极点系统，其输出噪声功率谱如图 10-9（a）所示。因为高于主极点 ω_{P1} 的噪声成分也不能忽略，所以其总输出噪声必须通过计算谱密度下的总面积求出，求解公式为

$$\overline{V_{n,tot}^2} = \int_0^\infty \overline{V_n^2}\,df \tag{10-13}$$

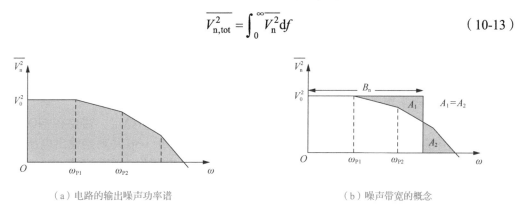

（a）电路的输出噪声功率谱　　　　　　（b）噪声带宽的概念

图 10-9　噪声带宽的等效变换

如果通过图 10-9（b）中的方式，将系统的总噪声量等效为一个理想白噪声 $\overline{V_0^2}$ 和理想带宽 B_n 的形式，并将总噪声简单地表示为 $\overline{V_0^2} \cdot B_n$，且总噪声不变，则可将其中的 B_n 称为噪声带宽。噪声带宽求解的数学公式如式（10-14）所示。

$$V_0^2 \cdot B_n = \overline{V_{n,\text{tot}}^2} = \int_0^\infty \overline{V_n^2} \mathrm{d}f \qquad\qquad (10\text{-}14)$$

10.1.4　仿真实验：MOSFET 噪声特性的标定

1. 实验目标

① 学会利用 Empyrean 的 NOISE 仿真工具。

② 通过仿真查看 NMOS 晶体管和 PMOS 晶体管的热噪声与闪烁噪声，理解并估算转折频率。

③ 通过仿真得到本书所用工艺的热噪声系数 γ 和闪烁噪声系数 K_F。

2. 实验步骤

（1）实验电路的 Schematic 绘制

按照之前实验所介绍的电路图绘制方法，在 Schematic Editor 的界面中新建一个有源负载的单晶体管放大器，将 PMOS 和 NMOS 晶体管的长宽比均设置为 $1\,\mu\text{m}\,/\,1\,\mu\text{m}$，共源放大器 NM0 的直流输入电压 V0=0.65 V，供电电压 V1=1.8 V，有源负载偏置 V2 设为变量 vbp，如图 10-10 所示。

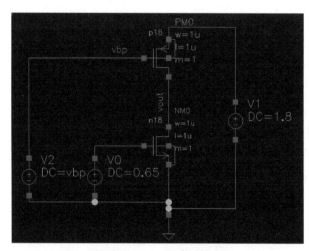

图 10-10　NOISE 仿真电路

（2）确定静态工作点

由于图 10-10 所示电路处于开环状态，其静态工作点极不稳定，需要在 NOISE 仿真前调整晶体管的静态工作点。首先进行 DC 仿真扫描变量 vbp 并观察输出电压 vout，为获得合适的直流工作点，可选取 vout 约为 0.9 V 时的电压作为有源负载 PM0 的偏置电压。如图 10-11 所示，在此特定尺寸和偏置的单晶体管放大器中，vbp 取 0.8 V 时可以使晶体管均工作在饱和区。此时通过 OP 仿真读者可以得到两个晶体管的工作状态如图 10-12 所示。

（3）设置 NOISE 仿真

在 MDE 主菜单单击 Analysis→Add Analysis，在弹出对话框中选择添加 AC 仿真，合理设置仿真区间和仿真点数，此处建议设置仿真点数为 $10\,/\,\text{dec}$。

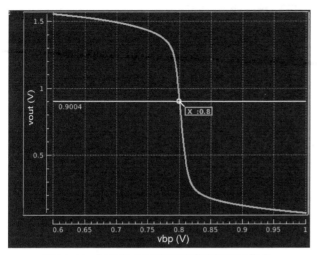

[NM0]	[PM0]
region = Saturati	region = Saturati
id = 9.0953u	id = -9.0953u
Ibs = -1.5327e-21	Ibs = 6.2617e-22
ibd = -89.5292f	ibd = 6.5092e-19
vgs = 650.0000m	vgs = -1.0000
vds = 900.8007m	vds = -899.1993m
vbs = 0.0000	vbs = 0.0000
vth = 404.6679m	vth = -422.6265m
vdsat = 225.1058m	vdsat = -481.9577m
vod = 245.3321m	vod = -577.3735m
gm = 66.2151u	gm = 28.2327u
gds = 313.0362n	gds = 251.0466n
gmb = 19.1639u	gmb = 9.3614u
cdtot = 1.1068f	cdtot = 1.3095f
cgtot = 7.3172f	cgtot = 7.3278f
cstot = 7.7587f	cstot = 8.5795f
cbtot = 4.6647f	cbtot = 4.2295f
cgs = 5.5991f	cgs = 6.4187f
cgd = 344.3637a	cgd = 416.9815a

图 10-11 扫描输入以获得正确的静态工作点　　　　图 10-12 两个晶体管的工作状态

单击 Apply 后继续添加 NOISE 仿真，如图 10-13 所示。在 NOISE 仿真中选择噪声分析的输出端口 vout，以及等效输入信号 V0，并在间隔数量 Num(interval)中选择 10。间隔数量 Num(interval)代表着每隔多少个 AC 仿真点进行一次 NOISE 仿真，当 AC 仿真点数为 10 / dec，且 NOISE 仿真间隔数量也为 10 时，每 10 倍频率将进行一次 NOISE 仿真。同时这里需要注意在对 NMOS 和 PMOS 晶体管进行 NOISE 仿真时，等效输入信号的选择是不同的。对于上述选择建议单击 Select Node 和 Select Source 并在 Schematic 中选取，以免出现拼写错误。

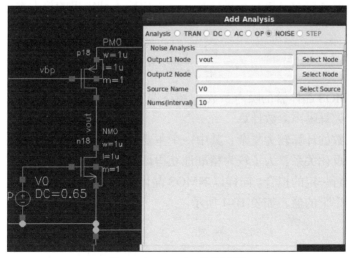

图 10-13　NOISE 仿真设置

在设置完成后开始仿真，NOISE 仿真结果将在 ZTerm 窗口中显示，通过之前的设置，可以得到多组不同频率的 NOISE 仿真结果。结果中的 id 为输出热噪声功率，fn 为输出闪烁噪声功率，找到 fn 和 id 相近时的频率，即可找到转折频率。对比各频率下的 NOISE 仿真结果可以推断出，NMOS 晶体管 NM0 的转折频率在 1 MHz 和 10 MHz 之间（ZTerm 中用 x 表示 10^6，以区别于用 m 表示的 10^{-3}），如图 10-14 所示。

```
######### noise analysis result at frequency 1.0000x
hierarchy
device              0:mnm0
rd              1.5901e-20
rs              1.1909f
id              2.1518p
rx              32.0974k
fn              8.8115p
total           10.9645p

hierarchy
device              0:mpm0
rd              1.0071e-20
rs              228.6261a
id              1.1191p
rx              11.0028k
fn              189.7389f
total           1.3090p
```

```
######### noise analysis result at frequency 10.0000x
hierarchy
device              0:mnm0
rd              1.5562e-20
rs              1.1113f
id              2.0078p
rx              17.5016k
fn              1.2502p
total           3.2592p

hierarchy
device              0:mpm0
rd              1.0396e-20
rs              213.3328a
id              1.0442p
rx              9.8895k
fn              13.1035f
total           1.0575p
```

（a）1 MHz 噪声　　　　　　　　　　（b）10 MHz 噪声

图 10-14　NMOS 晶体管在 1 MHz 和 10 MHz 下的 NOISE 仿真结果

若要更为精准地寻找转折频率，可以在 NOISE 仿真设置中减小间隔数量 Num(interval)以缩短 NOISE 仿真的频率间隔。

（4）晶体管热噪声参数计算

根据前文对 MOSFET 等效输入热噪声的定义：

$$V_n^2 = \frac{4kT\gamma}{g_m} \tag{10-15}$$

读者不难通过 OP 和 NOISE 仿真给出的结果得到此工艺模型中晶体管在饱和区中的热噪声系数 γ。这里需要特别注意的是，式（10-15）给出的是等效输入噪声，而仿真结果给出的是输出噪声，因此需要对其进行等效转换，即除以输入到输出的放大系数 A_0。以 NMOS 晶体管为例，

$$\gamma_N = \frac{V_n^2}{A_0^2} \cdot \frac{g_m}{4kT} \approx 0.62 \tag{10-16}$$

与之相应 PMOS 晶体管的噪声系数 γ_P 留待课后习题中计算。

（5）晶体管闪烁噪声参数计算

闪烁噪声系数的计算较为复杂，其中一个主要原因是闪烁噪声的功率与频率的关系并不是一个简单的反比关系，为了较为精准地获得该噪声参数，需要采集多个频率点的数据并对噪声公式进行一定的拟合。同样以 NMOS 晶体管为例，通过前述仿真可以得到闪烁噪声功率在不同频率下的值，如表 10-1 所示。

表 10-1　不同频率下的闪烁噪声功率

频率（Hz）	闪烁噪声功率（V²/Hz）
1	7.1×10^{-7}
10	1.08×10^{-7}
100	1.65×10^{-8}
1000	2.5×10^{-9}
10^4	3.81×10^{-10}
10^5	5.8×10^{-11}
10^6	8.81×10^{-12}

显而易见的是，在频率以 10 倍速率增长的时候，闪烁噪声的大小并没有按照相同的 10 倍速率下降，因此设计人员需对式（10-10）进行一定调整，添加频率相关的系数 α_N。修正后的公式如式（10-17）所示。

$$\overline{V_{n,1/f,N}^2} = \frac{K_{F,N}}{C_{OX}^2 WL}\left(\frac{1}{f}\right)^{\alpha_N} \qquad （10\text{-}17）$$

在对表 10-1 中的数据进行拟合后，得到 $\alpha_N \approx 0.82$，随后即可计算得到 NMOS 晶体管的闪烁噪声系数 $K_{F,N}$。同样需要注意的是，公式中给出的是等效输入噪声，而仿真结果给出的是输出噪声，系数的计算仍旧需要对其进行等效转换。

$$KF_N = \frac{\overline{V_{n,1/f,N}^2}}{A_0^2}\cdot C_{OX}WL\cdot f^{\alpha_N} \approx 4.6\times10^{-27}\ \ C^2/m^2 \qquad （10\text{-}18）$$

3. 实验总结

本次实验中主要介绍了 Empyrean 仿真工具中 NOISE 仿真的基本使用方法，使读者进一步理解噪声在频域上的表现形式，以及闪烁噪声系数、热噪声系数、转折频率等一系列概念。同时通过仿真计算，使得读者对晶体管的噪声成分有了初步的理解。

10.2　电路系统中的噪声优化

10.2.1　噪声的等效转换

1. 输入等效噪声模型

电路中的噪声来源多种多样，且分布在电路中的不同位置，这对我们衡量、评估电路噪声性能时造成一定困难。尤其是在对比不同架构、类似功能的电路时，设计人员需要一个简洁、直观的比较方案。因此，输入等效噪声就成了噪声分析的重要指标，其基本思想是将一个含噪声的网络等效成一个无噪声网络和一个在输出端的噪声源，如图 10-15 所示。此时输入端的噪声就成为整个网络的输入等效噪声。

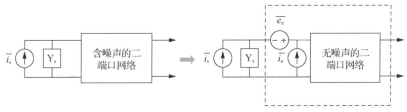

图 10-15　输入等效噪声定义

进行噪声的等效变换时，其基本思想与晶体管上有效信号变换的类似，主要是通过跨导和输入电阻进行电压到电流或到增益的计算。噪声等效主要的不同就是噪声的转换计算是通过功率进行的，因此在折算时需要对折算的数进行平方处理。譬如，将输出电流噪声折算为等效输入电压噪声时，需要除以跨导的平方，即 $1/g_m^2$。

2. 共源放大器的噪声

本小节将首先分析共源放大器和有源负载组合而成的放大电路，如图 10-16 所示。

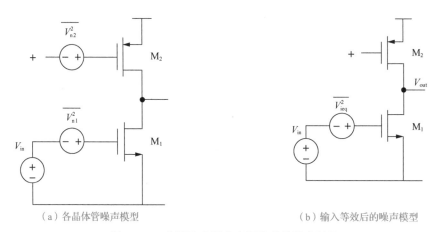

（a）各晶体管噪声模型　　　　　　　（b）输入等效后的噪声模型

图 10-16　共源放大器和有源负载的噪声转换

在该电路中，需要将有源负载 M_2 的噪声转化叠加到晶体管放大器 M_1 上。首先可以分别用 $\overline{V_{n1}^2}$ 和 $\overline{V_{n2}^2}$ 来表示晶体管 M_1 和 M_2 的输入等效噪声，然后我们需要寻找一种方法将电路中所有的噪声用一个等效输入噪声 $\overline{V_{ieq}^2}$ 来表示。不难看出由于 $\overline{V_{n1}^2}$ 和 $\overline{V_{ieq}^2}$ 处于同一个位置，电路中只有 $\overline{V_{n2}^2}$ 需要转换。噪声转换的基本思路是将每个噪声源产生的噪声统一变换为输出端噪声，然后根据传递函数将其转换到需要的输入端口。如图 10-17 所示，将负载晶体管 M_2 的噪声 $\overline{V_{n2}^2}$ 变换为在输出端口产生的一个噪声电流 $\overline{I_{n2}^2}$，则该噪声电流应满足：

$$\overline{I_{n2}^2} = \overline{V_{n2}^2} \cdot g_{m2}^2 \tag{10-19}$$

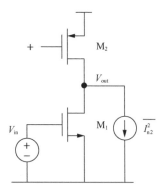

图 10-17　有源负载晶体管噪声等效变换至输入端口

随后将该噪声电流转换到放大器信号输入端口，即晶体管 M_1 的栅极处，则有

$$\overline{V_{ieq,2}^2} = \frac{\overline{I_{n2}^2}}{g_{m1}^2} = \overline{V_{n2}^2} \cdot \left(\frac{g_{m2}}{g_{m1}}\right)^2 \tag{10-20}$$

最终，加上晶体管 M_1 的原有噪声，该单级放大电路总的等效输入噪声如式（10-21）所示。

$$\overline{V_{ieq}^2} = \overline{V_{n1}^2} + \overline{V_{n2}^2} \cdot \left(\frac{g_{m2}}{g_{m1}}\right)^2 \tag{10-21}$$

已知一个晶体管的噪声由沟道热噪声、栅极电阻热噪声和闪烁噪声组成，其中栅极电阻通常可通过优秀的版图设计降低，因此在通常的电路设计中可暂不考虑。而闪烁噪声发生在低频区域上，对于大带宽电路而言影响较小；对于低频前端应用，可以通过单纯地增加面积降低闪烁噪声。除了对晶体管的优化外，还有如斩波稳零（Chopper Stabilization）等设计方法可以绕过闪烁噪声的问题。综上所述，在当前阶段读者可以合理地假设晶体管的主要噪声来源是沟道热噪声，且若进一步近似认为 NMOS 晶体管和 PMOS 晶体管的热噪声系数 γ 相等，则此时式（10-21）可被进一步化简为

$$\overline{V_{\text{ieq}}^2} \approx 4kT\gamma_{\text{N}}\frac{1}{g_{\text{m1}}} + 4kT\gamma_{\text{P}}\frac{1}{g_{\text{m2}}}\left(\frac{g_{\text{m2}}}{g_{\text{m1}}}\right)^2 = 4kT\gamma\frac{1}{g_{\text{m1}}} + 4kT\gamma\frac{1}{g_{\text{m1}}}\cdot\frac{g_{\text{m2}}}{g_{\text{m1}}}$$

$$\approx \overline{V_{\text{n,1}}^2}\cdot\left(1+\frac{g_{\text{m2}}}{g_{\text{m1}}}\right)$$

（10-22）

可以看到此时有源负载上的噪声在折算时会有一个因子 $g_{\text{m2}}/g_{\text{m1}}$，为了减小晶体管 M_2 对整体噪声表现的影响，应尽可能降低 g_{m2}，即使该有源负载电路具有较大的过驱动电压$(V_{\text{GS}}-V_{\text{TH}})$（较小的 W/L），这是电路设计中一个重要的结论。

3. 共源共栅结构的噪声

共源共栅结构噪声的分析方式与上例的类同，但是需要注意噪声电流转换的方式。根据之前的换算方法，读者应该可以理解将晶体管 M_2 的噪声用并联的噪声电流表示的方法，如图 10-18 所示。但是需要注意的是，共源共栅结构中噪声电流 $\overline{I_{\text{n2}}^2}$ 并不会全部流入晶体管 M_1，准确地说，其中大部分将被其自身消化吸收。在图 10-18 中，晶体管 M_2 的噪声电流强度以红色箭头表示。

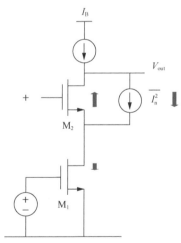

图 10-18　共源共栅结构中晶体管中噪声电流的影响

想要定量地理解进入晶体管 M_1 的噪声数量，读者可以回顾之前关于共源共栅电路的知识：M_1 的电流变化即共源共栅电路整体输出电流的变化。因此，可以根据源极退化（Source Degeneration）技术的等效跨导来分析流经 M_1 的噪声电流。根据源极退化技术可知，晶体管 M_2 的等效跨导为

$$g_{m2,eq} = \frac{g_{m2}}{1 + g_{m2} \cdot \gamma_{O1}} \approx \frac{1}{\gamma_{O1}} \tag{10-23}$$

则图 10-19（a）中输出端噪声电流可表示为

$$\overline{I_{n2,eq}^2} = \overline{V_{n2}^2} \cdot \frac{1}{\gamma_{O1}^2} \tag{10-24}$$

在将噪声电流进一步等效转换到晶体管 M_1 的输入端时［见图 10-19（b）］，其噪声电压可表示为式（10-25），不难看出其比原噪声减少了几个数量级，因此在设计中可以忽略不计。

$$\overline{V_{n2,eq}^2} = \overline{I_{n2,eq}^2} \cdot \frac{1}{g_{m1}^2} = \overline{V_{n2}^2} \cdot \frac{1}{A_{0,1}^2} \tag{10-25}$$

共源共栅结构的噪声性能非常好，它能大大提高电路的增益而不增大功耗，并且对电路的噪声性能没有任何损害，所以这一结构在各种电路中被频繁使用。

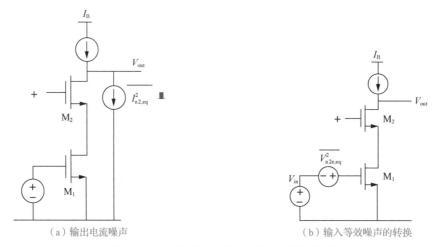

（a）输出电流噪声　　　　　　　　　　（b）输入等效噪声的转换

图 10-19　共源共栅结构中晶体管的噪声转换

4. 电流镜的噪声

一个简单的电流镜如图 10-20 所示，它的电流增益因子是 B。首先用电流源的形式来表示所有可能的噪声源，同时输入信号也有一个输入电流噪声 $\overline{I_{nin}^2}$，两个晶体管也都有正比于跨导 g_m 的噪声电流源 $\overline{I_{n1}^2}$ 和 $\overline{I_{n2}^2}$。这样就不难得出总的输出噪声，其中所有的输入噪声都需要乘以系数 B^2，如式（10-26）所示。

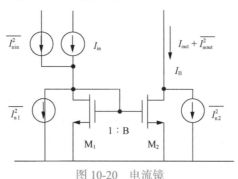

图 10-20　电流镜

和前述分析相同，将系统的输出噪声等效到输入端 $\overline{I_{\text{ieq}}^2}$，可以看到额外添加的输入噪声主要由电流镜的两个晶体管产生（具体占比根据增益 B 不同而不同），根据之前噪声电流的表达式，减小噪声的主要方法是减小电流镜的跨导 g_{m}，即为元件设计较大的过驱动电压 $V_{\text{GS}}\text{-}V_{\text{TH}}$（较小的 W/L），这与有源负载的设计思路相同。

$$\overline{I_{\text{nout}}^2} = \overline{I_{\text{n2}}^2} + B^2\left(\overline{I_{\text{nin}}^2} + \overline{I_{\text{n1}}^2}\right) \tag{10-26}$$

$$\overline{I_{\text{ieq}}^2} = \frac{\overline{I_{\text{nout}}^2}}{B^2} = \overline{I_{\text{nin}}^2} + \frac{\overline{I_{\text{n2}}^2}}{B^2} + +\overline{I_{\text{n1}}^2} \tag{10-27}$$

5. 差分对的噪声

图 10-21（a）中显示了一个简单的差分对，两个晶体管的静态工作状态一致，产生的噪声也一样。因为这些噪声功率是不相关的，所以在计算噪声电压时要进行平方，同时由于将它的随机性噪声加在差分对正端还是负端并没有差别，可以将其等效至两个输入端口的任意一个，如图 10-21（b）所示。同时，总的等效输入噪声功率是单晶体管等效输入噪声电压功率的两倍，如式（10-28）所示。

$$\overline{V_{\text{ieq}}^2} = 2\overline{V_{\text{n1,2}}^2} \tag{10-28}$$

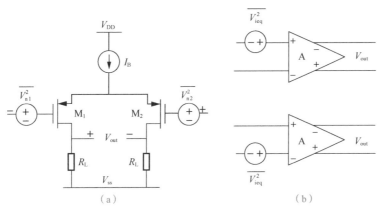

图 10-21　差分对的噪声

6. 有源负载差分放大器的噪声优化

图 10-22 所示是常见的有源负载单端输出差分放大器，在多个噪声源同时出现时，用电流的形式更容易理解其中的相互关系，因此 4 个晶体管的噪声都用并联电流源的形式表示，当然最终在等效输入表达时通常又需要将噪声转换回电压模式。电路左右两侧的工作状态基本一致，因此只要知道了半边电路的噪声功率，总噪声功率只需将其乘以 2 即可获得。首先观察右半支路，即晶体管 M_2 和 M_4，根据前文关于放大器噪声的分析不难得到该部分的噪声，

$$\overline{V_{\text{ieq},r}^2} = \frac{\overline{I_{\text{n2}}^2} + \overline{I_{\text{n4}}^2}}{g_{\text{m2}}^2} = \overline{V_{\text{n2}}^2} + \overline{V_{\text{n4}}^2}\cdot\left(\frac{g_{\text{m4}}}{g_{\text{m2}}}\right)^2 \tag{10-29}$$

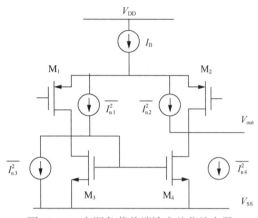

图 10-22 有源负载单端输出差分放大器

其中每个噪声源均包含闪烁噪声和热噪声两个部分，根据前述内容读者已经知道如何降低噪声：首先降低电流镜跨导和差分对跨导的比例，使电流镜噪声可以忽略不计；其次增加差分对跨导以减小其热噪声，也就是在偏置电流不变的情况下采用较大宽长比；最后就是增加差分对面积来减少闪烁噪声。在后续的仿真实验中，读者可以通过设置合理的晶体管尺寸，深入掌握这一方法。

10.2.2　仿真实验：五管 OTA 的噪声优化

1. 实验目标

① 掌握基本单元（电流镜、差分对等）的等效噪声换算。

② 了解电路中的噪声情况，并掌握噪声优化的方法。

2. 实验步骤

设计要求：如图 10-22 所示，设计一个偏置电流为 100 μA 的五管 OTA，使其等效输入噪声的 80% 来源于输入差分对 M_1 和 M_2。

（1）晶体管尺寸设计

通过之前的分析可知图 10-22 所示五管 OTA 中的噪声表达式（只考虑沟道热噪声）为

$$\overline{V_{ieq}^2} = 4kT\gamma\frac{1}{g_{m2}} + 4kT\gamma\frac{1}{g_{m2}}\left(\frac{g_{m4}}{g_{m2}}\right)^2 = \overline{V_{n,1}^2}\cdot\left(1+\frac{g_{m4}}{g_{m2}}\right) \tag{10-30}$$

由此不难得出要使等效输入噪声的 80% 来源于输入差分对，需要使

$$\frac{g_{m4}}{g_{m2}} = \frac{1}{4} \tag{10-31}$$

同时，由于流经两个晶体管的电流一致，根据之前晶体管饱和区跨导和过驱动电压的关系式，可以得到，

$$-\frac{g_{m4}}{g_{m2}} = \frac{(V_{GS}-V_{TH})_2}{(V_{GS}-V_{TH})_4} = \frac{1}{4} \tag{10-32}$$

在之前的实验中，读者已经大致得出本实验所用工艺的相关参数如下：

$$\mu_n C_{OX,N} \approx 280\ \mu m \tag{10-33}$$

$$\mu_{\mathrm{p}}C_{\mathrm{OX,P}} \approx 70 \ \mu\mathrm{m} \tag{10-34}$$

根据仿真设计中的要求 $I_{\mathrm{DS}}=100\ \mu\mathrm{A}$ ，且根据过驱动电压 V_{OV} 的经验范围（例如 $V_{\mathrm{OV,P}}=100\ \mathrm{mV}$ ， $V_{\mathrm{OV,N}}=400\ \mathrm{mV}$ ），在本实验中可初步设定：

$$\left(\frac{W}{L}\right)_{\mathrm{N}} = \frac{1\ \mu\mathrm{m}}{500\ \mathrm{nm}} \tag{10-35}$$

$$\left(\frac{W}{L}\right)_{\mathrm{P}} = \frac{64\ \mu\mathrm{m}}{500\ \mathrm{nm}} \tag{10-36}$$

按照手动计算的参数绘制五管 OTA 仿真电路，如图 10-23 所示。

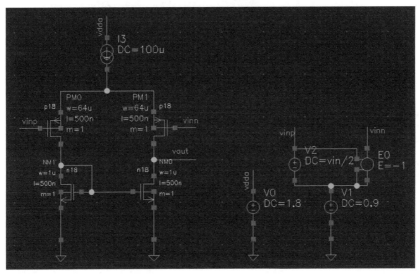

图 10-23 五管 OTA 仿真电路

（2）静态工作点确认及仿真频率的选择

由于该五管 OTA 处于开环状态，在对其进行仿真时，需要先扫描输入电压以使得所有晶体管均工作在饱和区中，或者使用负反馈电路自行获得合适的差分输入电压。同时，一个电路的总噪声来源于该电路带宽内所有频率上的噪声积分，而高频噪声由于所处带宽范围更大往往起到主导的作用，通常可以在高频段观察某个频率下噪声的情况以近似整个带宽内总积分噪声的情况。当然，由于电路的带宽是有限的，读者在选取仿真频率时需要确保该频率在系统带宽之内。因此，首先需要进行 DC 仿真，观察各晶体管的工作状态；随后进行 AC 仿真，以确定合适的 NOISE 仿真观测点。如图 10-24 所示，该五管 OTA 的带宽为 14 MHz，选取在 1 MHz 的频率进行观察是一个比较合适的选择。

（3）实施 NOISE 仿真

采取与之前 NOISE 仿真类似的设置，可以看到在 1 MHz 时 NMOS 晶体管和 PMOS 晶体管的噪声报告如图 10-25 所示。不难推出，此时 PMOS 晶体管的总噪声约为 216 fV^2 / Hz ，不到 NMOS 晶体管噪声 $1.225\ \mathrm{pV}^2/\mathrm{Hz}$ 的 $\frac{1}{5}$ ，其中原因主要是 NMOS 晶体管的闪烁噪声（ $1.1576\ \mathrm{pV}^2/\mathrm{Hz}$ ）远大于其自身热噪声。因此为了满足设计需求，需要增大 NMOS 晶体管的面积。

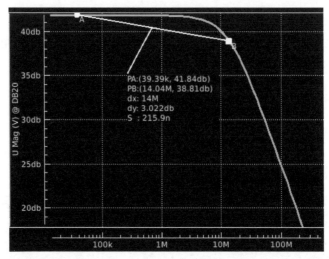

图 10-24　AC 仿真结果

```
hierarchy       mnm0
device          1:m1
rd              1.0525e-20
rs              89.4038a
id              67.3377f
rx              10.7077k
fn              1.1576p
total           1.2250p

hierarchy       mnm1
device          1:m1
rd              9.8855e-21
rs              83.9735a
id              63.2477f
rx              10.3775k
fn              1.0873p
total           1.1506p
```

```
hierarchy       mpm0
device          1:m1
rd              8.7610e-22
rs              76.3880a
id              212.5966f
rx              1.0673k
fn              3.7697f
total           216.4426f

hierarchy       mpm1
device          1:m1
rd              8.7623e-22
rs              76.3878a
id              212.5949f
rx              1.0673k
fn              3.7697f
total           216.4410f
```

（a）NMOS 晶体管　　　　　　　　　　（b）PMOS 晶体管

图 10-25　在 1 MHz 时 NMOS 晶体管和 PMOS 晶体管的噪声

由图 10-25 可知，在该频率下 NMOS 晶体管闪烁噪声的值是其热噪声值的 17 倍左右，为使其相对热噪声可忽略不计，可尝试将晶体管面积增大 64 倍，即长和宽同时增大 8 倍，使得 $(W/L)_N = 8\,\mu m / 4\,\mu m$。

在初步调整尺寸后，读者可以看到噪声的分布情况已经向我们所期待的方向转变。如图 10-26 所示，电流镜 NMOS 晶体管的噪声已经小于差分对 PMOS 晶体管的噪声，但是与设计要求仍有差距，因此读者需要继续调整晶体管尺寸以达到目标要求，之后的优化思路与操作步骤相同，在此处略去。

当然对于一个电路设计人员，关心的一直都是总积分噪声，仿真器也在每个频率点上给出了当下的总积分噪声。如图 10-27 所示，该电路 1 Hz 至 100 MHz 的总输出噪声为等效输入噪声，约为 $4.06\,\mathrm{mV_{RMS}}$，输入等效总噪声为 $31\,\mu\mathrm{V_{RMS}}$。通过 AC 仿真可知该电路的直流开环增益 A_0 为 181，若按照该增益换算，则等效输入噪声为 $22\,\mu\mathrm{V_{RMS}}$，小于仿真结果。其中主要的原因是噪声等效至差分输入信号源的一侧时，由于噪声的非相关性只能按功率相加，而计算信号增益时可以按幅值相加，系统自带的等效计算使输入等效噪声比实际大了 $\sqrt{2}$ 倍，仿真和计算结果也很好的验证了这一点。

```
device          0:mnm0
rd              1.5330e-21
rs              146.7915a
id              149.2105f
rx              3.3269k
fn              45.4686f
total           194.8259f

hierarchy
device          0:mnm1
rd              1.4677e-21
rs              141.3512a
id              143.6655f
rx              3.2587k
fn              43.7788f
total           187.5857f
```

（a）NMOS 晶体管

```
device          0:mpm0
rd              1.7532e-21
rs              162.5240a
id              456.6718f
rx              1.5540k
fn              8.6287f
total           458.8630f

hierarchy
device          0:mpm1
rd              1.7512e-21
rs              162.5216a
id              456.6520f
rx              1.5539k
fn              8.6283f
total           458.8429f
total           216.4410f
```

（b）PMOS 晶体管

图 10-26　尺寸调整后的噪声情况

```
#### output noise voltage                          = 7.4572f volt^2/hz
#### output rms noise                              = 86.3554n volt/hz^(1/2)
#### equivalent input noise at vv2                 = 3.1782n /hz^(1/2)
#### transfer function v(vout)/vv2                 = 27.1709

#### integral value of noise from 1.0000hz to 100.0000xhz
#### total output noise voltage                    = 4.0642m volt
#### total input noise at vv2                      = 31.1278u volt
```

图 10-27　1 Hz 至 100 MHz 带宽内的总噪声积分

3. 实验总结

通过对五管 OTA 的 NOISE 仿真让读者进一步了解了实际电路中的噪声情况，并通过实验设计让读者熟悉了通过对晶体管的尺寸调整实现噪声优化的思路。

10.3　课后练习

1. 准确找到 10.1.4 小节的仿真实验中 NMOS 晶体管和 PMOS 晶体管的转折频率。

2. 仿真推算出 PMOS 晶体管的热噪声系数 γ_P、闪烁噪声系数 K_{FP} 以及频率系数 α_P，并对比讨论 PMOS 和 NMOS 晶体管在作为低噪声差分对时哪个更适合。

3. 在 10.2.2 小节的仿真实验的基础上，通过优化晶体管尺寸，使得总等效输入噪声小于 $10\ \mu V_{RMS}$，并且通过计算分析其中热噪声和闪烁噪声的占比。

第 11 章 失调与共模抑制比

失调（Offset，也可译为失配）是指原本在设计中完全对称的晶体管元件或电路元件，由于系统性的或随机性的原因，出现了非对称的情况。这种非对称的情况通常可以在输入端被等效成一个输入等效失调（Input Referred Offset）电压，其常见的数值在几十微伏至几毫伏的区间内。显然，该数值对于高精度的模拟集成电路而言很可能成为制约其性能的瓶颈，因此模拟集成电路的设计人员需要在了解了失调的原因后将其优化甚至消除。

在两种产生失调的原因中，系统性失调是由于电路的非对称性形成的，通常容易通过全对称结构解决；而随机性失调的成因较多，且对它的优化往往伴随着其他指标的牺牲，如面积、速度等，因此对随机性失调的研究是本章的重点。本章首先将介绍导致随机性失调的不同原因，并分别分析它们的影响。随后介绍将不同失调因素转换至输入等效失调的方法，以及其中的优化思路。

失调带给电路直接的一个影响就是 CMRR 的下降。根据失调的来源，CMRR 也可分为随机性共模抑制比（CMRR_R）和系统性共模抑制比（CMRR_S）。本章将逐一分析两者的影响并通过仿真验证它们各自对电路系统参数的限制。

11.1 失调的来源

11.1.1 随机性失调

通过之前的学习，读者已经知道对于一个处于饱和区中的晶体管而言，其源漏电流的表达式如式（11-1）所示，

$$I_\text{DS} = \frac{1}{2}\mu_0 C_\text{OX} \frac{W}{L}(V_\text{GS} - V_\text{TH})^2 = \frac{1}{2}K\frac{W}{L}(V_\text{GS} - V_\text{TH})^2 \qquad (11\text{-}1)$$

式中用符号 K 代表离子迁移率和栅极表面单位电容的乘积。对于一个现实中的晶体管而言，设计人员会发现该公式中的每个部分都会产生一定的偏差，即产生失调。接下来本小节将逐一分析不同失调因素的原理和带来的影响。

1. 阈值电压的随机失调

晶体管的阈值电压 V_TH 并非一个固定不变的值，图 11-1 中给出了大量晶体管阈值电压 V_TH 的概率分布曲线，该分布密度函数可以用某个期望和标准差的正态分布来表示。

式（11-2）给出了阈值电压标准差 σ 的表达式，该值主要和晶体管面积 WL 的平方根成反比，系数 A_VT 取决于采用的工艺。其中参数 N_B 是晶体管衬底的掺杂浓度，虽然随着最小沟道长度 L_min 的减小，掺杂浓度 N_B 会有所增加，但是由于式中取 N_B 的四次方根，影响相对较小。因此，沟道上方栅极氧化层厚度的波动成了影响参数 A_VT 的主要因素。

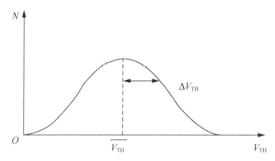

图 11-1　大量晶体管阈值电压 V_{TH} 的概率分布曲线

$$\sigma_{\Delta VT} = \frac{A_{VT}}{\sqrt{WL}}, \quad A_{VT} \sim t_{OX} \sqrt[4]{N_B} \qquad （11\text{-}2）$$

　　考虑到晶体管栅极厚度基本上是最小沟道长度 L_{min} 的 1/50，那么读者很容易推断出 A_{VT} 将随着工艺的进步线性下降。事实上这个趋势在 130 nm 工艺之前都是基本符合的，设计人员也可以通过它来预测某个工艺下的 A_{VT} 数值，如图 11-2 所示。但在深亚微米 CMOS 工艺下还是应当谨慎看待该趋势，目前经验所得 A_{VT} 在下降至 2 mV·μm 后就已无法继续改善，譬如某 55 nm 工艺中，A_{VT} 的数值仍然为 2 mV·μm。

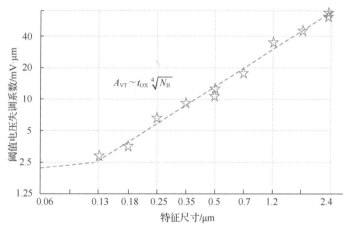

图 11-2　阈值电压失调的系数 A_{VT} 与工艺特征尺寸的关系

2. 工艺与尺寸的随机失调

　　电流表达式中的其他参数也呈现类似上述正态分布的形态。式（11-1）中 K 值的标准差可以通过式（11-3）表示，该参数描述的是载流子迁移率在不同掺杂浓度下发生的偏移。值得注意的是表达式中 A_K 的值非常小，因此本书不再对该项失调进行单独分析。

$$\frac{\Delta K}{K} = \frac{A_K}{\sqrt{WL}}, \quad A_K \approx 0.0056 \ \mu m \qquad （11\text{-}3）$$

　　作为 CMOS 工艺流程中的重要环节，光刻和掩膜的制造也必然会存在一定的误差，它们对于电流公式的影响体现在晶体管尺寸误差（W / L）上，如图 11-3 所示。不难理解，当 W 和 L 越大时，光刻和掩膜所造成的影响也就越小。

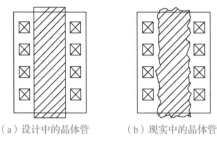

（a）设计中的晶体管　　（b）现实中的晶体管

图 11-3　晶体管尺寸出现随机偏差

对于尺寸误差的精确建模比较困难，早期的模型中尺寸误差主要取决于长和宽中较小的那一项，且误差参数 A_{WL} 值约为 0.02 μm，如式（11-4）所示。而随着工艺技术尤其是光刻精度的不断进步，尺寸误差的表达式逐渐转变为与晶体管的总面积相关，误差参数 A_{WL} 也进一步减小，譬如某 180 nm 工艺中 A_{WL} 的值大约为 0.005 μm，与工艺参数 K 造成的影响在一个数量级上，如式（11-5）所示。

$$\left(\frac{\Delta W / L}{W / L}\right)_{old} = A_{WL}\sqrt{\frac{1}{W^2} + \frac{1}{L^2}}, \ A_{WL} \approx 0.02 \ \mu m \qquad (11\text{-}4)$$

$$\left(\frac{\Delta W / L}{W / L}\right)_{new} = \frac{A_{WL}}{\sqrt{WL}}, \ A_{WL} \approx 0.005 \ \mu m \qquad (11\text{-}5)$$

因此，在当前模拟集成电路所采用的主流工艺水平下，晶体管的主要失调因素来自阈值电压 V_{TH} 的随机变化，甚至部分代工厂在对晶体管进行随机性建模时只对该因素建模，而不再考虑工艺与尺寸的失调。本书将采用式（11-5）所示的尺寸误差表达式分析电路的失调。

3. 差分对中的随机失调

一旦确定了影响晶体管失调的几个因素，读者就可以开始分析某个具体电路中的等效输入失调电压。以图 11-4 中差分对为例，假定其中负载电阻 R_L 完全对称，那么当差分输入信号为零时，差分输出信号 V_{out} 将由差分对中的失调电流决定。根据前文的分析，假设失调电压主要由阈值电压的失调和晶体管几何面积的失调造成，那么可以得到失调电流 I_{OS} 的表达式如式（11-6）所示，

$$\frac{V_{out}}{R_L} = I_{OS} = K\frac{W}{L}(V_{GS} - V_{TH})\Delta V_{TH} + \frac{1}{2}K\Delta\left(\frac{W}{L}\right)(V_{GS} - V_{TH})^2 \qquad (11\text{-}6)$$

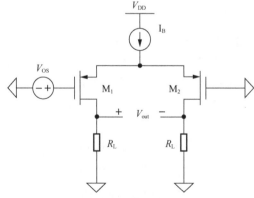

图 11-4　差分对的等效输入失调电压

已知该放大器的放大倍数为 $g_m R_{\mathrm{L}}$ ，且晶体管跨导可表示成 $g_m = K \cdot W / L (V_{\mathrm{GS}} - V_{\mathrm{TH}})$ ，则不难将输出失调电压转换到输入端：假设存在一个电压可以使得差分输出电压为 0，则该电压被定义为等效输入失调电压 V_{OS} ，其表达式如式（11-7）所示。从该公式我们可以看到，差分对的阈值失调电压会直接累加在等效输入失调电压上，因此根据式（11-2），增大差分对的面积是设计差分对常见手段。除此之外，读者可以看到几何尺寸的失调除了其自身大小外，还与晶体管的过驱动电压有关，因此为了进一步减小输入失调电压，差分对通常工作在较小的过驱动电压下，乃至进入弱反型区中。

$$V_{\mathrm{OS}} = \frac{V_{\mathrm{out}}}{g_m R_{\mathrm{L}}} = \Delta V_{\mathrm{TH}} + \frac{\Delta\left(\dfrac{W}{L}\right)}{\dfrac{W}{L}} \frac{(V_{\mathrm{GS}} - V_{\mathrm{TH}})}{2} \qquad (11\text{-}7)$$

4. 电流镜中的随机失调

作为模拟集成电路中常见的需要匹配的单元结构，电流镜的失调也是设计人员需要关心的问题，但这里人们所关心的差异并不是电压，而是电流。如图 11-5 所示，忽略晶体管的沟道调制效应，则输出电流偏离输入电流的量将完全由晶体管的失调造成，在此观察电流镜的相对失调情况，即 $\Delta I_{\mathrm{out}} / I_{\mathrm{out}}$ ，可以得到式（11-8）。

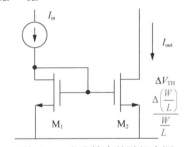

图 11-5　电流镜中的随机失调

$$\frac{\Delta I_{\mathrm{out}}}{I_{\mathrm{out}}} = \frac{2K\dfrac{W}{L}(V_{\mathrm{GS}} - V_{\mathrm{TH}})\Delta V_{\mathrm{TH}} + K\Delta\left(\dfrac{W}{L}\right)(V_{\mathrm{GS}} - V_{\mathrm{TH}})^2}{I_{\mathrm{out}}}$$

$$= \frac{2\Delta V_{\mathrm{TH}}}{V_{\mathrm{GS}} - V_{\mathrm{TH}}} + \frac{\Delta\left(\dfrac{W}{L}\right)}{\dfrac{W}{L}} \qquad (11\text{-}8)$$

不难看出，在电流镜电路中相对电流失调将直接受到晶体管几何尺寸失调的影响，因此增大面积又成为优化匹配的第一要点。此外，晶体管阈值电压的失调受到过驱动电压的影响，因此对于电流镜而言，通常将其偏置在较大的过驱动电压下，以减小失调的影响。大致预估这两项的参数后，不难发现电流镜中的主要失调来源仍旧是阈值电压的偏差，所以在电流镜的设计上，过驱动电压的取值至关重要。熟知这一要点对电流匹配敏感的电路（如电流舵型数字模拟转换器）的设计大有帮助。

11.1.2　电路中失调因素的转换

对于一个稍复杂的电路而言，其内部的失调因素可以互相等效转换，其具体分析方法也与噪声分析的类似，唯一不同的是噪声的等效转换是对功率而言的，而失调的转换直接作用在幅值之上。如图 11-6 所示，读者已经知道差分对的失调可直接体现在整个电路的等效输入失调电压上，因此只需将电流镜中的失调通过输出端的电流转换到输入端即可。

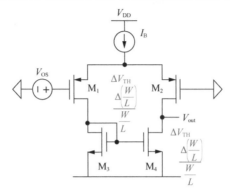

图 11-6　差分对中失调因素的转换

$$V_{OS} = V_{OS1,2} + \frac{I_{OS3,4}}{g_{mP}} = \Delta V_{TH1,2} + \frac{(V_{GS} - V_{TH})_{1,2}}{2}\left(\frac{\Delta\frac{W}{L}}{\frac{W}{L}}\right)_{1,2}$$

$$+ \frac{g_{m3,4}}{g_{m1,2}}\Delta V_{TH3,4} + \frac{(V_{GS} - V_{TH})_{1,2}}{2}\left(\frac{\Delta\frac{W}{L}}{\frac{W}{L}}\right)_{3,4} \quad (11\text{-}9)$$

根据式（11-9）不难看出，五管 OTA 的等效输入失调电压中，所有晶体管几何尺寸的失调影响均受到差分对过驱动电压的影响，因而可以通过一定的偏置方式降低其影响，且其本身造成的影响也相对较小，因此式（11-9）可以被进一步简化成式（11-10）。而电流镜的阈值失调电压在等效变换至输入端时会受两者跨导数值比例的影响，因此增大差分对跨导并减小电流镜跨导是优化该项影响的主要手段。细心的读者可能已经发现，该指导方法与噪声的优化方法一致，这大大简化了设计模拟集成电路的复杂度。

$$V_{OS} = \Delta V_{TH1,2} + \frac{g_{m3,4}}{g_{m1,2}}\Delta V_{TH3,4} \quad (11\text{-}10)$$

11.1.3　系统性失调

相比随机性失调的不确定性，系统性失调一般来说是电路的不对称所导致的，因此从原理上可以采用对称设计来避免这类误差。以电流镜为例，沟道调制效应带来的系统性不对称是第一个系统性误差源，两个晶体管源漏电压 V_{DS} 的不同会使输出电流与输入电流产生偏离（ΔI_{out}），如图 11-7 所示。由于非对称引起的系统性误差除了会产生一个等效输入电压外，还会使电路对共模输入电压敏感，本书将在后文详细介绍这一点。

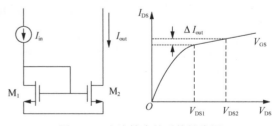

图 11-7　电流镜中的系统性失调

11.1.4　仿真实验：五管 OTA 的输入等效失调电压优化

1. 实验目标

① 深入理解并学会计算运算放大器的随机性失调和系统性失调。

② 学会通过对电路参数的设计来满足系统性失调的设计要求。

③ 学会使用的蒙特卡罗（Monte Carlo）仿真工具仿真电路中随机失调的情况。

2. 实验步骤

设计要求：一个五管 OTA 电路如图 11-8 所示，共模电压为 0.9 V，设计晶体管的尺寸，使得电路的跨导 g_m 大于 $1\,\mathrm{mA/V}$，且随机性等效输入失调电压的标准差 σ 小于 $1.2\,\mathrm{mV}$。

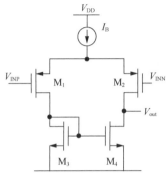

图 11-8　五管 OTA 电路

（1）晶体管尺寸设计

根据式（11-9），读者在做初步设计时可以假设忽略尺寸失调带来的影响，从而专注对阈值电压失调的分析。差分对和电流镜跨导的比例通常也是从预设开始的，假设差分对跨导是电流镜跨导的两倍，即 $g_\mathrm{mP}=2g_\mathrm{mN}$。由于两个元件随机失调值均符合正态分布，则简化后的随机性等效输入失调公式为

$$\sigma_{V_\mathrm{OS}}^2 = \sigma_{V_\mathrm{THP}}^2 + \left(\frac{g_\mathrm{mN}}{g_\mathrm{mP}}\right)^2 \times \sigma_{V_\mathrm{THN}}^2 \tag{11-11}$$

根据设计要求 $\sigma_{V_\mathrm{OS}} < 1.2\,\mathrm{mV}$，即 $\sigma_{V_\mathrm{OS}}^2 < 1.44\,(\mathrm{mV})^2$。已知 PMOS 晶体管和 NMOS 晶体管的阈值电压失调均满足同样的分布，不妨假设 $\sigma_{V_\mathrm{THP}}^2 = \sigma_{V_\mathrm{THN}}^2$。结合式（11-11）可知应有 $\dfrac{5}{4} \cdot \sigma_{V_\mathrm{THP}}^2 \cdot 2 \leqslant 1.44\,(\mathrm{mV})^2$，化简后可得 $\sigma_{V_\mathrm{THP}} \leqslant 0.759 \approx 0.8\,\mathrm{mV}$。

$$\sigma_{\Delta V_\mathrm{T}} = \frac{A_\mathrm{VT}}{\sqrt{WL}}, \quad A_\mathrm{VT} \approx 3.6\,\mathrm{mV \cdot \mu m} \tag{11-12}$$

将 σ_{V_THP} 代入式（11-12）可得电流镜和差分对的晶体管尺寸应满足：

$$WL > 20.25\,\mathrm{\mu m}^2 \tag{11-13}$$

根据差分对和电流镜的跨导比例，可以暂时先假定它们的过驱动电压分别为 $150\,\mathrm{mV}$ 和 $300\,\mathrm{mV}$，再根据 $1\,\mathrm{mA/V}$ 的跨导要求，则有

$$\left(\frac{W}{L}\right)_\mathrm{P} = \frac{44 \times 10^{-6}}{460 \times 10^{-9}} \tag{11-14}$$

$$\left(\frac{W}{L}\right)_N = \frac{11\times10^{-6}}{1.85\times10^{-6}} \quad\quad （11-15）$$

（2）Schematic 电路图绘制

按照之前实验中所描述的 Schematic 绘制方法，在 Schematic Editor 的界面中根据实验要求和手动计算的参数绘制电路图。由于在蒙特卡罗仿真中会随机产生失调，运算放大器在开环情况下通常无法保持合理的静态工作点，读者需要将运算放大器通过负反馈连接成闭环形式，如图 11-9 所示（此处建议不使用参数 Multiplier 和 Fingers，以免和仿真模型发生冲突）。此时该放大器进入深度负反馈，以单位增益缓冲器（Unit-Gain Buffer）的形式工作。随后通过 DC 仿真，确认每个晶体管均工作在所设计的状态之下，并确保跨导 g_m 满足实验中 1 mA / V 的要求。

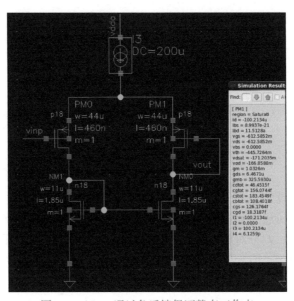

图 11-9　OTA 通过负反馈保证静态工作点

（3）加载蒙特卡罗仿真

进行蒙特卡罗仿真需要将仿真模型切换为专用的模型，其地址为/opt/PDK/demo180/models_mc/model.lib（需根据读者的使用环境修改）。建议将普通仿真模型和蒙特卡罗模型同时添加至仿真环境中，随后读者可以在模型设置中通过勾选快速切换普通模型和蒙特卡罗模型，如图 11-10 所示。

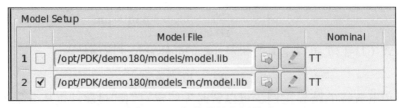

图 11-10　切换蒙特卡罗模型

随后当读者进行 DC 仿真并扫描输入信号时，同时勾选上 Monte Carlo 仿真的复选框，并在随机重复数这里输入 400，如图 11-11 所示。在扫描输入信号时，需要设置一个 0.9 V

的直流电压，再将变量"vin"叠加至直流电压之上，因此实际输入至五管 OTA 的电压区间为[890 mV, 910 mV]。

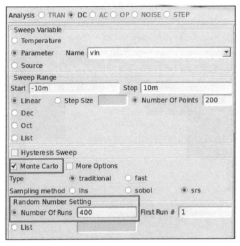

图 11-11　蒙特卡罗仿真设置

仿真的输出结果包含 400 条仿真结果线段，通过目视，读者只能大致看出其处于的区间，那么应该如何从这些数据中提取出想要的分布参数呢？

（4）实验数据处理

此时可以利用 iWave 自带的统计工具：首先在 iWave 窗口中右击，再选择"Add Y Cursor"从而添加 y 轴的标尺（或直接按快捷键"y"）。移动 y 轴标尺至 0.9 V，此时该标尺将给出所有仿真线段与其相交时的横轴坐标，如图 11-12 所示。因为该 OTA 已经被连接成单位增益形式，且实验定义的共模电压为 0.9 V，标尺给出的数值可以被等效认为是该 OTA 的等效输入失调。

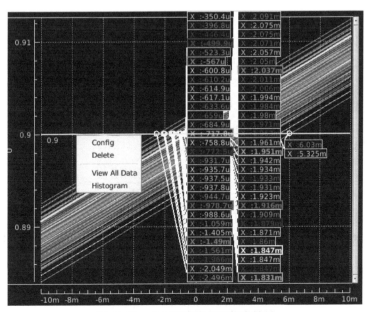

图 11-12　400 次蒙特卡罗仿真结果

此时右击 y 轴标尺，可以在弹出选项中看到"Histogram"直方图选项，选择展示直方图后，即可得到 400 次仿真结果所形成的分布情况。图 11-13 显示此电路等效输入失调分布的标准差为 1.29 mV，略大于实验所要求的指标，读者可以通过进一步的电路优化实现预期目标。

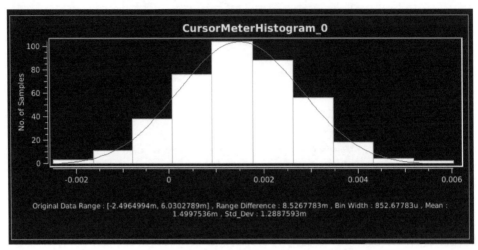

图 11-13　400 次蒙特卡罗仿真结果的直方图分布

3. 实验总结

通过这次实验，读者掌握了根据给定失调参数设计符合要求的五管 OTA 的思路，通过仿真工具对电路中的随机性失调有了更进一步的了解，在今后复杂电路的设计中要学会始终对电路的匹配保持警惕，并对这一性能进行预估。

11.2　共模抑制比

由非对称引起的系统性误差除了会产生一个等效输入电压外，连带副作用是使电路对共模输入电压 V_{INC} 敏感。对于一个理想差分对而言，共模输入信号的变化不会产生差模的输出信号；而实际情况中，系统的不对称会产生一个差模的输出电流，该电流的大小通常还可能受到共模电压的影响。在此可定义一个衡量电路对抑制共模变化程度的量，即 CMRR。它的基本定义是相同大小下共模输入电压和差模输入电压分别产生的差模输出电压之比，也可用二者到差模输出增益的比值表示。

$$CMRR = \frac{差模输入到差模输出增益}{共模输入到差模输出增益} = \frac{A_{DD}}{A_{DC}} \quad (11-16)$$

如同之前将失调的原因分为随机性和系统性两大类，此时同样可以将 CMRR 根据产生原因分为 $CMRR_S$ 和 $CMRR_R$ 两类，而一个电路最终的 CMRR 由其中较小的一个决定，其近似表达式可由式（11-17）表示，

$$\frac{1}{CMRR} = \frac{1}{CMRR_R} + \frac{1}{CMRR_s} \quad (11-17)$$

11.2.1　随机性共模抑制比

1.　无源负载失配时的 CMRR

本小节首先从无源负载电路出现失配的情况开始分析，如图 11-14 所示。假设差分对完全对称且忽略沟道调制效应，则两个负载上流过的电流相等。若电路中负载存在不对称现象，那么差分输出电压就存在一个非零的值，显然该非零输出电压除了与负载的非对称阻值有关外，还与偏置电流直接相关，即

$$V_{out} = \Delta R_L \cdot \frac{I_B}{2} \tag{11-18}$$

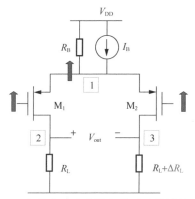

图 11-14　负载失配造成输出信号对共模输入敏感

那么当需要分析电路差分输出与共模输入的关系时，首先需要知道共模输入变化会对电路中哪些节点的电压产生影响。当共模电压 V_{INC} 变化时，由于差分对的偏置电压不会变化，从而使差分对的源极电压直接跟随共模电压发生变化，即图 11-14 中节点 1 处的电压将与共模输入电压发生同相、同幅变化。其次，对于共模输入信号而言，差分对可以被看成电流源上的共源共栅结构，其源极电压 V_S 将跟随共模输入电压 V_{INC} 变化。对于一个实际的电流偏置电路而言，可认为其存在内阻 R_B，共模输入电压 V_{INC} 对偏置电流 I_B 的影响可以表示成 $\partial I_B = \partial V_{INC} / R_B$。因此，该电路中共模输入到差模输出的增益 A_{DC} 可以由式（11-19）表示：

$$A_{DC} = \frac{\partial V_{out}}{\partial V_{INC}} = \frac{\Delta R_L}{2} \cdot \frac{\partial I_B}{\partial V_{INC}} = \frac{\Delta R_L}{2R_B} \tag{11-19}$$

图 11-14 所示电路中的差模增益可以表示为 $g_m R_L$，因此该差分结构的 CMRR 为

$$\text{CMRR} = \frac{A_{DD}}{A_{DC}} = \frac{g_m R_L}{\dfrac{\Delta R_L}{2R_B}} = 2g_m R_B \cdot \frac{R_L}{\Delta R_L} \tag{11-20}$$

从式（11-20）可以看出，负载对称性越好、偏置电流源内阻越大，电路的 CMRR 就越高。此处不将电流镜输出阻抗直接用晶体管内阻表示是因为当电流镜采用复杂结构（如共源共栅）时，其输出阻抗表达式将是包含一系列内阻和跨导的表达式。

2.　差分对失配时的 CMRR

当然除了负载外，差分对本身的失调也会造成 CMRR 下降的情况。如图 11-15（a）所

示，差分对由于阈值电压和几何尺寸等因素的随机变化存在失配现象，根据前文的分析，我们知道所有不同原因造成的失调均可同时等效变换至输入失调电压 V_{OS}，如图 11-15（b）所示。此时，根据定义在没有差模输入时电路自身会产生输出电流，

$$I_{OS} = V_{OS} \cdot g_m \tag{11-21}$$

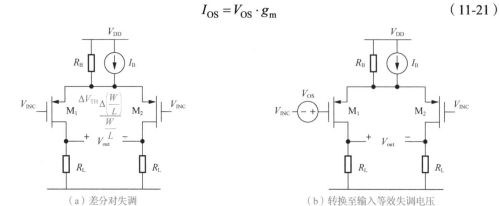

（a）差分对失调　　　　　　　　　　（b）转换至输入等效失调电压

图 11-15　差分对失调造成输出信号对共模输入敏感

当再次分析共模输入对图 11-15 所示电路的影响时，首先不难发现其仍将造成偏置电流 I_B 的变化，即 $\partial I_B = \partial V_{INC} / R_B$。由于等效输入失调电压 V_{OS} 主要由阈值电压的失调决定，其受偏置电流变化的影响较小，输出电流的变化主要由跨导的变化造成。重复之前的分析，可以得到该电路中共模输入到差模输出的增益 A_{DC} 为

$$A_{DC} = \frac{\partial V_{out}}{\partial V_{INC}} = V_{OS} \cdot \frac{\partial g_m}{\partial V_{INC}} \cdot R_L = \frac{V_{OS} \cdot R_L}{R_B} \cdot \frac{\partial g_m}{\partial I_B} \tag{11-22}$$

同样该电路中的差模增益可以表示为 $g_m R_L$，因此由差分对失配造成的 CMRR 为

$$CMRR = \frac{A_{DD}}{A_{DC}} = \frac{g_m R_L}{\dfrac{V_{OS} \cdot R_L}{R_B} \cdot \dfrac{\partial g_m}{\partial I_B}} = \frac{g_m R_B}{V_{OS}} \cdot \frac{\partial I_B}{\partial g_m} \tag{11-23}$$

已知偏置电流 I_B 为差分对晶体管中电流之和，即 $I_B = 2I_{DS}$。在此引入之前描述晶体管偏置状态时常用的参数单位电流跨导 gmovId，则式（11-27）可以进一步推导至

$$CMRR = \frac{g_m R_B}{V_{OS}} \cdot \frac{\partial I_B}{\partial g_m} = \frac{2 g_m R_B}{V_{OS}} \cdot \frac{1}{gmovId} = \frac{I_B \cdot R_B}{V_{OS}} \tag{11-24}$$

不难看出，等效输入失调电压和 CMRR 成反比例关系，当设计人员追求较高的 CMRR 指标时，优化输入失调电压就至关重要了。同时，其分子部分变成了偏置电流和输出电阻乘积，已知对于单晶体管电流镜而言，其输出电阻 R_B 主要由晶体管长度和偏置电流决定，当出现偏置电流和输出电阻乘积的表达式时，人们能做的只有提升沟道长度 L_B 这一条，如式（11-25）所示。当然，在输入范围足够的时候，可以考虑在偏置电流镜处设计共源共栅结构以大幅提升其输出电阻。

$$CMRR = \frac{I_B \cdot R_B}{V_{OS}} = \frac{I_B \cdot V_E \cdot L_B / I_B}{V_{OS}} = \frac{V_E \cdot L_B}{V_{OS}} \tag{11-25}$$

对于一个略加设计优化的差分对而言，可以假设 $V_E L_B$ 约等于 100 V，假设失调电压的方差为 1 mV 左右，那么不难发现经典差分对可以达到 100 dB 左右的 CMRR，这在大多数应用中都是一个比较理想的值。

3. 差分对与负载电阻同时失配时的 CMRR

当差分对与负载电阻的失调现象同时存在时，读者可以将最终的失调输出看成两者失调量的线性相加，而忽略他们之间相互作用的高阶影响，如式（11-26）所示，

$$\Delta V_{\text{out}} = (I_{\text{D}} + \Delta I_{\text{OS}}) \cdot (R_{\text{L}} + \Delta R_{\text{L}}) - I_{\text{D}} \cdot R_{\text{L}} \approx \Delta I_{\text{OS}} R_{\text{L}} + I_{\text{D}} \Delta R_{\text{L}} \tag{11-26}$$

将式（11-26）对共模输入电压求导得出共模增益，并最终得到两者共同作用时的 CMRR，如式（11-27）所示。从中不难看出，优秀的 CMRR 指标要求负载和差分对均保持对称性，同时对于差分对而言其应该偏置在尽量小的过驱动电压下，这与之前失调和噪声的优化思路保持一致。

$$\text{CMRR} = \frac{A_{\text{DD}}}{A_{\text{DC}}} = \frac{g_{\text{m}} R_{\text{L}}}{\left(\dfrac{\Delta R_{\text{L}}}{2} + \dfrac{V_{\text{OS}}}{V_{\text{GS}} - V_{\text{TH}}}\right) \dfrac{1}{R_{\text{B}}}} = \frac{2 I_{\text{B}} R_{\text{B}}}{\dfrac{\Delta R_{\text{L}}}{R_{\text{L}}} (V_{\text{GS}} - V_{\text{TH}}) + V_{\text{OS}}} \tag{11-27}$$

4. 五管 OTA 的 CMRR$_{\text{R}}$

前文分析了无源负载情况下 CMRR 的表达式，而在大多数情况下负载将通过晶体管以有源负载的形成出现，如图 11-16（a）所示。

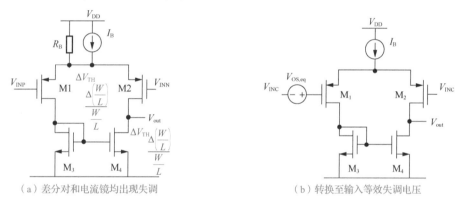

（a）差分对和电流镜均出现失调　　　　（b）转换至输入等效失调电压

图 11-16　五管 OTA 中失调因素的转换

回顾五管 OTA 中的失调情况，我们可以用 V_{OSP} 和 V_{OSN} 分别表示差分对 M_1/M_2 和电流镜 M_3/M_4 中的等效输入失调电压，因此由失调造成的输出电压为

$$V_{\text{OS,out}} = I_{\text{OS,out}} \cdot R_{\text{out}} = (V_{\text{OSP}} \cdot g_{\text{mP}} + V_{\text{OSN}} \cdot g_{\text{mN}}) \cdot R_{\text{out}} \tag{11-28}$$

同样令该公式对共模输入信号求导，可得其共模输入-差模输出增益为

$$A_{\text{DC}} = \frac{\partial V_{\text{OS,out}}}{\partial V_{\text{INC}}} = \frac{(V_{\text{OSP}} \cdot \partial g_{\text{mP}} + V_{\text{OSN}} \cdot \partial g_{\text{mN}}) \cdot R_{\text{out}}}{R_{\text{B}} \partial I_{\text{B}}} \tag{11-29}$$

与电路的差模增益比较，可以得到五管 OTA 中的 CMRR 为

$$\text{CMRR}_{\text{R}} = \frac{A_{\text{DD}}}{A_{\text{DC}}} = \frac{g_{\text{mP}} R_{\text{out}} \cdot R_{\text{B}}}{(V_{\text{OSP}} \cdot \partial g_{\text{mP}} + V_{\text{OSN}} \cdot \partial g_{\text{mN}}) \cdot \dfrac{R_{\text{out}}}{\partial I_{\text{B}}}}$$

$$= \frac{g_{\text{mP}} \cdot R_{\text{B}}}{\dfrac{V_{\text{OSP}} \cdot \partial g_{\text{mP}}}{\partial I_{\text{B}}} + \dfrac{V_{\text{OSN}} \cdot \partial g_{\text{mN}}}{\partial I_{\text{B}}}} = \frac{2 g_{\text{mP}} \cdot R_{\text{B}}}{V_{\text{OSP}} \cdot \text{gmovId}_{\text{P}} + V_{\text{OSN}} \cdot \text{gmovId}_{\text{N}}} \tag{11-30}$$

将式（11-30）上下同除差分对的"单位电流跨导"gmovId$_P$，并消除差分对跨导，可得

$$CMRR_R = \frac{I_B \cdot R_B}{V_{OSP} + V_{OSN} \cdot gmovId_N / gmovId_P} \qquad （11\text{-}31）$$

观察式（11-31），其分母部分 $V_{OSP} + V_{OSN} \cdot gmovId_N / gmovId_P$ 恰好就是整个五管 OTA 电路的等效输入失调电压 $V_{OS,eq}$，如图 11-16（b）所示，因此该随机性失调电压可以进一步表示成

$$CMRR_R = \frac{I_B R_B}{V_{OS,eq}} \qquad （11\text{-}32）$$

现在可以重新回到之前的结论：若要提升电路的 CMRR 指标，就要尽可能降低其等效输入失调电压；更重要的是，设计人员并不在意电路内部的具体结构，无论是有源还是无源负载，目标始终是对最终的等效输入失调进行设计优化。

11.2.2　系统性共模抑制比

1. 电路的固有非对称性

前文分析了随机性失调的影响，并推导发现可将电路中的所有因素等效变换成随机性的输入失调电压，并通过式（11-32）建立了随机性输入失调和 CMRR$_R$ 之间的联系。而除了随机性失调造成的电路非对称外，电路的固有非对称性同样会限制电路的 CMRR。

在本小节的分析中，先假设所有晶体管都完美匹配。同样以五管 OTA 电路为例，如图 11-17 所示。

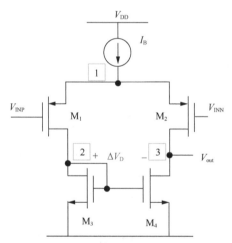

图 11-17　五管 OTA 电路中的系统性失调

电流镜 M$_3$/M$_4$ 将差分对的差分电流转换为单端输出，其中节点 2 晶体管的二极管连接形式电压值较为固定，而节点 3 是该放大器电路的高阻输出点，输出电压由具体反馈电路结构所决定，因此电流镜 M$_3$/M$_4$ 存在固有的非对称性。假设由于电路的非对称性，电流镜 M$_3$/M$_4$ 的源漏电压存在一个偏差 ΔV_D，而该偏差会造成电流镜上的失调输出电流 $I_{OS,34}$，以及差分对中的失调电流 $I_{OS,12}$。

$$I_{OS,34} = I_{DS3} - I_{DS4} = \frac{\Delta V_D}{r_{O,34}} \tag{11-33}$$

$$I_{OS,12} = I_{DS2} - I_{DS1} = \frac{\Delta V_D}{r_{O,12}} \tag{11-34}$$

显然，为了弥补电流镜中的电流失调，差分对需要通过一个输入等效失调电压 V_{OS} 来产生相应的差分电流。如图 11-18 所示，假设输入等效失调电压 V_{OS} 通过差分对产生了补偿电流 $I_{comp,12,gm}$，且该电流已经平衡了内部的失调电流。

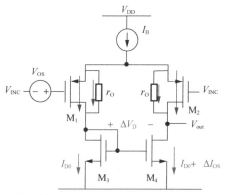

图 11-18　输入等效失调电压 V_{OS} 平衡电路中的系统性失调

$$I_{comp,12,gm} = I_{OS,12} + I_{OS,34} \tag{11-35}$$

$$\Rightarrow V_{OS} \cdot g_{m,12} = \Delta V_D \cdot g_{ds,12} + \Delta V_{DS} \cdot g_{ds,12} \tag{11-36}$$

$$\Rightarrow V_{OS} = \Delta V_D \cdot \frac{g_{ds,12} + g_{ds,34}}{g_{m,12}} \tag{11-37}$$

同时，根据电流相互补偿的关系，可以知道当跨导变化后，等效输入失调电压自然需要同步变化以同步补偿电流。当共模电压的变化使得该输入补偿电压 V_{OS} 也产生变化时，就能认为这是一种共模牵动差模的行为，或者说是共模抑制能力不足的表现。如同 11.2.2 小节中对差分对电路受共模电压变化的分析，差分对跨导 g_m 主要受到偏置电流变化的影响，而偏置电流的变化率则是由偏置电流镜的输出阻抗所决定的，因此式（11-37）中跨导 $1/g_{m,12}$ 受共模电压变化率的影响可以推导成：

$$\frac{\partial\left(1/g_{m,12}\right)}{\partial V_{INC}} = \frac{\partial\left(1/g_{m,12}\right)}{\partial I_B} \cdot \frac{1}{R_B} = \frac{-1}{I_D^2 \cdot gmovId_{12}} \cdot \frac{1}{2R_B} = \frac{-1}{I_D \cdot g_{m,12}} \cdot \frac{1}{2R_B} \tag{11-38}$$

结合式（11-37）和式（11-38），可知该电路的 $CMRR_S$ 为

$$\frac{1}{CMRR} = \frac{\partial V_{OS}}{\partial V_{INC}} = \Delta V_D \left(g_{ds,12} + g_{ds,34}\right) \frac{\partial\left(\dfrac{1}{g_{m,12}}\right)}{\partial V_{INC}}$$

$$= \Delta V_D \left(g_{ds,12} + g_{ds,34}\right) \frac{-1}{I_D \cdot g_{m,12}} \cdot \frac{1}{2R_B} = -\frac{\Delta V_D}{A_0} \cdot \frac{1}{I_B R_B} \tag{11-39}$$

$$CMRR_S = \frac{A_0}{\Delta V_D} \cdot I_B R_B = \frac{I_B R_B}{V_{OS,S}} \tag{11-40}$$

比较式（11-32）和式（11-40），可以看到两个表达式高度一致，唯一的区别是在计算 CMRR$_S$ 时，求解的是系统性不对称造成的等效输入失调。因此，此处得到一个重要结论，无论分析哪种失调因素，我们追求的始终是尽可能小的等效输入失调电压。

2. 差分对晶体管内阻的非线性变化

在前文的分析中，本书通过电路内部最终稳定的状态得到了输入失调电压 V_{OS}、电路负载不对称造成的电压差 ΔV_D、晶体管有限内阻 g_{ds} 和差分对跨导 g_m 的表达式，此处将其重新列出，

$$V_{OS} = \Delta V_D \cdot \frac{g_{ds,12} + g_{ds,34}}{g_{m,12}} \tag{11-41}$$

如果假设差分对的偏置电流镜设计足够完美，即 $R_B \approx +\infty$，那么无论共模电压如何变化，电路的偏置电流将不再变化。之前的快速估算方法告诉我们，无论晶体管处于何种工作区域（弱反型区、强反型区或速度饱和区）中，当其偏置电流和晶体管尺寸确定后，其跨导 g_m 和内阻 $r_O = 1/g_{ds}$ 将不再变化。那么当共模电压变化时，式（11-41）中的输入补偿电压（等效失调电压）也将保持不变，此时似乎可以得出一个"CMRR 无穷大"的结论？对于 CMRR 的优化设计是否只需要通过提升偏置电流源的输出阻抗即可？

当然，读者应该对于这类结论十分谨慎，尤其是当电路结构并不对称时。事实上，电路仿真的结果会直接否定上述推断得出的这个结论，显然此时需要重新审视一下源漏电压 V_{DS} 和晶体管内阻的关系。我们之所以得出上述结论，根本原因在于本书中推导内阻 r_O 时，将其看成了一个固定不变的值，而事实上的内阻 r_O 将随着源漏电压 V_{DS} 的变化而变化。相较本书现在使用的经典电路模型，半导体器件模型能够更好地表述这种关系：

$$g_{ds} = \frac{l_d \cdot I_{DS}}{L(V_{DS} - V_{DSat})} \tag{11-42}$$

$$l_d \propto \sqrt[3]{T_{OXE} W_{dep} X_j} \tag{11-43}$$

式中 T_{OXE} 是电氧化物厚度（Electrical Oxide Thickness），W_{dep} 是耗尽层宽度，X_j 是漏极结深度（Drain Junction Depth）。本书不对器件模型进一步展开介绍，读者只需要定性了解晶体管的工作行为即可。从式（11-42）不难看出，随着 V_{DS} 的增大，g_{ds} 将以反比例函数的方式减小，如图 11-19 所示。

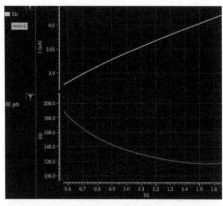

图 11-19 饱和区中 g_{ds} 与 V_{DS} 的非线性关系

　　由于 g_{ds} 的非线性表现，式（11-34）中的失调电流 $I_{OS,12}$ 将随源漏电压所跟随的共模电压变化。读者可以通过图 11-20 来理解这里的变化关系。假设差分对晶体管 M_1 和 M_2 一开始分别有着不同的源漏电压 V_1 和 V_3，其相对电压差为 ΔV_D，如图 11-20 中蓝色字体所指示。当共模电压发生幅值为 ΔV_{INC} 的变化时，晶体管的源漏电压同时移动至 V_2 和 V_4，因此其相对电压差仍旧为 ΔV_D，如图中红色字体标示。

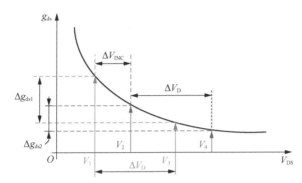

图 11-20　非恒定的 g_{ds} 对差分对失调电流的影响

　　差分对中由于内阻不同所产生的失调电流可以用流过两个晶体管的电流差表示，

$$I_{OS,12,gds} = V_1 \cdot g_{ds1} - V_3 \cdot g_{ds3} \tag{11-44}$$

在此我们可以用一阶曲线 $g_{ds} = C - a \cdot V_{DS}$ 描述 g_{ds} 与 V_{DS} 的近似关系，C 为一个常数，且已知差分对晶体管的漏极电压差为 $V_3 - V_1 = \Delta V_D$，则有

$$\begin{aligned} I_{OS,12,gds} &= V_1 \cdot (C - a \cdot V_1) - V_3 \cdot (C - a \cdot V_3) \\ &= C \cdot \Delta V_D + a(V_3^2 - V_1^2) = C \cdot \Delta V_D + a \cdot \Delta V_D^2 + a \cdot 2\Delta V_D V_1 \end{aligned} \tag{11-45}$$

而当两个晶体管的源漏电压移至 V_2 和 V_4 时，新的失调电流将变成

$$I'_{OS,12,gds} = C \cdot \Delta V_D + a \cdot \Delta V_D^2 + a \cdot 2\Delta V_D V_2 \tag{11-46}$$

那么由于共模电压变化而造成的失调电流可表示成：

$$\Delta I_{OS,12,gds} = I'_{OS,12,gds} - I_{OS,12,gds} = a \cdot 2\Delta V_D \cdot \Delta V_{CM} \tag{11-47}$$

在忽略跨导值 g_m 的微弱变化和内导 g_{ds} 与 V_{DS} 的高次非线性关系后，可以得出由于差分对内阻（内导）变化而出现的共模抑制瓶颈如式（11-48）所示，

$$\frac{1}{CMRR} = \frac{\partial V_{OS}}{\partial V_{CM}} = \frac{1}{g_{m,12}} \cdot \frac{\partial I_{OS,12,gds}}{\partial V_{CM}} = \frac{a \cdot \Delta V_D}{g_{m,12}} \tag{11-48}$$

式中系数 a 是之前用一阶函数近似 g_{ds} 与 V_{DS} 关系曲线时所用的斜率。重新回顾式（11-42），可以看到 I_{DSat} 与 L 在分子和分母上会相互抵消，因此 a 对于不同的晶体管尺寸设计而言是基本不变的。当参数 a 对内导 g_{ds} 进行归一化后，在本书所用的工艺中其数值大约为 -0.4，即 $a \approx -0.4g_{ds}$。此时 CMRR 的简单估算公式可推导为

$$CMRR = \frac{g_{m,12}}{0.4 \cdot g_{ds,12} \cdot \Delta V_D} = A_{0,12} \cdot \frac{1}{0.4 \cdot 2\Delta V_D} \tag{11-49}$$

　　因此提升电路 CMRR 的设计指导思想就是尽可能降低电路的不对称性（降低 ΔV_D）并提升差分对的本征增益。当 $\Delta V_D \approx 0.2\ V$ 且差分对本征增益 $A_{0,12} \approx 80$ 时，该五管 OTA 的

CMRR 值被限制为 60 dB 左右，仿真结果可以很好地支持以上理论分析，读者可自行验证。

　　显然，为了获得尽可能高的 CMRR，电路应该尽可能工作在对称的状态下，五管 OTA 作为非对称电路，其 CMRR 值受到固有的限制，在需要高 CMRR 的应用场景中，读者应该使用对称的全差分电路，并配合失调抑制技术以降低等效输入失调电压。

11.2.3　共模抑制比的仿真测量方法

　　根据 CMRR 的定义，设计人员可以分别测量（仿真）运算放大器的差模输入-差模输出增益及共模输入-差模输出增益：分别采用差分输入电压 V_{OSC} 和共模输入电压 V_{INC}，并确保电路的正常工作状态，如图 11-21 所示。

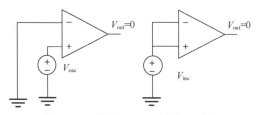

图 11-21　测量 CMRR 的方法示意

　　但是 CMRR 测量的主要困难在于需要引入随机性的失调，而当电路中存在随机且不定的失调时，图 11-21 所示的开环电路将无法保证所有失调下运算放大器均能工作在正常的直流偏置点上。因此 CMRR 的仿真需要一些特殊的负反馈设置，如图 11-22 所示。

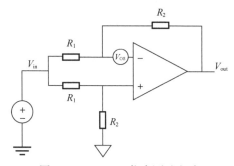

图 11-22　CMRR 仿真测试电路

　　假设电阻 R_1、R_2 均为理想电阻，由于负反馈的连接方式，电路总能自适应地找到其静态工作点，其中电路的各个节点电压时钟满足以下关系：

$$\begin{cases} \dfrac{V_{\mathrm{in}} - V_{\mathrm{amp,N}}}{R_1} = \dfrac{V_{\mathrm{amp,N}} - V_{\mathrm{out}}}{R_2} \\[3mm] V_{\mathrm{amp,P}} = \dfrac{R_2}{R_1 + R_2} V_{\mathrm{in}} \end{cases} \tag{11-50}$$

式中 $V_{\mathrm{amp,P}}$ 和 $V_{\mathrm{amp,N}}$ 分别是运算放大器的正负输入端电压，因此可以推导出运算放大器的等效输入差模和输入共模分别为

$$V_{\mathrm{amp,DM}} = V_{\mathrm{amp,P}} - V_{\mathrm{amp,N}} \tag{11-51}$$

$$V_{\mathrm{amp,CM}} = \frac{V_{\mathrm{amp,P}} + V_{\mathrm{amp,N}}}{2} \tag{11-52}$$

将式（11-50）代入式（11-51）和式（11-52），可进一步得到运算放大器的差模和共模输入电压与整个反馈测试电路输入、输出电压间关系：

$$V_{\text{amp,DM}} = \frac{-R_1}{R_1 + R_2} V_{\text{out}} \tag{11-53}$$

$$V_{\text{amp,CM}} = \frac{2R_2 V_{\text{in}} + R_1 V_{\text{out}}}{2(R_1 + R_2)} \tag{11-54}$$

由于 CMRR 定义为差模-差模增益和共模-差模增益的比值，自然要求这两个增益存在有限值，同时这两个增益和运算放大器输入、输出电压的小信号关系需满足：

$$V_{\text{out}} = A_{\text{DD}} \cdot V_{\text{amp,DM}} + A_{\text{DC}} \cdot V_{\text{amp,CM}} \tag{11-55}$$

联立式（11-53）～式（11-55），可以得到整个测试电路的传递函数，

$$H(s) = \frac{V_{\text{out}}}{V_{\text{in}}} = \frac{\dfrac{R_2}{R_1 + R_2} A_{\text{DC}}}{1 + \dfrac{R_1}{R_1 + R_2} A_{\text{DD}} - \dfrac{R_1}{2(R_1 + R_2)} A_{\text{DC}}} \tag{11-56}$$

由于差模增益 A_{DD} 通常都远大于共模增益 A_{DC}，同时根据 CMRR 的定义，上述公式可以被进一步简化，

$$H(s) = \frac{V_{\text{out}}}{V_{\text{in}}} = \frac{R_2 \cdot A_{\text{DC}}}{R_1 \cdot A_{\text{DD}}} = \frac{1}{\text{CMRR}} \cdot \frac{R_2}{R_1} \tag{11-57}$$

因此，读者只需要在共模输入电压 V_{in} 处设置交流激励，直接观察输出电压的增益即可得到该运算放大器的 CMRR。这里需要注意的是，这个测试方法通常只在仿真中可以运用，其主要原因是它对外围电路中电阻的匹配有着较高的要求，实际电路中的电阻通常无法达到这一点。外围反馈电阻的失配将会直接限制所能测试得到的 CMRR 上限，具体分析将在课后习题中留给读者自行证明。

11.2.4　仿真实验：五管 OTA 的共模抑制比设计与优化

1. 实验目标

① 深入理解并学会计算运算放大器的随机性失调和系统性失调。

② 学会通过仿真工具计算 CMRR。

2. 实验步骤

设计要求：设计一个跨导不小于 1 mA/V 的五管 OTA，使其在 99.5% 良率下 CMRR 超过 80 dB。

（1）Schematic 电路图绘制

绘制图 11-23 所示仿真电路。请注意，本仿真实验中 CMRR 的参数测试对于偏置电流源内阻较为敏感，因此在绘制电路时不能再使用理想电流源，而需要使用晶体管电流镜。差分对和电流源负载暂时沿用 11.1.4 小节中的参数。

接下来讨论晶体管参数对 CMRR 的影响。由于实验要求 80 dB CMRR，我们可设 CMRR_R 和 CMRR_S 均为 86 dB。

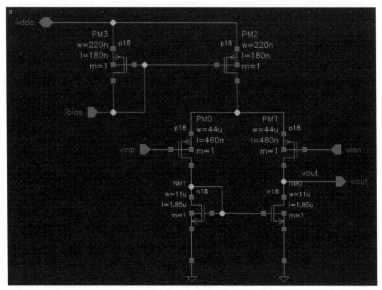

图 11-23　仿真电路

首先讨论 CMRR_R ，已知 CMRR_R 公式如下，

$$\text{CMRR}_R = \frac{V_E L_B}{V_{\text{OSP}} + V_{\text{OSN}}\dfrac{\text{gmovId}_N}{\text{gmovId}_P}} \tag{11-58}$$

根据之前实验中的晶体管参数，随机性等效输入失调电压基本不超过 5 mV（回顾 11.1.3 小节中五管 OTA 的阈值失调电压标准差仅为 1.29 mV，按照 99.5%的良率得 $V_{\text{OS}} = 3.9$ mV，而尺寸失调、工艺失调的影响远小于阈值电压失调，因此这是一个较为现实、保守的估计），将该值和 $V_E = 40$ V / μm 代入式（11-58），可计算得到 $L_B = \text{CMRR}_R \cdot V_{\text{OS}} / V_E \approx 20000 \times 5 \times 10^{-3} / 40 = 2.5$ μm 。

与 11.1.3 小节不同的是将理想电流源换为电流镜，根据前文推导已知 PMOS 电流源的沟道长度应满足 $L_B \geqslant 2.5$ μm ，不妨取 $L_B = 2.5$ μm ，将过驱动电压设为典型值 0.2 V，则有 $W / L = 143$ ，即 PMOS 电流源的沟道宽度 $W_B \approx 360$ μm 。

（2）搭建 CMRR 仿真测试台

CMRR 的仿真需要一些特殊的设置，除了在 AC 的基础上叠加 Monte Carlo 仿真外，还需要图 11-24 所示的测试电路。考虑到运算放大器的输出驱动能力，我们选择电阻的阻值为 100 MΩ。注意电阻 R2 所接的是模拟地，或者可以理解为电路中的共模电压值。

（3）电路 CMRR 仿真

将图 11-23 所示的五管 OTA 封装成 symbol 后，通过电阻按照上述电路搭建反馈回路，进行 OP 仿真观察电路的静态工作点，确保电路工作在饱和区中。

设置输入信号源 Vin 的 ACMEG 值为 1，随后打开 AC 仿真，并勾选 Monte Carlo 复选框。在 Random Number Setting 选项中将随机次数设为 100，如图 11-25 所示。

根据 CMRR 的求解公式，在 MDE 窗口中 Output 栏右击 Add Expression 添加相应的公式，因为输入信号幅值已经设置为 1，因此 CMRR 的表达式可以用 $20\lg(1 / V_{\text{OUT}})$ 表示，其在仿真工具的表达形式如图 11-26 所示。

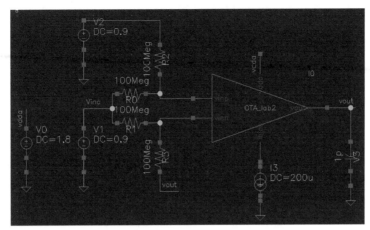

图 11-24　仿真电路

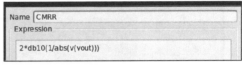

图 11-25　打开 AC 仿真中的 Monte Carlo 选项　　　　图 11-26　CMRR 计算公式

　　通过仿真可以看到 CMRR 在不同频率上的值，在此我们只关心其直流量的大小。最终通过仿真获得 CMRR 的值，如图 11-27 所示，根据正态分布忽略数值最差的结果后可以看到此时 CMRR 最小值仅约为 64 dB。距离预期的 80 dB 还有较大差距。

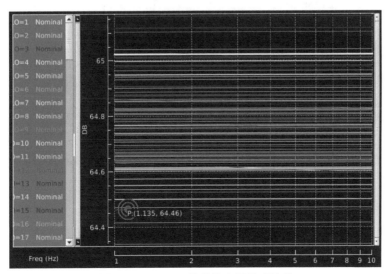

图 11-27　CMRR 的蒙特卡罗仿真结果

（4）CMRR 参数优化

读者已经知道 $CMRR_R$ 和 $CMRR_S$ 会共同作用于电路之中，有 $\dfrac{1}{CMRR} = \dfrac{1}{CMRR_R} + \dfrac{1}{CMRR_S}$，取对数则有 $\lg(CMRR) = \lg(CMRR_R) + \lg(CMRR_S) - \lg(CMRR_R + CMRR_S)$，显然 CMRR 由二者中更低的值决定。因此要想提高 CMRR 就必须先回答一个问题：系统性失调和随机性失调谁起了主导性作用？

电路的尺寸设计均是在目标 $CMRR_R$ 下进行的，因此我们有理由相信随机性的影响已经得到一定控制。那么现在需讨论一下 $CMRR_S$。根据式（11-59），差分对应尽可能工作在较高本征增益下，且电流镜应尽可能对称。

$$CMRR_S = \frac{g_{m,12}}{0.4 \cdot g_{ds,12} \cdot \Delta V_D} = A_{0,12} \cdot \frac{1}{0.4 \cdot 2\Delta V_D} \qquad （11-59）$$

接下来验证一下之前的思路是否正确：保持偏置电流镜和差分对工作状态不变，同时在差分对面积不变的前提下减小其宽长比。该改动将增加电流镜偏置电压 V_{GS} 从而减少电路的非对称性 ΔV_D。初步尝试令 $(W/L)_{34} = 8\ \mu m / 2.5\ \mu m$，可得到 $\Delta V_D \approx 35\ mV$。

新参数下五管 OTA 的 CMRR 测试结果如图 11-28 所示，可以看到此时 CMRR 最低值为 82.35 dB，较之前获得了大幅提高且达到 80 dB 的目标。

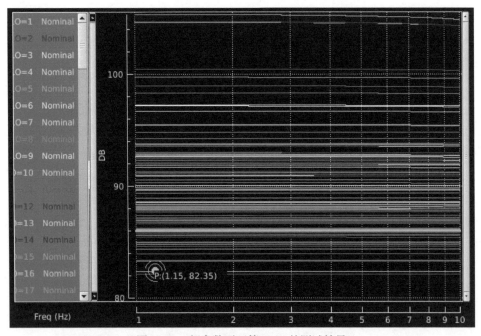

图 11-28　新参数下五管 OTA 的测试结果

3. 实验总结

本次实验主要介绍了系统性失调和随机性失调及 CMRR 的仿真方法，使读者熟悉了如何通过这 3 个给定的参数来进行五管 OTA 的设计及参数验证，掌握了 Monte Carlo 工具的使用方法。

11.3　课后练习

1. 在 11.1.4 小节的仿真实验的基础上，通过优化晶体管尺寸使等效输入失调电压尽可能接近 $N(0, 0.25\,\mathrm{mV}^2)$ 的正态分布（总面积越小越好）。

2. 在 11.2.5 小节的仿真实验关于 CMRR 仿真测试的测试电路中，尝试给出电阻匹配度和所能测试 CMRR 极限的关系。

3. 在 11.2.5 小节的仿真实验中，分析温度变化给电路 CMRR 带来的影响，并尝试修改电路结构以获得更好的 CMRR 健壮性。

附录 A　180 nm 工艺下的 g_m/I_D 仿真图

　　附录 A 将提供本书所采用 180 nm 工艺中 NMOS 和 PMOS 晶体管不同沟道长度下，g_m/I_D 与本征增益 $A_0 = g_m r_O$、特征频率 f_T、沟道调制效应系数 λ、单位尺寸电流 $I_D/(W/L)$ 和过驱动电压 V_{OV} 的关系，如附图 A1～附图 A10 所示，以便读者在使用 g_m/I_D 设计方法时可快速查询。

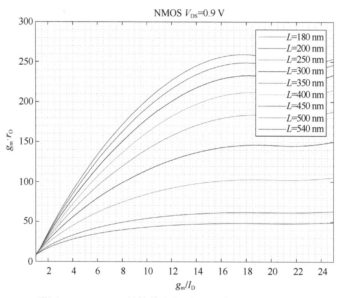

附图 A1　NMOS 晶体管本征增益与跨导效率的关系

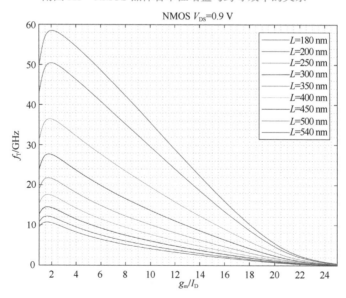

附图 A2　NMOS 晶体管特征频率与跨导效率的关系

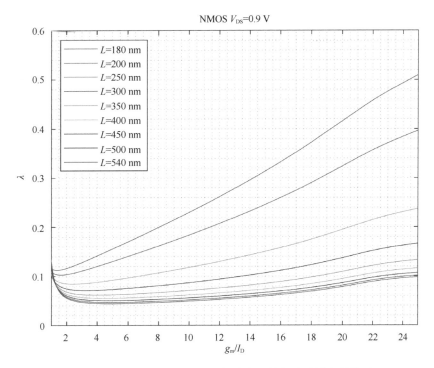

附图 A3　NMOS 晶体管沟道调制效应系数与跨导效率的关系

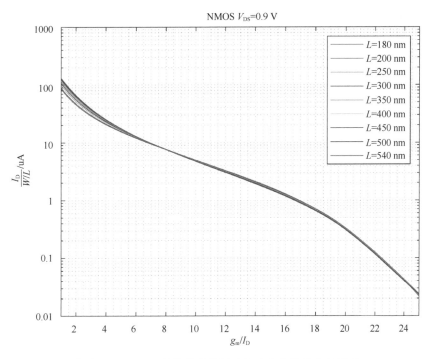

附图 A4　NMOS 晶体管单位尺寸电流与跨导效率的关系

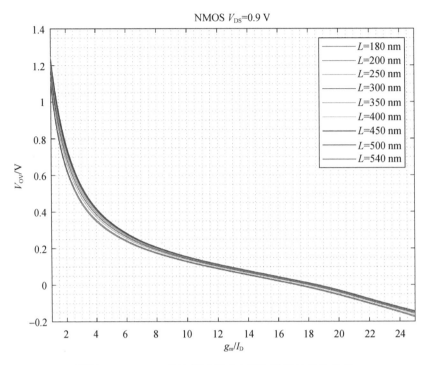

附图 A5　NMOS 晶体管过驱动电压与跨导效率的关系

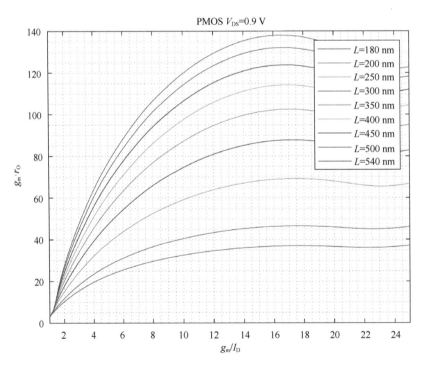

附图 A6　PMOS 晶体管本征增益与跨导效率的关系

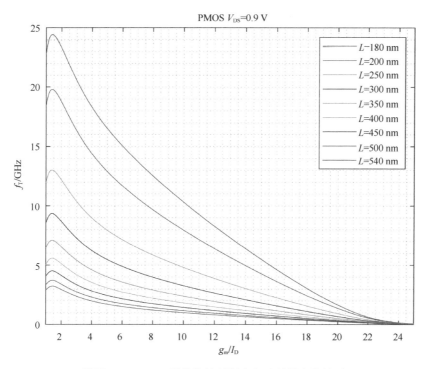

附图 A7　PMOS 晶体管特征频率与跨导效率的关系

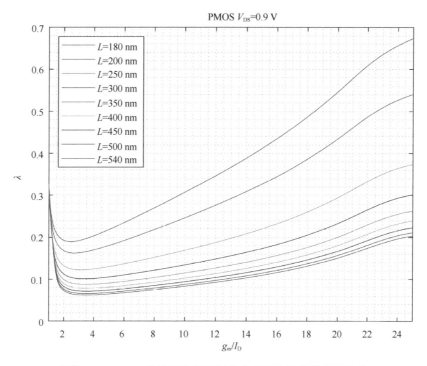

附图 A8　PMOS 晶体管沟道调制效应系数与跨导效率的关系

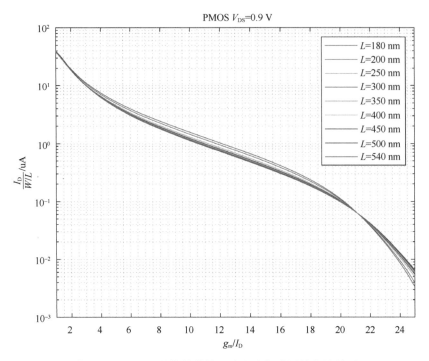

附图 A9　PMOS 晶体管单位尺寸电流与跨导效率的关系

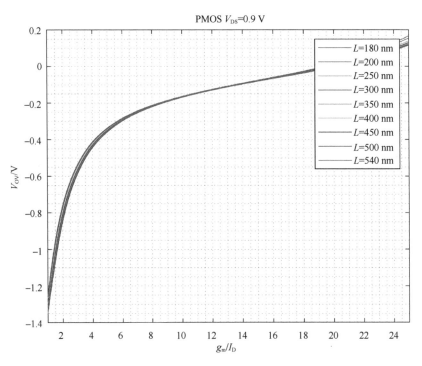

附图 A10　PMOS 晶体管过驱动电压与跨导效率的关系